中国科学院研究生教育基金会资助出版

国科大文丛

丛书主编/任定成

社会学视域中的科学

尚智丛 ◉ 编

科学出版社
北京

图书在版编目(CIP)数据

社会学视域中的科学/尚智丛编．—北京：科学出版社，2013.3
(国科大文丛)
ISBN 978-7-03-036891-1

Ⅰ.①社…　Ⅱ.①尚…　Ⅲ.①科学技术-研究　Ⅳ.①G301

中国版本图书馆 CIP 数据核字（2013）第 040820 号

丛书策划：胡升华　侯俊琳
责任编辑：邹　聪　闵敬淞／责任校对：李　影
责任印制：徐晓晨／封面设计：黄华斌
编辑部电话：010-64035853
E-mail：houjunlin@mail.sciencep.com

科学出版社 出版
北京东黄城根北街 16 号
邮政编码：100717
http://www.sciencep.com
北京凌奇印刷有限责任公司 印刷
科学出版社发行　各地新华书店经销
*
2013 年 4 月第　一　版　开本：B5（720×1000）
2020 年 1 月第六次印刷　印张：20
字数：392 000
定价：79.00 元

国科大文丛

丛书弁言

“国科大文丛”是在中国科学院大学和中国科学院研究生教育基金会的支持下，由中国科学院大学人文学院策划和编辑的一套关于科学、人文与社会的丛书。

半个多世纪以来，中国科学院大学人文学院及其前身的学者和他们在院内外指导的学生完成了大量研究工作，出版了数百种学术著作和译著，完成了数百篇研究报告，发表了数以千计的学术论文和译文。

首辑“国科大文丛”所包含的十余种文集，是从上述文章中选取的，以个人专辑和研究领域专辑两种形式分册出版。收入文集的文章，有原始研究论文，有社会思潮评论和学术趋势分析，也有专业性的实务思考和体会。这些文章，有的对国家发展战略和社会生活产生过重要影响，有的对学术发展和知识传承起过积极作用，有的只是对某个学术问题或社会问题的一孔之见。文章的作者，有已蜚声学界的前辈学者，有正在前沿探索的学术中坚，也有崭露头角的后起新锐。文章或成文于半个世纪之前，或刚刚面世不久。首辑“国科大文丛”从一个侧面反映了中国科学院大学人文学院的历史和现状。

中国科学院大学人文学院的历史可以追溯至1956年于光远先生倡导成立的中国科学院哲学研究所自然辩证法研究组。1962年，研究组联合北京大学哲学系开始招收和培养研究生。1977年，于光远先生领衔在中国科学技术大学研究生院（北京）建立了自然辩证法教研室，次年开始招收和培养研究生。

1984年，自然辩证法教研室更名为自然辩证法教学部。1991年，自然辩证法教学部更名为人文与社会科学教学部。2001年，中国科学技术大学研究生院（北京）更名为中国科学院研究生院，教学部随之更名为社会科学系，并与外语系和自然辩证法通讯杂志社一起，组成人文与社会科学学院。

2002年，人文与社会科学学院更名为人文学院，之后逐步形成了包括科学哲学与科学社会学系、科技史与科技考古系、新闻与科学传播系、法律与知识产权系、公共管理与科技政策系、体育教研室和自然辩证法通讯杂志社在内的五系一室一刊的建制。

2012年6月，中国科学院研究生院更名为中国科学院大学。现在，中国科学院大学已经建立了哲学和科学技术史两个学科的博士后流动站，拥有科学技术哲学和科学技术史两个学科专业的博士学位授予权，以及哲学、科学技术史、新闻传播学、法学、公共管理五个学科的硕士学位授予权。

从自然辩证法研究组到人文学院的历史变迁，大致能够在首辑“国科大文丛”的主题分布上得到体现。

首辑“国科大文丛”涉及最多的主题是自然科学哲学问题、马克思主义科技观、科技发展战略与政策、科学思想史。这四个主题是中国学术界最初在“自然辩证法”的名称下开展研究的领域，也是自然辩证法研究组成立至今，我院师生持续关注、学术积累最多的领域。我院学术前辈在这些领域曾经执全国学界之牛耳。

科学哲学、科学社会学、科学技术与社会、经济学是改革开放之初开始在我国复兴并引起广泛关注的领域，首辑“国科大文丛”中涉及的这四个主题反映了自然辩证法教研室自成立以来所投入的精力。我院前辈学者和现在仍活跃在前沿的学术带头人，曾经与兄弟院校的同道一起，为推进这四个领域在我国的发展做出了积极的努力。

人文学院成立以来，郑必坚院长在国家发展战略方面提出了“中国和平崛起”的命题，我院学者倡导开辟工程哲学和跨学科工程研究领域并构造了对象框架，我院师生在科技考古和传统科技文化研究中解决了一些学术难题。这四个主题的研究也反映在首辑“国科大文丛”之中。

近些年来，我们在“科学技术与社会”领域的工作基础上，组建团队逐步在科技新闻传播、科技法学、公共管理与科技政策三个领域开展工作，有关研究结果在首辑“国科大文丛”中均有反映。学校体育研究方面，我们也有一些工作发表在国内学术刊物和国际学术会议上，我们期待着这方面的工作成果能够反映在后续“国科大文丛”之中。

从首辑“国科大文丛”选题可以看出，目前中国科学院大学人文学院实际上是一个发展中的人文与社会科学学院。我们的科学哲学、科学技术史、科技新闻、科技考古，是与传统文史哲领域相关的人文学。我们的科技传播、科技法学、公共管理与科技政策，是属于传播学、法学和管理学范畴的社会科学。我们的人文社会科学在若干个亚学科和交叉学科领域已经形成了自己的优势。

健全的大学应当有功底厚实、队伍精干的文学、史学、哲学等基础人文学科，以及社会学、政治学、经济学和法学等基础社会科学。适度的基础人文社会科学群的存在，不仅可以使已有人文社会科学亚学科和交叉学科的优势更加持久，而且可以把人文社会科学素养教育自然而然地融入理工科大学的人文氛围建设之中。从学理上持续探索人类价值、不懈追求社会公平，并在这样的探索和追求中传承学术、培养人才、传播理念、引领社会，是大学为当下社会和人类未来所要担当的责任。

首辑“国科大文丛”的出版，是人文学院成立10周年、自然辩证法教研室建立35周年、自然辩证法组成立56周年的一次学术总结，是人文学院在这个特殊的时刻奉献给学术界、教育界和读书界的心智，也是我院师生沿着学术研究之路继续前行的起点。

随着学术新人的成长和学科构架的完善，“国科大文丛”还将收入我院师生的个人专著和译著，选题范围还将涉及更多领域，尤其是基础人文学和社会科学领域。我们也将以开放的态度，欢迎我院更多师生和校友提供书稿，欢迎国内外同行的批评和建议，欢迎相关基金对这套丛书的后续支持。

我们也借首辑“国科大文丛”出版的机会，向中国科学院大学领导、中国科学院研究生教育基金会、我院前辈学者、“国科大文丛”编者和作者、科学出版社的编辑，表示衷心的感谢。

2012年12月30日

序

科学社会学是一门研究科学技术领域各种社会行为之间因果联系的社会学学科。其内容相当广泛，包括科学的社会规范、科学家分化与科学共同体的形成、科学共同体的分层与结构、科学共同体内部成员的互动、科学的奖励与评价体系、科学与经济军事宗教等社会建制的互动关系等。

自20世纪30年代默顿创立科学社会学以来，这门学科不断从相关学科中吸取研究方法与理论概念，探讨科学的社会现象间的经验关系，逐步形成了一套基本理论与研究方法。20世纪70年代以前，学者们关注科学的社会建制，形成了以默顿学派为代表的科学建制社会学，其典型理论成果即默顿的研究文集——《科学社会学——理论与经验研究》。此后，学者们更加关注科学技术知识生产过程中社会因素的影响和作用，形成风靡一时的科学知识社会学。回顾科学社会学发展的历史，我们更能深刻体会其学科交叉的特点。时至今日，它还在不断地从社会学、管理学、哲学、历史学、政治学、经济学、民族学、语言学等学科中吸取方法与观念，壮大自身，这也充分说明它有着旺盛的生命力。

进入21世纪，人类社会跨入知识经济时代。科学技术成为社会进步的基本动力。越来越多的人开始关注科学技术发展及其社会作用，政府也将科技事业作为公共管理的重要领域。在这样的背景之下，科学社会学成了许多人学习和探究的热点。默顿等人创立的理论与方法主要是以美国、英国等西方国家为对象的研究成果。由于社会存在的异质性较大，其研究结论难以套用于我国，但其方法与理论可为我们所借鉴。也正是这一原因，使得近年来我国科学社会学研究课题和成果越来越多，从事科学社会学研究的人员越来越多，开设科学社会学课程的高校也越来越多。

在科学社会学研究方面，我国学者探讨了中国科学共同体的分层结构、科学奖励体系、科学评价体系、科学交流体系、科技创新、大科学工程及科学与国家政治关系等问题，取得了一批重要成果。尽管至今还未形成一套完整的、有关中国科学共同体的社会学理论体系，但这些成果在一定程度和一些方面反映了我国科学的社会发展所具有的某些特征。整理这些研究成果以飨读者，不啻为一桩学术快事。

为纪念中国科学院大学人文学院成立十周年，我们整理了十年来我院师生已发表的部分科学社会学论文，编辑成书。本书按照研究主题分类编辑，所设主题既关照科学社会学经典主题，如科学的社会建制、科技共同体、科学评价与科学奖励，也注意到了当今科学社会学研究焦点向科学技术与政治关系的转移，设置了科学技术与国家这一研究主题，理论讨论和案例研究并举。这些论文是我院师生运用科学社会学理论对中国科技领域各种社会现象进行研究的本土化成果，在一定程度上反映了我国当代科学社会学研究的状况，具有一定的学术价值。

本书的各位作者惠允编印论文，使本书内容得以充实。杨辉博士及科学出版社的邹聪编辑承担了本书的编辑和校订工作，使本书顺利付梓。在此，对所有为本书出版作出贡献的人表示衷心感谢！

尚智丛

2012年9月6日

目录

第三部
科学评价与科学奖励

第四部
科学技术与国家

第一部
作为一种社会制度的科学

大科学与小科学的争论评述*

一、大科学的兴起

小科学（little science）项目通常由科学家个人或科学小组进行研究，由科学家个人或科学小组设定问题、独自执行、探索式解决。这种研究方式以竞争性为特点，科学家以追求科学真理为导向，集中在单个学科内进行研究，经常会产生出人意料的结果[1]。大科学（big science）有两层含义：一是指科学研究总的社会规模上的大科学，这一概念由社会科学家普赖斯（Price）在《小科学，大科学》中首次提出[2]；二是指研究项目尺度上的大科学，是由核物理学家温伯格（Weinberg）在《大科学的反思》中首次提出的[3]。

近代以来的大部分时期，科学研究的主要组织形式是小科学，科学史上的重大发现往往也都来自小科学的科学研究形式，如生物科学领域的青霉素、物理学领域的X射线、计算机科学领域里的晶体管等。第二次世界大战后，大科学项目发展迅速，主要表现在：①研究领域逐渐扩大，逐步从物理学、天文学领域进入生物学、地球科学等领域，如物理学领域的超导超级对撞机（SSC）计划、天文学领域的哈勃空间望远镜计划、生物学领域的人类

---

* 本文作者为申丹娜，原载《科学技术与辩证法》，2009年第26卷第1期，第101～107页。

基因组计划（HGP）和地球科学领域的大洋钻探计划（ODP）。②组织模式由一国主持逐步向多国合作发展，如由多国合作完成的国际热核实验反应堆计划（ITER）、全球变化研究计划（GCRP）、国际大型科学钻探计划（ICDP）、人类前沿科学计划（HFSP）、人类和生物圈计划等。③大科学研究项目的数量不断扩大，仅在物理学领域就包括大型强子对撞机（LHC）、斯坦福直线加速器、托卡马克核聚变实验、我国的正负电子对撞机计划、日本的 Spring-8 同步加速器计划等。空间领域的大科学项目有美国组织的国际空间站计划、地球观测系统计划、先进 X 射线空间物理设施计划、卡西尼卫星探测计划、欧洲空间局（ESA）开展的克拉斯特观测计划、X 射线多望远镜观测计划、Integral 空间观测计划等[4]。④单个的大科学项目的规模越来越大。例如，美国超导超级对撞机，花费 80 亿美元；欧洲的大型强子对撞机，花费 230 亿美元；美国和欧洲合作的空间站计划，花费 380 亿美元；日本的同步加速器，花费 10 亿美元。又如阿波罗登月计划，仅飞船的前十次飞行，耗资就达上百亿美元。如果不计通货膨胀，1990 年的所有科研经费（包括军事的研究经费）都不及阿波罗登月计划这一项大科学项目的经费。⑤大科学项目在总的科学研究的经费中所占的比例也越来越大。通过美国国会研究服务中心（the Congressional Research Service，CRS）对美国的研究预算进行分析可知，1991～1995 年，大科学花费了联邦政府总的研发（R&D）预算的 10% 左右[5]。

二、大科学与小科学的特点

大科学项目与小科学项目具有不同特点，首先表现为研究规模的迥异，经费是界定两者的首要标准。20 世纪 80 年代，美国技术评估办公室对大科学项目的经费界定是 1 亿美元。但经费界定与时代背景有关，如 20 世纪 50 年代，几个大科学项目花费不足 1 亿美元，但在当时来说，它依然是大科学项目[1]。研究经费决定对资源和仪器的使用，大科学项目花费巨大，资源利用率高，需要大量科学家的共同参与；小科学项目花费较少，资源使用率低，参与的科学家较少。大科学项目需要由大型的、高性能的仪器作为支撑平台，小科学项目对仪器的要求不高。

两者的研究目的和范围不同。大科学项目具有清晰界定的目标，在目标设定时，必须考虑社会的需求，由相关利益方共同界定，同时，项目是在统一的目标驱动下，科学家朝着一个方向进行研究，项目中的研究者被动地接受科学目标；小科学项目一般是在有限的领域内，解决特定的科学问题，小科学研究以假设和探索为科学驱动力，由科学家个人设定目标，小科学项目的研究者对研究拥有主动权。因此，大科学项目追求的是解决交叉学科的问题，选择大科学项目时，必须考虑到这一科学项目对相近科学领域是有益的；小科学项目一般集中在单个科学学科上进行研究。

两者的运行方式不同。在管理结构方面，大科学项目有更大和更为复杂的管理结构，以层级制为特点；小科学项目管理以简单的、线性的管理为特点。在资助程序方面，大科学项目一般是由议会来进行直接资助的，它们使用新的资助程序；小科学项目一般由机构或基金会来资助，有规范和固定的资助程序。在执行过程方面，大科学项目委员会，需要介入大科学项目的整个过程，包括立项、考核、评审等；而外界对小科学项目进行资助后，科学研究的整个过程由科学家独立进行。在对项目的评价方式方面，小科学项目需要同行评议来进行评审，大科学项目却最终是由高层政治家来决定的[1]。

三、大科学与小科学之争

关于大科学与小科学的争论由来已久。1990 年，《纽约时报》连续刊登了六篇关于“大科学是值得的吗”系列文章，涉及五个大科学项目。2004 年 7 月，11 位华人科学家向我国政府高层谏言，慎行生物大科学项目，更是引起了我国科学界关于大科学与小科学的激烈讨论。其实，每一个大科学项目在立项前后都会产生激烈的争议，人类基因组计划和超导超级对撞机计划就是两个典型案例。

案例一：人类基因组计划

人类基因组计划于 1985 年由美国科学家率先提出，于 1990 年正式启动。美国、英国、法国、德国、日本和中国的科学家共同参与，耗资达 30 亿美元。这一计划历时 15 年，旨在为由 30 多亿个碱基对构成的人类基因组精确测序，发现所有人类基因并搞清其在染色体上的位置，破译人类全部遗传信息[6]。人类基因组计划的主要任务是完成人类的全部 DNA 测序，最终得到四张图谱，包括遗传图谱、物理图谱、序列图谱和基因图谱，为研究其他疾病基因提供科学数据。2003 年，全部基因组测序完成，比预期提前了两年。

人类基因组计划在提出伊始，遭到了大多数科学家的反对。1985 年，加利福尼亚大学校长罗伯特（Robert）组织召开了第一次正式的关于人类基因组计划可行性论证的会议。会议上，科学家对人类基因的测序这一思想进行了激烈争论。经过长达五年的反复论证，1990 年美国国会才决定启动该计划。之前反对的理由有以下几点：①完全测序人类基因不必要也不可行。遗传学家列万廷（Lewontin）和其他基因的批评者认为简单地把基因看做疾病的根由，这种视野太过狭窄，很难界定疾病的真正原因是什么，也许是由周围的环境引起的；同时基因各种各样、千变万化，不可能完全辨别人类基因[7]。同时，30 亿个碱基对包括最少 50 000～100 000 个基因，剩下 95% 的基因不作为基因表达，被称为“垃圾基因”。有些科学家认为，与其对这些垃圾基因测序，不如测序疾病基因，完全没必要测序全部的基因。②对人类基因组计划的投资将会影响到生物科学领域里的其他小科学项目。许多科学家担心，人类基因组计划所需的资金将来自其他研究领域的经费，而不是从新的资金来源获得，因此将会影响其他研究领域，特别是小科学生物医学研究。③人类基因组计划不是基于解决科学问题，而更多的是追求与公众相关的价值。著名人类遗传学家麦库西克（McKusick）认为，人类基因组计划并不是基于科学价值，也并没有通过任何科学假说来驱动，它创造的更多的是与公众相关的价值，它的成功依靠的是 DNA 技术的发展，从某种意义上说更像个企业。因此，对于更富有科学研究意义的其他科学领域来说，它并不是个典范，也没有竞争意义[8]。

经过人类基因组计划对草案的调整，支持该计划的科学家数量逐步增多。1990 年，美国政府终于决定启动人类基因组计划。支持的理由有以下几点：①解决公众需求。治愈疾病和减轻人类痛苦成为大科学进入生物科学领域的主要动机之一。企业、政府和消费者对通过基因方法和结果来发现、分析、描述和治疗疾病，以及带来经济和社会利益有着迫切的渴望。②弥补生物商业化的局限性。随着人类对解决疾病的迫切渴望，企业开始意识到这一领域潜在的巨大经济利益，同时公共预算也将它的行为定位为更具应用性和以商业为导向的研究。但生物商业化最大的缺点就是很少有能力产生巨大的公共物品[8]。汉马斯（Hindmarsh）发现，在农业生物技术领域，由于生物商业化的影响，私人研究的平均数量有所增长，但大多数研究却与公共物品的要求相去甚远。因此，政府必须出面干涉[9]。③为解决生物学领域的科学难题奠定科学基础。1986 年，诺贝尔奖获得者杜尔贝科（Dulbecco）发表短文《肿瘤研究的转折点：人类基因组测序》，文中指出，人类肿瘤研究将因获得对 DNA 的详细知识而得到巨大推动[7]。同时，以诺贝尔奖得主沃森（Watson）为代表的支持者认为，大规模的人类 DNA 测序将对生物学领域的其他小规模的研究有所帮助，大大加速对疾病基因的寻找，如亨廷顿病和癌症[10]。

案例二：超导超级对撞机计划

超导超级对撞机是对撞能级为 20 太电子伏特的质子-质子对撞机，目的是要通过带电粒子加速器来验证和扩展物理学家在理论上提出的标准模型。1982 年美国科学家最初提出超导超级对撞机设想，1983 年 12 月对超导超级对撞机进行技术与经济可行性评估，1986 年完成核心设计报告，其正式成为美国的国家级项目。超导超级对撞机设计的主要部分包括一台长达 200 米的质子直线加速器、一台周长为 0. 54 千米的低能增强器、一台周长 4 千米的中能增强器和一台周长近 11 千米的高能增强器。它的最初预算为 35 亿美元，预计 10 年完成，项目启动 8 年后，1993 年 10 月被美国国会关停。

超导超级对撞机项目在 1986 年启动到 1993 年 10 月被国会否决的 8 年间，争议不断，仅美国国会就召开了 40 余次听证会讨论超导超级对撞机的关停问题。

反对理由如下：① 超导超级对撞机项目费用不断攀升，影响物理学领域的其他小科学项目的研究。项目初期费用预算为 35 亿美元；1990 年，能源部独立评估小组认为建造超导超级对撞机的费用将会达 93 亿美元；1988 年，国会预算办公室（CBO）在报告《建造超导超级对撞机的潜在风险与利益》中指出，除非国会提供其他相关领域经费实质性的增长，否则超导超级对撞机将会挤占掉其他基础科学研究[11]。②建造超导超级对撞机只是基于社会价值，并不是基于科学价值。批评者认为之所以议会支持建造超导超级对撞机，并不在于支持者们所鼓吹的科学价值，而是因为它能带来技术和经济上的溢出。同时，国防部也认为它可以为提高国家防御能力带来好处。加利福尼亚大学的物理学教授施瓦兹（Schwartz），公布了国防秘书助手巴克（Barker）写给白宫国内政策委员会的一份备忘录，备忘录内容是建议国防部认可超导超级对撞机，“超导超级对撞机项目将对国家防御产生重大的溢出，特别是对主动战略防御的技术溢出，包括粒子束、信息处理、计算机控制、脉冲源和高能加速器。大量的关于微粒子的基础研究将有益于核武器研究的开展”。而费米实验室的首席执行官威尔逊（Wilson），对这一事件作出了回应，否认了这一说法。事实上，大多数物理学家认为超导超级对撞机对高能物理领域的实际贡献很少[12]。③超导超级对撞机的技术溢出和经济效益并不明显，美国物理协会的官员保罗（Paul）博士指出：“纳税人并不知道他们的钱除了用于做一些基础研究之外，不会带来任何收益。”其他反对者认为，支持超导超级对撞机的科学家在做政策鼓吹时，夸大了所谓的技术溢出。④超导超级对撞机将吸引大量的物理学方面的人才，小科学项目的支持者认为，人才的外流将会给他们的研究事业带来巨大的损失[12]。

支持超导超级对撞机的理由如下：①促进科学发现。超导超级对撞机的支持者认为，超导超级对撞机可以加深对基础物理的理解，同时，它还可以促进相关学科的发展。例如，诺贝尔物理学奖得主拉德曼（Lederman）认为大型加速器在某种意义上可以看做天文望远镜，是高能物理和空间科学领域的结合[13]。②带来技术溢出和经济效益。支持超导超级对撞机的科学家指出，超导超级对撞机至少创造了 7000 份工作。同时，超导超级对撞机的技术溢出效应十分明显，如加速器和检测器技术可用于癌症治疗和有利于超导电缆的开发等[13]。③维持美国在物理学研究领域的领先地位。支持超导超级对撞机的科学家认为，超导超级对撞机是一项投资未来的项目，有利于维持美国在物理学研究领域的领先地位。例如，温伯格在超导超级对撞机被关停一年后还在痛惜美国失去了保持物理学领先地位的机会[14]。

四、大科学与小科学争论的核心

从以上两个典型案例的分析中可以看出，大科学与小科学的争论主要集中在科学价值、科学路径的选择（或科学优先性）、科学自主性和科学家培养四个方面。

（一）关于科学价值的争论

温伯格在他的《大科学的反思》中指出，随着科学的发展，科学对社会资源的需求也会随之增长。科学的需求不可避免地受到可分配资源的限制。科学家不能仅仅为满足自己的偏好或凭个人的兴趣进行研究，科学追求还要满足社会的需要，社会才能予以支持。因此，大科学项目在目标设定时，首先要考虑社会需求和社会价值，以社会目标为导向。温伯格总结了支持科学研究的三条标准：①技术价值：科学研究可以使用和创造技术需求。②科学价值：科学研究不仅有利于本领域的科学研究，还要有利于其他相关学科或领域的科学研究。③社会价值：科学项目的投资是否有利于人类的需要。

但作为一个科学项目，科学家往往考虑的是科学价值，因此，在评价和制定一个大科学项目时，就存在着一个矛盾，即科学项目主要是基于科学价值还是社会价值。例如，超导超级对撞机的关停，很大程度上就是由于它所带来的直接经济效益并不明显，众议员也不愿冒着政治风险对它投入巨额经费。1985 年，里根总统宣布建造超导超级对撞机计划时，各州积极对超导超级对撞机的选址工作进行竞选，其原因也是它能带来上千的就业机会和高技术人才，以及高科技企业，但当超导超级对撞机落定在得克萨斯州时，对超导超级对撞机其他州就失去了兴趣。同时相较于其他技术或应用型的科学项目，超导超级对撞机只是一项基础性科研项目。例如，美国空间站计划，它的费用超支比超导超级对撞机严重得多，1984 年美国空间站的预算为 80 亿美元，1990 年的预算达到 1200 亿美元，空间站的支持者，美国航空学会科学技术政策所的负责人曾坦诚指出："空间站延长六年的历史着实让人受挫，我们至今（1990 年）已经花了 40 亿美元，只有一些论文发表，却没能建成任何东西，也没有任何科学价值得以实现。"[15] 但是很明显，美国国家航空航天局（NASA）的空间站计划要远比超导超级对撞机的战略意义更为深远，同时空间站计划提供了 75 000 个就业机会（超导超级对撞机只提供了 4000 个就业机会），它的技术溢出和经济效应更为明显。因此，超导超级对撞机被迫关停，而空间站计划得以保留。

又如人类基因组计划，在1986年项目的可行性论证会议上，人类基因组计划的提出遭到了大多数科学家的反对。他们认为生物学领域一直以来都是以小科学研究方式为主，大科学的研究形式只适合于以大型仪器为支撑的物理学领域。人类基因组计划只是一个技术型的项目，“就像在生产线上产生科学数据一样”，它不是一个科学项目。但基于癌症计划的失败和公众对解决疾病的热切渴望，人类基因组计划才被提上日程。同时，最早启动人类基因组计划的美国能源部，也是为了研究原子弹爆炸对广岛居民后裔的身体健康的影响，才组织进行关于人类DNA的研究。

其实，每一个科学项目在启动前后，科学家都会对它的科学价值产生怀疑，认为这些大科学项目的启动不是基于科学价值，而更多的是基于社会价值的考虑，如美国空间站计划，科学家指出，它将不会带来科学回报，因为它根本就不是科学项目，而是一个地理和政治项目。物理学家范艾伦（Van Allen）认为，“它的科学用途令人怀疑，其实这些用途只需要很小的规模就可以完成”[15]。同时，科学家指出，即使人类基因组计划和超导超级对撞机是大科学项目，但它们的主要目标是产生科学数据，而不是进行科学实验。

（二）关于科学自主性的争论

第二次世界大战前，大部分科学活动以小科学研究和自主研究为特点，政府只是提供资金资助，科学活动过程和结构上的自治保证了小科学的繁荣发展；第二次世界大战后，随着大科学项目的开展，科学研究形式也发生了变化，具体表现在以前科学家只需要承担科学实验的功能，现在还要担当项目经理、项目协调员等角色。小科学时代科学组织结构比较松散，大科学时代科学的组织形式日益层级化。过去实验室主要从事科学研究，现在还要签订契约、参加同行评议、了解委托人需求及协调复杂的社会关系等。同时，不同于小科学研究主要是以科学家探究式研究为主，大科学的科学目标是以社会目标和任务为导向，需要体现不同利益相关者的共同意愿，需要协调和权衡不同利益相关者的诉求，而最终目标的确定，是各相关利益方博弈的结果。

大科学相对于小科学的这些改变，使小科学的辩护方更加怀疑大科学时代的科学自主性，他们认为大科学往往与大政治相关联。

以超导超级对撞机为例，其实超导超级对撞机项目从立项到关停，并没有项目延期或项目无法成功的迹象。例如，温伯格回忆，在项目关停前，“一条 15 英里长的隧道打好了，房子修好了，直线加速器的部分设备也安装到位，低能推进器的 570 米隧道工程做完了，生产磁铁的工厂也一座座建起来了”，而相对于美国国家航空航天局的空间站计划，超导超级对撞机项目显然要成功得多。

但是，大科学工程的投资强度往往由政府意愿和经济发展趋势左右。例如，1991 年，能源部公布超导超级对撞机项目预算超支，国家严重财政赤字的问题使议员们不得不思考虑超导超级对撞机项目是否应该继续，但参议院挽救了这一项目，因为此时的政府是老布什任届的政府，超导超级对撞机项目的建址就在老布什的家乡，因此，得到了老布什的鼎力相助，超导超级对撞机项目暂时得以存活。再者，超导超级对撞机项目是在冷战背景下启动的，很大程度上，超导超级对撞机项目成为美国试图击败苏联的一个砝码，随着苏联解体，美国政府对超导超级对撞机项目的需求变得可有可无。克林顿上台后，他的政治目标力求削减财政资金以恢复美国经济的繁荣，同时，克林顿政府更重视高技术产业和生物学领域，在这种大环境下，超导超级对撞机项目只能成为牺牲品，1993 年 10 月 21 日，众议院和参议院达成一致意见，以 332 票：81 票决定了超导超级对撞机项目的关停，并由克林顿总统签署实施。显然，超导超级对撞机项目的命运自始至终都摆在政治天平的两端，而非立足于科学本身[16]。

（三）关于科学路径选择的争论

大科学与小科学争论的核心问题是在科学优先性的选择上，如温伯格在《大科学的反思》中指出，科学家要解决做什么，选择何种方式做的问题；而政府要在不同形式、不同规模的项目面前作出选择。因此，几乎每一个领域，每一个大科学项目立项时，科学优先性的问题总是争论得最为激烈的问题之一，而这一争论似乎也不可避免。

20世纪90年代，正值美国经济不景气，政府面临巨大的财政赤字，在这一背景下，美国几乎所有的机构都面临着财政经费被削减的情况，如上所述，大科学项目超导超级对撞机也被迫关停。但政府还是显示出对大科学项目的偏好，如连续追加资金的美国空间站计划、1990年启动的人类基因组计划、地球观测系统计划、国际热核实验反应堆计划、大型强子对撞机计划、1100万美元的斯坦福直线加速器计划、15亿美元的哈勃空间望远镜计划等。据统计，20世纪90年代美国新启动的大科学项目总花费超过1600亿美元。科学基金会是小科学的重要资助单位，最近几年来，它的科学预算逐年递增。1988年的财政预算是17.2亿美元，1990年总预算是20.8亿美元，但是这一预算的增长主要集中在大科学项目或大型的工程中心上。相对于大科学项目经费的增加，小科学领域（如数学、物理、化学、生物和计算机科学）的基础研究经费却在相当程度上有所减少。例如，凝聚态物理曾是物理学的热门领域，但近年来对它的投资明显下降，从1976年到1987年，预算经费下降了22%。位于华盛顿的美国联合大学的分析显示，有2/3富有竞争性的小科学研究项目的预算正在减少[17]。

这一现象引起了科学家对大科学的反感。他们认为，小科学研究才是国家科学事业的核心，也是繁荣国家经济和技术的基础力量。无论从智力支持、经济利益，还是培养年轻科学家来说，小科学的作用相较于大科学更为重要。《科学》杂志的一篇题为“财政危机”的文章认为，小规模科学研究的健康发展已经深受其害，国家和世界真正需要的是以调查研究为驱动的小科学，因为从历史上来看，往往最伟大的发现和新的科学领域的开拓都来自于小科学[18]，如晶体管、激光和抗生素都是来自于小科学，又如在20世纪80年代的诺贝尔物理学奖获得者中，只有三个是研究大科学项目的，有六个是小规模科学研究的科学家。这一比率在化学、生理学或医学领域更为突出，获奖者基本上都来自于小规模研究领域，如生物学领域，包括DNA双螺旋结构、遗传密码、致癌基因、重组DNA技术及干细胞技术等。

同时，反对大科学的人认为创新性、灵活性和竞争性才是科学发现最重要的条件。大多数大科学项目是在统一的目标下，以“自上而下”的方式组织运行，小科学项目一般是通过同行竞争获得资源分配，是“自下而上”的组织方式，分别像“计划经济”和“市场经济”。小科学的支持方认为，科学的发展不易预测。基础研究和开发新技术不可能通过“自上而下”的组织方式获得，它需要由许多实验室用不同的途径来探索，需要靠技术人员富有兴趣地投入工作中，以不可预测的方式解决难题。“当一大群科学家参与一个大项目时，那些平时驱使他们科研工作的动力，如对某一个别科学问题的个人兴趣、同行间的竞争、科学界对个人成果的赞赏都将消失殆尽。”[19]

反对大科学的人认为，把一项任务集中在一个大型项目上会带来更大的风险。例如，20 世纪 80 年代，由美国国家航空航天局提出的地球观测系统（EOS）计划，该计划是由美国、欧洲空间局、日本、加拿大等多国空间机构共同参与的大型遥测地球计划，其目的是更精确和更可靠地对气候和环境改变作出预测，更深刻地了解地球系统变化的规律。其科学目标是获得地球科学数据。地球观测系统由五台大型极轨平台组成，每一组平台由 20 多种遥感器（包括高光谱分辨率成像光谱仪、合成孔径雷达、高空间分辨率微波辐射计等）集成。但反对地球观测系统的科学家认为，把众多的大型仪器集中在一个人造卫星里，不免使得风险变大，应该采取更有效的方法使这一风险得以减少。“使用许多小型的卫星，而不仅是一个卫星，对整个任务来说是最好的方式。如果仅采用一个人造卫星，每一个部件的失败都将导致整个项目的失败，但如果使用几个小型的人造卫星，这一灾难将会减少到最低。”[20]同时，“把许多仪器集中在一个巨大的人造卫星的方法，会使项目不能灵活应对突如其来的风险”。

但是大科学项目的支持者认为，大的项目会带来更高的效率。早在国际空间站成立早期，美国国家航空航天局的执行官就明确表示，美国国家航空航天局反对把空间站计划设计成前苏联采用的模式，即由众多小型的科学实验单位组成的空间站计划，该方式复杂，而且完成任务慢。美国国家航空航天局计划要建成一个大型的单位，它的功能只有在所有的组装完全装配成功时才能实现。

（四）关于年轻科学家的培养的争论

科学研究的特点之一，就是将科学知识内化在科学家身上。科学家作为知识的传承者，不但负责传播知识，而且还引导科学研究的方向。以大科学的研究路径培养的科学家，将会以同一种方向，或同一种模式进行科学研究，这对传统的以同行竞争为主的研究方式来说无疑是一种挑战。同时，小科学项目的支持者认为，大科学项目的知识生产过程也不利于年轻一代的培养，如完成人类基因组工作需要许多烦琐的人工劳动，而这种工作没有一点科学含量，只是靠人工的不断重复和乏味的体力劳动，如对染色体进行标记工作，这将不利于学生的培养。而在小科学计划内，学生需要全程介入项目的计划、执行、数据分析和处理的整个阶段，这无疑对学生的培养是有益的。这样的培养过程，不仅可以培养学生的实验动手能力，还可以提高他的项目管理能力和数据分析能力。反对大科学项目的科学家认为，把过多的钱花在大科学或大仪器上，而不是投在大学，使得大学并不能很好地行使培养年轻一代的功能。

五、结　论

小科学研究时代，科学发现是以探索式为主，科学成果是通过科学家之间的竞争性研究获得的，科学与社会的关系是一种纯粹的资助与被资助的契约关系。这一研究形式，保证了科学的自主性研究、良好的科学激励机制和科学成果的繁荣出现。大科学研究时代，以目标为导向、以协作为特点、更多地考虑社会需求的研究形式是对这一传统研究形式的彻底打破。不同于传统的小科学研究，即集中在库恩的科学的范式中进行，大科学研究受更大的社会范式的制约和影响。

首先，大科学活动更多地受社会需求的制约和影响。小科学时代，科学家只负责科学发现，而很少关心这一研究是否能为社会带来好处。而社会也只负责对科学进行资助，科学是否有利于社会需要，资助者很少关心，“他们只是期待这种科学研究能偶然出现有用的东西”。但大科学时代，这一传统的契约形式被打破，为了寻求社会资源的支持，现代科学研究总是要满足社会的需求。而社会也往往更倾向于资助那些能带来直接效益的研究。

其次，科学研究受大型仪器的制约和影响。大科学往往需要大型的仪器作为支撑平台，导致大科学带动的相关小科学项目也要受大型仪器的影响和制约，这使得今后的科学研究将朝同一个方向发展。例如，在太空研究领域，阿罗波登月计划、美国空间站计划，以及后来的哈勃空间望远镜计划，导致空间研究领域总是以大型望远镜为支撑平台进行研究。又如物理学领域的曼哈顿计划、超导超级对撞机计划，以及后来的大型强子对撞机计划和中国的正负离子对撞机计划。同时，仪器平台的大小决定科学研究规模的大小，如地球观测系统，由于观测系统必须要利用空间站这一平台，这一平台本身就是大科学项目，因此地球观测系统也是大规模的科学项目。

再次，科学研究受目标的指引，使科学研究失去了自由竞争的空间。大科学时代，科学研究总是受特定的科学目标的指引，科研协作和科研设施都是为这一特定的目标服务，科学前进的方向直指这一目标。在这种氛围下，科学家的某种“标新立异”的表现被加以限制，而科学家的富于自由探索（科学家沿着各自选择的小路前进，不管这条路通向何方）的研究方式也被加以制约[21]。

最后，受马太效应的影响，科学家分布格局发生了变化。这里的马太效应比传统小科学意义上的马太效应的范围更大，越有名望的科学家越有机会取得科学成果，同时他们还更有机会获得更多的科学资源。例如，在人类基因组计划的争论过程中，反对者认为，“诺贝尔奖得主沃森和吉尔伯特（Gilbert）支持基因计划，但由于他们是非常有名望的科学家，便于利用大量的资源，没有名望的科学家只能通过很少的科研经费来进行小规模的实验室研究”[11]。同样，这种积累优势还表现在科学人才的转移上，即科学家纷纷转向那些有高激励的学科和高吸引力的国家，如在 20 世纪 60 年代，学医学、工程技术和教育学的学生明显减少，转而攻读物理、数学和天文学。科学人才的这种转移使得科学家在研究结构上的分布明显失衡，而根据普赖斯对科学产出的分析来看，科学研究呈现出这样的特点，即越是拥有巨大资源或科学产出越高的国家，越需要花费更大的努力和更长的时间才能带来科学突破；而科学产出越低的国家，只需付出极少的激诱和机会就能产生重大的突破[21]。这对于一些冷门的学科，或一些吸引力较少的国家无疑打击巨大，而对整个科学界来说，也是巨大的损失。

以上谈到的关于科学研究的种种制约，实际上是受一系列社会建制包括科学建制所影响的。这种制约和影响已经介入科学管理的各个阶段，科学研究体现的是各利益方的矛盾和冲突，而关于大科学与小科学的争论正是这一建制所内生的张力，而这一内在张力不可消除。

参考文献

[1] Committee on Solar-Terrestrial Research. A Space Physics Paradox: Why Has Increased Funding Been Accompanied by Decreased Effectiveness in The Conduct of Space Physics Research. Washington: National Academy Press, 1994: 2, 14.

[2] Price D J D. Little Science, Big Science. New York: Columbia University Press, 1963.

[3] Weinberg A M. Reflections on Big Science. New York: American Journal of Physics, 1968.

[4] 刘云，周文能，邹立尧，等．基础科学研究前沿领域的国际大科学研究计划．中国基础科学，2003，(5)：40-46.

[5] Galison P L, Hevly B. Big Science: The Growth of Large-Scale Research. California: Stanford University Press, 1992: 1-13.

[6] 人类基因组计划．http://baike.baidu.com/view/22966.htm# 1 [2008-07-10].

[7] Roberts L. News focus controversial from the start. Science, 2001, 291 (5): 1182-1188.

[8] Cook-Deegan R. The Gene Wars: Science, Politics, and the Human Genome. New York: W W Norton & Company, 1996: 50-58, 1.

[9] Esparza J, Yamada T. The discovery value of "Big Science". The Journal of Experimental Medicine, 2007, 204 (4): 701-704.

[10] Angier N. Great 15-year project to decipher genes stirs opposition. New York Times, 1990, (6): 7.

[11] 董丽丽，刘兵．1986～1993 年美国国会听证会中关于 SSC 的争论．科技导报，2007，1：68-72，71.

[12] Browne M W. Supercollider's rising cost provokes opposition. New York Times, 1990, (5): 29.

[13] 张九庆．从超导超级对撞机（SSC）看大科学工程研究的实施．http://nst.pku.edu.cn/article.php? sid= 5848 [2008-01-23].

[14] 温伯格．终极理论之梦．李泳译．长沙：湖南科学技术出版社，2003：5.

［15］ Broad W J. How the ＄8 Billion space station became a ＄120 Billionshow-piece. New York Times，1990，6：10.

［16］ 戴建平．古荒，梦想与幻灭：超导超级对撞机的曲折命运．科技与经济，2005，(1)：60-64.

［17］ Broad W J. Heavy costs of major projects pose a threat to basic science. New York Times，1990，5：27.

［18］ Broad W J. Small-scale science feels the pinch from big projects. New York Times，1990，9：4.

［19］ 蒲慕明．大科学与小科学．世界科学，2005，26 (1)：4-6.

［20］ Stevens W K. Huge space platforms seen as distorting studies of earth. New York Times，1990，6：19.

［21］ 普赖斯 D. 小科学，大科学．宋剑耕，戴振飞译．北京：世界科学社，1982：89-91.

爱丁堡学派的强纲领*

1

“强纲领”（strong program）由爱丁堡学派代表人物大卫·布鲁尔（David Bloor）在其代表作《知识与社会意象》（*Knowledge and Social Image*，1976）中提出，简单地说就是四个信条：因果性（causality）、公正性（impartiality）、对称性（symmetry）和反身性（reflexivity）。

要理解强纲领，首先要了解布鲁尔等人的“知识”的含义。在《知识与社会意象》一书中，布鲁尔一开始就指出：“社会学家所关注的是包括科学知识在内的，纯粹作为一种自然现象而存在的知识。”这是关于科学知识的一个非常特殊的界定。与此相对应，他们经常使用的一个词是“信念”（belief），而很少使用“真理”（truth）这样的词。作为信念的知识并非我们通常所理解的“真实的”① 信念，而是作为人们生活支柱的信念，一种“得到集体认可的信念”，它是特定的历史和社会情境下的产物，是人们集体协商认可的结果。这就是说，处于不同时代、不同社会群体、不同民族之中的人，

---

* 本文作者为邱慧，原载《自然辩证法研究》，2009 年第 25 卷第 4 期，第 109～112 页。

① 这里的“真实”仅指实在论意义上的与客观对象相符合的真实。

会基于不同的“社会意象”形成不同的信念，从而获得完全不同的知识。强纲领正是适应这种要求而被提出的。

2

在强纲领的这四个信条中，最根本的是“因果性”信条。通常认为，因果性解释在自然科学中是适用的，但在人文科学或社会科学中却不适用。因为在人文科学或社会科学中，必须根据行动者完成行动的理由，才能理解该行动。原因（cause）和理由（reason）的区分，即事实与价值的二分，标志着自然科学与人文科学的区分。社会学属于人文科学范畴，而强纲领想要将社会学也变成与自然科学同样地位的科学，首先必须打破这种原因与理由二分的对立局面。

有两个例子经常被用来说明原因与理由的区别。当我们说，在保持其他条件不变的情况下，增加某一气体的压力，会导致该气体体积按一定比例减少。这里，“增加气体压力”是“气体体积减小”的原因。当一位原先拒斥原子-分子理论的化学家被告知爱因斯坦解释了布朗运动时，他便改变了原先的态度，采纳了这一理论，并公开称赞它的价值。这里，“得知爱因斯坦解释了布朗运动”是“化学家改变态度”的理由。在打破这两者的区分上，同为爱丁堡学派的巴恩斯（Barry Barnes）援引了麦金太尔的论证。在麦金太尔看来，我们通常所谓的“原因”是指发生该事件的必要条件，也就是说，如果没有这个必要条件（或这个条件稍作改变），在其他条件没有任何变化的情况下，那么它所能引起的事件就不会发生（或者所发生的就是不同的事件）。比如，如果不增加气体压力，其他条件不变，气体体积当然不会减少。但是我们不能说，“只要增加气体压力，气体体积就会减少”。因为如果同时升高气体的温度，气体体积就未必减少；同样，也不能说“除非增加气体压力，否则气体体积绝不会减少”。气体温度的降低也会导致体积减小。这种因果关系在我们刚才举的第二个例子中同样存在。在其他条件不变的情况下，得知“爱因斯坦解释了布朗运动”显然导致了“化学家改变态度”的行为。于是，在这两种情况下，我们都会发现，一个行动或一个信念似乎都是由某种外部理由所导致的（如一条信息或一项活动）结果。因此，在作为为什么实施行动或为什么采纳信念之解释的理由与原因之间，并不存在任何逻辑的或先验的矛盾；有时候，理由可能就是原因[1]。

对此常见的质疑是：当我们面对自然对象时，原因与结果之间是一种外在的关系，而人类活动却不是全部由外部决定的行动。人类活动很容易涉及所谓“内心状态”的东西，而这种“内心状态”，比如说一种意向或愿望等是无法辨认的，因而不能算是可能与行动有联系的原因。换句话说，在物理现象中，事情不可能是别的样子，而在人类活动中它们却可能是别的样子。因为行动者与物理对象不同，行动者的行动不像光的发射那样容易预见。

面向这样的质疑，巴恩斯回答说，既然科学理论可以从结果推出原因，为什么我们不能类似地将意向、愿望或目的也从因果关系方面来解释？一个中子的撞击与人的“内心状态”一样，都无法单独加以辨认。但科学家仍然有可能提出一个十分充分的关于中子的陈述。那么，在内心状态的解释上也一样：“他开了火，因为他想消灭敌人。”“他在合同上签了字，因为他希望得到聘用。”为什么不承认这种“内心状态”同样也具有因果可能性呢？即使内心状态不容易把握，至少从理论上是可能的。至于内心状态与自然状态相比是否更容易预见或更容易把握，与因果解释的适当性无关。

很明显，如果巴恩斯是对的，那么我们必然要承认并贯彻一种完全决定论的立场，而这种完全决定论的取向总是与一种普遍性理论或模型联系在一起。因而，巴恩斯指出，如果我们允许构造一个原子结构模型，那么，我们同样也可以构造一个关于行动者“内心状态”的模型。既然任何一项科学理论或模型在其发展初期都只是一种假说，那又有什么理由反对这样的模型呢？这个模型同样也是科学的、普遍的。它像原子结构模型一样不应受到指责，即使它们没有得到十分充分的确立，也不能成为反对使用它们的理由。布鲁尔说：“一种具备了各种法则的社会学可以使人们对未来的各种信念作出预见。正像人们有可能预测一个机械系统未来的运行状态那样，人们也有可能了解未来的物理学是什么样子。如果人们在认识这种机制的初始状态，以及它的各个组成部分的效能和力量的同时，认识了它的各种运行法则，那么，他们就可以预见它的所有未来状况。”[2]

这就是他们所建立的第一个“因果性”信条。在此基础上，他们提出了与目的论模型相对立的“因果关系模型”。布鲁尔认为，以往的知识论往往采用的是目的论模型。因果论与目的论之间无对错之分，只是两种不同的形而上学立场。但是，强纲领所选择的因果关系模型有着目的论模型所没有的优点，即它像其他科学一样，也追求普遍性。如果人们接受了目的论的观点，就会背叛这些价值、背叛经验科学的研究方法。拉卡托斯就属于这种背叛的典型。

拉卡托斯在论述科学合理性时，首先区分了“内在史”与“外在史”。内在史即科学合理性的重建，是科学哲学的工作；外在史是现实的历史，是历史学和社会学的工作。内在史是自足的、具有自主性的。展示一种科学发展所具有的合理性特征，本身就足以说明这些事件之所以发生的原因。因此，内在史具有优先地位。但是，拉卡托斯要求用外在史来补充内在史，就预先为非理性的残余物留下了存在的余地。拉卡托斯在他的一篇论述科学合理性的论文中指出：“内在史是第一位的，外在史是第二位的，因为外在史最重要的问题都是由内在史界定的。外在史要么对速度、位置、选择性等，以及对人们根据内在史解释的各种历史事件提出非理性的说明；要么在历史与人们对它的合理性重建有所不同时，提出对这种不同的发生原因的经验性说明。但是，科学增长的合理性方面是完全可以由人们的科学发现的逻辑来说明的。”[3] 拉卡托斯的“合理性重建”是为了表明，科学是体现某些方法论原理的，是合理性的。而合理性的就具有自主性，可以自我运动和自我说明。

但是，拉卡托斯的内外史划分已经隐含了目的论预设。他引导人们将行为或信念进行二分：正确的或错误的、真实的或虚假的、合理性的或不合理性的等。正确的、真实的、合理性的划归内在史范围，错误的、虚假的、不合理性的则属于外在史研究的领域。布鲁尔问道：问题在于，我们怎么能够在研究之前就知道哪个是合理的，哪个是不合理的，从而应该对哪个进行内在史研究，对哪个进行外在史研究呢？这种二分法很明显只有在事先进行目的论预设时才是可能的。

事实上，很多哲学家都采取这种目的论立场，社会学家如默顿、曼海姆在面对数学和自然科学时也带有这种目的论立场。劳丹就曾说过：“当一个思想家的行为是合理的行为时，我们就不会进一步探究他之所以这样做的原因了；而当他的行为不合理时，即使他自认为是合理的，我们才需要进一步的说明。"[4]布鲁尔反问道，我们怎么能在对他的行为进行研究之前，事先知道他的行为合理还是不合理，从而确定要不要对它进行说明呢？这种目的论的做法，会使人们只对那些被认为是错误的、不合理的东西进行考察，确定它们的原因，而那些被认为是正确的、合理的东西就不需要进行考察，那么社会学就变成了关于错误的社会学。这是与科学知识社会学追求普遍性的认识论目的相违背的。因而，正确的方法应该是先对正确与否、合理与否存疑，而不是事先预设正确或合理。人们只有首先对一种信念的正确性或合理性作出评价，才能确定它是自明的，还是需要诉诸一种因果关系理论。

一种信念是否是真理，是否具有合理性，其地位并非先天决定的，而是要经过定义、评价等一系列社会文化过程之后才得以确立。解释某一理论或发现为什么被认为出了差错，与解释另一理论或发现为什么被认为正确，是同样重要的。"社会学家的任务就是辨明什么信念被认为真，什么信念被认为假；特别是，知识的建构、估测和评价包含着什么样的社会过程。"[5]由此，强纲领提出了"公正性"和"对称性"信条。这两个信条指出，社会学家的因果解释既应该公正地对待真理与谬误、合理性与不合理性（公正性），也应该用同一类型的原因去解释相互竞争的研究纲领（对称性），而不是像辉格哲学家或历史学家习惯的那样，将预先设定的理性的、先验的证据作为原因解释成功的研究纲领，却用社会的、非理性的因素解释那些不成功的纲领。

除此之外，强纲领还提出了"反身性"信条。在《知识与社会意象》一开始，布鲁尔即指出："所有知识，不论是经验科学方面的知识，还是数学方面的知识，都应当完完全全地作为需要调查研究的材料来对待。"那么，科学知识社会学本身当然也不能例外。布鲁尔主动出击，将"反身性"作为一个"信条"而不是受批判的问题首先提了出来。从而，科学知识社会学将不仅解释自然科学、社会科学，还将解释其自身。这样，"反身性"原则就成为强纲领对自身完备性的一种自我宣示，再一次强化了科学知识社会学的强纲领要将自身建立成一门科学的知识的强烈意向。

由此可见，强纲领的后三个信条都是在"因果性"信条的基础上被提出的。只有在与目的论模型相对立的因果关系模型下，我们才可以思考：在科学发展的历史上，是否真的存在所谓合理的、正确的科学知识和不合理的、错误的科学知识之分？托勒密的地心说是不合理的，哥白尼的日心说是合理的吗？燃素说不合理，氧化理论是合理的吗？根据强纲领的“因果性”信条，无论是地心说、日心说，还是燃素说、氧化论，这些知识信念的形成都是有原因的，我们应该对它们的形成原因进行考察；根据“公正性”和“对称性”信条，当我们追问这些知识信念形成的原因时，不应有关于该信念合理或不合理的任何先见（或陈见），而应该公平地、无偏见地对待科学史上各种貌似合理的或不合理的信念。不仅对科学史上各种知识信念是如此，在对待各种异文化时也一样。事实上，强纲领深受20世纪60年代社会科学领域中许多人类学家所持的文化相对主义思想的影响。只不过，强纲领的学者们将这种思想应用到公认具有客观性的科学知识上来，并在认识论领域作了进一步的理论阐发，从而引起了轩然大波。

3

强纲领自提出之后便遭到各方面的攻击，不仅有来自人文学者的反对，也受到自然科学家的批判。其中固然存在很多误解，但众口一词，一片讨伐之声，不免有些耐人寻味。强纲领的主要代表人物，其实个个都与大部分自然科学家一样，持决定论的态度。也许是出于对科学的崇敬或其他原因，他们都试图将社会学发展成为一门科学的学问。可是为什么这一科学主义的态度却受到这么多批判，特别是来自自然科学家的批判呢？

使强纲领成为众矢之的的是他们对知识和真理的理解。他们不是将知识看做与客观对象的符合，而是将其看做一种信念。一旦将知识作为信念来看，就可以对它进行社会学分析了。从文化相对主义角度来看，某人所持的信念无所谓真假对错、合理不合理之分。正是这一点，使强纲领受到自然科学家和理性主义者强烈的反对。但也正是在这一点上，反驳者并未真正驳倒他们。正如巴恩斯和布鲁尔所说，理性主义与相对主义不过是有着不同的信念罢了。相对主义无法驳倒理性主义，因为“相对主义者可以反对理性，但对信念却无计可施”[6]。但反过来，理性主义者对待相对主义的“信念”同样也无计可施。当然，相对主义本身的问题更加复杂。不过，作为一种工作假设，相对主义的信念是可以自我辩护的。

强纲领真正的困难，可能在于它的完全决定论的态度。首先，从本质上来说，它是一种更为彻底的还原论思想，或者可以称之为文化还原论。强纲领学者们把科学看做一种更广泛的文化现象，从而他们不仅要像逻辑实证主义者那样对科学知识的内部因素进行还原，还要对更广泛的文化背景进行还原。然而，我们早已知道，科学知识的内部因素都无法进行彻底还原，更何况是社会文化因素。因此，如果说逻辑实证主义的还原论是有问题的，那么强纲领也有同样的问题。前者试图用自然来解释科学，后者不过是用社会替代了自然而已。布鲁尔试图在这个过程中贯彻对称性原则，也就是说用社会要素来同时解释科学知识的正确和谬误，社会是解释要素，科学是被解释要素。对于这一点，科学知识社会学的巴黎学派的代表人物拉图尔在一篇题为“社会转向之后的新转向”的论文中指出，布鲁尔的对称性原则掩盖了自身的完全不对称[7]。他在考察自然科学的时候，把社会作为一个给定的实体，一个无须进行考察和批判的实体，这种做法显然与对称性原则相左。巴黎学派所倡导的“实验室研究”告诉我们，无论是自然实在，还是社会利益和社会关系，都是科学实践活动的结果，我们既不能单用自然来解释科学知识，也不能用社会来单向地建构科学。

其次，当强纲领把自己定位于自然科学的同等地位时，它必然处于一种经验主义的立场。强纲领学者们同意这种看法，并将自己的立场与维特根斯坦的“语言游戏”进行类比。事实上，他们误解了维特根斯坦。“维特根斯坦不论在早期还是在晚期都坚决地认为，他称之为哲学的东西与自然科学是完全不同的。”[8]维氏的“语言游戏”也并未为我们提供任何既定的观点与立场，而只是开启了一种可能的空间。在这个“语言游戏”中，持任何观点、立场的人都可以在这里为自己辩护，并在沟通、磋商和说服中达成默契。随着更多人的参与，游戏的边界也随之扩大；随着反思与批判的深入，人们会进一步修正自己的规则。维特根斯坦创造了一种新型的哲学，它有意而谨慎地把自己与所有的经验性科学区别开来。然而，当强纲领把自己看成是一种经验性的科学研究时，就与维特根斯坦的立场产生了区别。因为一种经验性立场无法超验地考察自身的规范，就像作为游戏的参与者，不能同时使自己成为规则的制定者。正因为如此，强纲领只能追问在不同情境中产生不同科学知识的原因，却无法告诉我们，不同情境中的科学知识是如何为自身的合理性辩护的？它们为什么是合理的？其合理性的根据何在？换句话说，强纲领只告诉我们科学知识的“发现”问题，却没有解决它的“辩护”问题。

参考文献

[1] Barnes B. Scientific Knowledge and Sociological Theory. London：Routledge，1980：73.

[2] Bloor D. Knowledge and Social Imagery. 2nd ed. Chicago：Chicago University Press，1991：19.

[3] Lakatos I. History of science and its rational reconstructions//Buck R C，Cohen R S. Boston Studies. V8. Dordrecht：Reidel，1971：9.

[4] 劳丹 L. 进步及其问题 . 刘新民译 . 北京：华夏出版社，1990：193.

[5] Woolgar S. Science：The Very Idea. London：Tavistock，1988：41.

[6] Barnes B，Bloor D. Relativism，rationalism and the sociology of knowledge//Hollis M，Lukes S. Rationality and Relativism. Oxford：Basil Blackwell，1982：46.

[7] Latour B. One more turn after the social turn//Biagiolied M. The Science Studies Reader. New York and London：Routledge，1999：280.

[8] 弗里德曼 M. 论科学知识社会学及其哲学任务 . 哲学译丛，1999，(2)：78.

关于实质性国际科技合作的理想模型*

一、合作模型的提出

联合国教科文组织将“国际科技合作”定义为：科学和技术知识的共享，即两个或两个以上国家的公民在彼此接受的协议条件下进行的知识交流。根据该定义，国际科技合作等于国际科技交流。这一定义反映了国际科技合作初始阶段的特点，但已不能满足21世纪国际科技合作深入发展的客观需要。

实际上，国际科技合作有广义和狭义之分。广义的国际科技合作（International Cooperative Activities for Science and/or Technology Development）指与科学或技术有关的一切跨国交流或合作活动，不仅包括科技创新和创业过程的合作，也包括与此有关的一切交流或合作活动，如围绕科技创新创业人才的培养、科技创新文化的建设、重大科研基础设施的建设和运行、大科学计划的发起或参与、高科技成果的转让或转化、高科技产业的催化和孵化，以及科技外交、科技伦理、科技政策、科技标准、科技立法和知识产权

* 本文作者为张世专、王大明，原载《中国科学院院刊》，2011年第26卷第5期，第597～605页。

保护等方面的交流或合作。

从合作内容看，它包括以科学技术知识为核心内容的基础研究、应用研究、转移转化和产业化方面的交流与合作，以及与科学技术研究、开发和商业化有关的国家科技政策、科技伦理、科技立法、科技人才培养、知识产权谈判等方面的交流与合作。

从合作形式看，它包括跨国科学考察、国际科技会议、科技人才引进、科研项目合作、产业技术合作、国际技术贸易、国际科技援助、科技外交等各种形式的活动。

从合作目的看，它包括：①以关键科技人才培养或引进为目标的合作；②以解决富有挑战性的科学技术难题为目标的合作；③以获得或相互共享稀缺科技资源为目标的合作；④以促进高科技产业发展为目标的合作；⑤以帮助发展中国家提高科技创新能力为目标的合作。

从合作性质看，它包括：①竞争性合作（即以竞争为主的合作，合作为虚，竞争为实，如各国纷纷出台的“以我为主”争夺稀缺科技人才的计划）；②互补性合作（基于优势互补、平等互利原则的合作）；③共赢性合作（为共同应对区域性或全球性挑战而开展的多边联合行动计划，如“保护臭氧层行动世界计划”）；④援助性合作（基于人道主义或科学外交目的的无条件合作，如国际科技援助）。

狭义的国际科技合作又称为“实质性国际科技合作（Substantive International Science and/or Technology Collaboration，SISTC）”，仅指以科学技术研究或科技成果转移、转化和产业化过程的分工协作为实质性内容的跨国协作行为。SISTC 可进一步划分为：国际科学合作（ISC）、国际技术合作（ITC）及最严格意义上的国际科技合作（ISTC）。

国际科学合作是知识创新过程的合作，包括基础科学和应用科学（技术科学）知识创新过程的合作，以科学家为中心，以大学或研究所为主体，以研究兴趣或科学问题为导向。

国际技术合作是技术创新过程的合作，即将处于国际前沿的科学理论和技术知识首次创造性地综合应用于市场，以实现科学技术潜在社会价值的高科技创业过程的合作，以企业家为中心，以创新型企业为主体，以市场需要为导向。

最严格意义上的国际科技合作介于国际科学合作和国际技术合作之间，兼具国际科学合作和国际技术合作的特点，属于从前沿科学研究到前沿技术创新和产业共性技术研发、示范、规模放大及高科技产业孵化等创新全过程的合作。此类国际科技合作的主体往往不是单一的，而是多个主体，既有研究所，也有大学、企业甚至政府。此类合作往往以国家产业目标为导向，瞄准国家战略需要、区域性（全球性）挑战和产业共性技术需求，是以“共同研发为基础、产学研政相结合”的合作类型。

为了便于深入剖析实质性国际科技合作的特点，本文将其界定为科技创新①过程的国际合作，既可以是科技创新上游（基础研究阶段）的合作，也可以是科技创新中游（应用研究、前沿技术研究、产业共性技术开发）和下游（科技创新成果产业化过程）的合作，但不包括国际技术贸易，也不包括国际政治或军事目的的科技合作或以科技援助为目的的科技外交行为。

为此，本文将“实质性国际科技合作”定义如下：来自不同国家的创新主体（个体、团体或实体）之间围绕共同感兴趣的、富于挑战性的前沿科学技术难题、共同设定的科学技术目标或科技成果转化目标，在共同约定的前提条件下，相互开放共享各自具有独特优势的创新资源，发挥各自在创新能力上的比较优势，实现创新要素（包括创新人才、创新资源、创新能力、创新环境、创新文化等）的优势互补、整合重组和分工协作，从而达到以更少成本、更低风险和更高效率攻克双（各）方共同感兴趣的复杂科学技术难题，实现共同设定的科学技术目标或者科技创业目标，共享合作创新成果，实现合作创新效益大于各自独立创新效益之和的跨国协作行为。

二、合作要素分析

根据上述定义，实质性国际科技合作包含 10 个关键要素：①主体要素（collaborators）；②兴趣要素（common interest）；③共识要素（consensus）；④资源要素（resources）；⑤目标要素（objectives）；⑥计划要素（action plan）；⑦能力要素（capability）；⑧成本要素（cost）；⑨效率要素（effi-

① 本文中所说的“科技创新”是广义概念，包括知识创新、技术创新和高科技创业过程。

ciency)；⑩效益要素（benefits）。

国际科技合作的主体要素是指国际科技合作作为一种跨越国界的合作创新实践，最终要落实到由来自两个或多个不同主权国家的创新主体来共同完成。能够开展国际科技合作的创新主体，一定是具有创新能力的个体、团体或实体。不具备创新能力但拥有某种关键创新资源、行政权力或服务职能的政府决策部门、公立（或私立）资助机构、行政主管部门，以及其他各类为国际科技合作提供某种服务的专业性组织，均不是创新的主体，因此也不是国际科技合作的主体。它们在国际科技合作中的作用是为国际科技合作提供各种必要的外部激励机制和支撑服务。例如，①为促进国际科技合作创造有利的外部政治环境、法律环境和投资环境；②为支持和激励国际科技合作提供持续稳定、公平竞争的经费资助计划、资金或渠道；③为引导国际科技合作搭建长效的合作交流平台和管理协调机制；④为规范国际科技合作提供必要的政策咨询和管理培训，等等。由于所有这些工作对于国际科技合作而言均是非常必要的，可为国际科技合作创造有利的整体外部环境和条件，因此人们往往把所有这些与国际科技合作相关的活动、政策、计划、举措，统统称为国际科技合作。但是，这些都只是开展国际科技合作的外因，而不是国际科技合作本身。就像中秋佳节人们想吃月饼一样，人们最终想要的是那圆圆的、甜甜的、香香的、能真正带来营养和美味的食物，而不是诱人的广告、精美的包装或浓浓的乡情，虽然这些都可能引起食欲并提升月饼的品牌和价位。因此，以提升国家的国际形象、地位和国际影响力为主的科技外宣、科技外交、科技外事等活动，以及为国际科技合作营造有利外部环境为主的外围支撑性、服务性工作，不在本文研究讨论的范围之内，虽然实质性的国际科技合作越来越离不开外交和国际关系的大环境，越来越离不开政府、各级行政主管部门、公众和产业界的理解和支持。

国际科技合作的兴趣要素是指作为创新主体的合作双方或各方必须就一些富于挑战性的，光靠自身的资源、能力和条件不足以以最有效的方式独立解决的前沿科学技术难题或重大科技需求，找到共同的合作兴趣，即合作切入点。

国际科技合作的共识要素是指作为创新主体的合作双方或各方必须就创新过程中合作资源如何相互开放和共享、对创新各环节如何进行分工和协作、对合作成果和利益如何进行分配，以及对合作产生的知识产权如何进行公平有效的管理和保护等一系列重要问题和原则达成具体共识，形成合约并签署对双方或各方均具有约束力的合作协议，作为双方开展科技合作的法律依据和前提条件。

国际科技合作的资源要素是指作为创新主体的合作双方或各方必须具备对对方而言有很强吸引力和比较优势的创新资源。这种资源是广义的，可以是某种特殊的创新环境（如独特的地理环境、生态环境、气候环境、人口环境、市场环境）、科研对象（如独特的化石、标本、人群、疾病患者或携带者等）或重大的科研基础设施、设备、装置、昂贵的科学仪器等不能交换的物质资源，也可以是某种先进的科学思想、专门的技术知识、特殊的试验技巧、关键的数据库、软件、人才、资金或战略性的科技市场情报信息等可交换的非物质资源。各方在创新资源上的比较优势是开展国际科技合作的物质基础。

国际科技合作的目标要素是指作为创新主体的合作双方或各方必须就共同约定的合作期限之内希望通过合作可以实现的科学技术目标或科技成果转化目标作出清晰的描述和界定。如果合作目标模糊不清，就容易出现合作动力不继、各自为主、各行其是的现象，合作成效也难以进行科学的评价，从而会影响合作的持续和深入进行。

国际科技合作的计划要素是指作为创新主体的合作双方或各方必须就合作兴趣、合作目标、合作周期、合作条件、合作资源的相互开放和共享、合作各方在合作创新过程中分别扮演的角色和如何相互配合，以及合作成本、合作目标、合作效益的评价、合作成果的管理、分配和共享等所有合作环节和要素达成具体明确的共识，并形成完整详尽、切实可行的合作计划方案。这是国际科技合作中最重要、最核心的部分，也是判断一项国际科技合作的质量及决定是否能够获得各方支持的关键依据。

国际科技合作的能力要素是指作为创新主体的合作双方或各方必须具备开展合作创新活动和扮演各自在合作创新过程中特定的角色所需要的能力。一般情况下，双方或各方的能力不能是完全一样的，而应各有侧重和各具特色，可以优势互补并产生“1+1>2”的合作效应。合作各方在能力上的比较优势是合作的根本动力。如果合作各方能力相同、相似或相近，比较优势趋零，则优势互补的合作不会发生。

国际科技合作的成本要素是指合作双方或各方必须要为开展合作付出一定的成本，这里所说的成本包括资金成本、人力成本、物力成本、时间成本和机会成本。不承担任何成本的合作是不可能的。如果合作的成本大于不合作情况下发生的成本，这样的合作不属于本文所重点讨论的范围。

国际科技合作的效率要素是指作为创新主体的合作双方或各方通过合作可以比在不合作情况下以更高的效率攻克科学技术难题，实现科学技术目标或高科技产业化目标。如果合作创新的效率低于非合作创新（独立创新）的效率，这样的合作创新很快就会失去意义和动力。

国际科技合作的效益要素是指作为创新主体的合作双方或各方通过合作可以比在不合作情况下各自独立创新产生更大的科技效益、经济效益、环境效益或社会效益，从而实现双赢、共赢的结果。

国际科技合作之所以能够带来这些超出科学技术以外的效益，是由科学技术本身的性质决定的。作为第一生产力，科学技术的深入发展对于教育、经济、政治、军事、文化和国际关系都将产生深远的影响。因此，国际科技合作不仅可以加速各国科学技术本身的发展，加快世界科技革命的到来，而且可以促进各国高科技产业和知识服务业的发展，催生新一轮产业革命，加快人类社会从工业文明向信息文明、生态文明和知识文明进化，增进以知识界、科学界和产业界为代表的各国人民之间的相互理解、信任和友谊，促进各国在人才、教育、经济、政治、文化等各个领域的深入合作，弥补各国在创新资源和创新能力上的不足和缺陷，解决全球创新资源有限性和人类社会发展无限可持续性之间的矛盾，降低创新成本和风险，促进各国经济社会的共同繁荣和可持续发展，促进国际关系的改善和国际社会向更高的历史阶段（以知识为基础的，更加科学、民主、和平、和谐的全球社会）进化。笔者将国际科技合作的上述效益统称为“国际科技合作的溢出效应”。虽然在短短的国际合作周期之内要全面、系统、定量地评价国际科技合作的效益几乎是不太可能的，但是从长远的角度来看，国际科技合作的溢出效应是必然会产生的。

只有以上 10 大要素条件均具备，国际科技合作才能持续深入开展。笔者将上述模型简称为关于实质性国际科技合作的“SICROPACEB 模型”（图 1）。

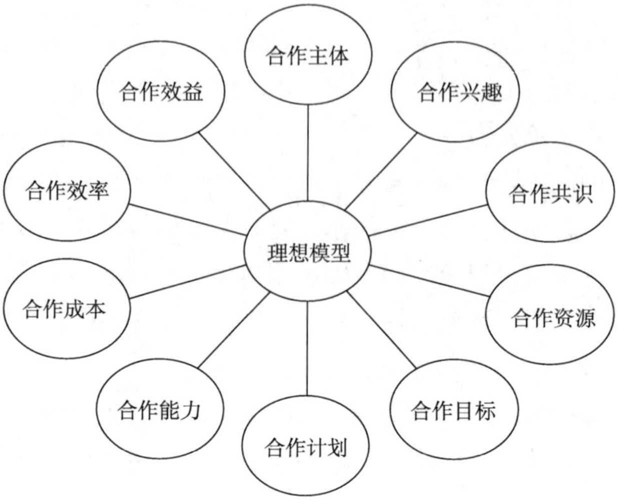

图 1　实质性国际科技合作的理想模型

显然，这是关于实质性国际科技合作的一个理想模型，其关注焦点是基于优势互补和平等互利原则，以项目为基础，以共同感兴趣的问题、目标或市场需要为导向的合作。该模型不适用于非平等的竞争性合作、非对等的援助性合作和非互补的共赢性合作类型。

三、合作层次分析

依据国际科技合作主体（即创新主体）的不同，国际科技合作大致可分为三种不同层面的合作，即个体间合作、团体间合作和实体间合作。

1）个体间合作也叫“民间合作”、“非正式合作”、“小科学合作”，指科学家个体层面的合作。此类合作必须在科学家个人所能承担和控制的风险范围之内，集中在基础科学前沿研究领域，故主要以学术思想交流、互派研究生为形式，以共同的研究兴趣为驱动力，以在国际一流刊物上联合发表文章为目的。此类合作是大量的、普遍的，由于合作成本和风险最低，因此是最容易、最自然、最原始的国际合作类型。其不足是偶然性、随机性大，调动资源和承担风险能力弱，不能有效解决复杂的大科学问题，因而影响力较小，显示度较低，往往上升不到机构层面，甚至不需要签署合作协议，但却是各类合作的基础。各个领域的双边和多边国际学术大会、科学论坛、前沿科学研讨会（如中美前沿科学研讨会）等交流平台，有利于促进科学家个体层面的交流与合作。

2）团体间合作有时也叫“团队式合作”，是指国际同行科学家集体层面的合作，如研究组、研究团体或专业学会之间的横向合作。此类合作介于个体间合作和实体间合作之间，以科学问题为导向，以项目合作和共建联合研究单位为主要形式，承担合作权利、责任、义务和风险的不是个人，而是整个研究团队。此类合作能够调动双方更多的资源和能力，实现更大程度上的优势互补，合作的长期性和持续性较强，因而有利于解决更为复杂和较有挑战性的科学技术难题，易于形成国际合作网络或联盟，在创新全球化的形势下更具有吸引力，但合作成本较高，合作风险较大，因而合作难度加大，通常需要签署谅解备忘录或意向书之类的书面文件，虽然不具有法律效力，但对双方具有某种程度的约束力。中国科学院和国家外国专家局共同推出的“创新团队国际合作伙伴计划”，以及诸如中美高能物理合作联合委员会、中国科学院—马普学会青年科学家伙伴小组、中澳水资源联合研究中心、中澳表型组学联合实验室等合作机制，均有利于促进“团队式”合作。这种合作需要更多国际合作经费的支持。

3）实体间合作也叫“机构间合作”，指由许多不同但相关领域的科学家、工程师、管理人员和技术人员组成的法人研究实体之间的合作。相比于前两类合作，此类合作可以调动更多的创新资源和创新人才，实现最大限度的优势互补，能够承担更多的风险和法律责任，解决更为复杂、更为系统的科学技术难题，因此合作双方往往希望建立长期稳定、可持续的战略合作伙伴关系，并签署机构间合作协议。此类合作往往以富有挑战性的前沿科学问题、产业共性技术问题或市场目标为导向，合作经费、资源和人力投入最多，合作成本最高，合作难度最大，受外部环境的影响最深，对国际合作政策、文化、法律、制度的要求和敏感度最高。合作双方或各方往往需要专门签署关于合作成果共享和知识产权保护方面的、具有法律约束力的合作协议书，以保障合作的顺利进行和减少合作可能给双方带来的风险。

随着科学研究对象和问题的系统化、复杂化和全球化，科技创新越来越呈现出系统化、网络化、全球化的特点。在这种新的形势下，国际科技合作从个体间合作朝团体间合作和实体间合作方向发展，国际合作层次也从基础科学领域的以兴趣或问题为驱动的、“点对点式”合作向应用科学、技术科学、前沿技术和竞争前产业共性技术领域的以问题、目标或市场为导向的“团队式、集团式、集群式”合作升级。

四、合作性质分析

鉴于人们普遍关注的主要是以问题、目标和市场需要为导向的，正式的机构间层面的合作，因此本文重点讨论实体间（机构间）合作问题。

大致而言，有两类不同性质的科技合作实体：一类是自负盈亏或以营利为目的的科技创新实体，包括营利性研究所、创新型企业等，如波音公司、必和必拓公司、深圳华大基因研究院等，简称“营利性实体”；另一类是不以营利为目的的研究实体，包括国立、州立（省立）或私立（民办）的科研机构和学术机构，如美国能源部下属的国家实验室、国立卫生院下属的研究所、澳大利亚联邦科工组织、中国科学院下属的研究所、国内外公立研究型大学等，简称“公益性实体”。由于性质、目标和宗旨均不同，这两类创新实体开展国际科技合作的目的、动机和机制也不一样。

对营利性合作实体而言，合作创新的主要目的是如何将最先进的科学理论和技术知识以最快的速度创造性地应用于解决实际问题，即转化为能够满足特定市场需要的集成的、系统的、成熟适用的专利技术、产品或服务，变成可以申请获得专利权保护的专有知识和工业产权，因为专有知识和工业产权是营利性组织的命根子，是其实现自负盈亏、生存发展和形成核心竞争力的法宝。对这类实体，合作成败的关键聚焦于如何对科技合作成果即专利申请权、专利所有权和专利使用权进行合理分享和分配。

对于公益性研究实体而言，由于其科研资源和研究经费主要不是来自其所拥有的专利，而是来自政府或民间的资助，不论这种资助是竞争性的，还是非竞争性的，此类合作实体开展国际科技合作的主要目的，是如何能以最短的时间即最高的效率，提出同时代最先进的科学理论和方法，回答为政府或公众所高度关注的、全社会或全人类将长期面临的重大科学技术问题和挑战，而不太关心这种理论和方法在用于解决当前具体现实问题或满足特定市场需要时的实际成本。相比于营利性实体，公益性实体更关注合作创新过程对自身创新能力、水平、质量和效率的提高带来的好处和对整个社会可能带来的效益（如环境效益、安全效益等），而不太关注合作可能带来的直接经济效益或商业利益。公益性研究实体希望国际合作的成果能变成可为整个产业、整个社会或全人类共享的公有知识，而不是为个别企业组织获取超额垄断利润的专有知识，以解决市场失灵问题。

因此，公益性研究实体所热衷的国际科技合作实际上更多的是“国际科学合作”，因为科学真理是普适的、无国界的，科学知识属于共有知识，应造福全社会和全人类；而营利性研究实体所追求的国际科技合作实际上更多的是“国际技术合作”，因为技术是实践工具和生产要素，是和各国经济利益息息相关的，可以申请专利保护。

国际科学合作和国际技术合作，虽然难以严格区分，常常笼统地被称做“国际科技合作”，但在全球经济市场化的大环境下，二者具有本质的区别，详见表 1。

表 1　国际科学合作和国际技术合作的区别

主要区别	国际科学合作	国际技术合作
合作主体	公益性研究实体	营利性研究实体
合作兴趣	解答复杂科学问题	解决关键技术难题
合作目标	联合发表论文	共同申请专利
合作动力	以科学问题为导向	以市场需要为导向
合作性质	公益性（非营利性）	营利性（非公益性）
合作视角	面向未来长远利益	面向当前现实利益
合作基础	基于友谊和相互信任	基于信用和法律约束
合作协议	原则性条款、约束力弱	严谨性条款、约束力强
合作成果	提出新的科学理论	产生新的技术方案
合作效益	环境、社会效益	经济、商业利益
合作领域	市场规律失灵	市场规律有效
合作范畴	不属于国际经济合作范畴	属于国际经济合作范畴
合作特点	可公开（不具有保密性）	不可公开（具有保密性）

总之，国际科学合作和国际技术合作是两类性质截然不同的合作，不宜混为一谈。

国际科学合作是非营利性研究实体之间在知识创新过程（创新价值链中上游）的合作，是非营利性、非商业性的行为，以科学问题为导向，面向未来长期共同挑战、复杂科学问题或竞争前产业共性技术难题，以谋求合作各方长远共同利益和可持续发展为目标，具有高创新性、长周期性和合作成果产出的不确定性，合作成果体现为共享科学数据、联合发表科学论文或共同拥有一般性专利。它包括知识创新上游（基础科学领域）和知识创新中下游（应用科学、技术科学领域）的合作两个方面。国际科学合作属于竞争前和市场失灵领域的合作，不遵循市场规律（自由竞争、等价交换、供求关系规律），但遵循“相互尊重、自主自愿、友好互信、优势互补、平等互利、共同发展”的原则和“国家主权、国家安全和国家核心利益不容侵犯”的原则。典型的国际科学合作案例有：为揭开生命奥秘和治疗人类遗传性疾病，美国、英国、法国、德国、日本和中国的科学家共同参与总投入高达 30 亿美元的人类基因组计划；为节能减排、应对全球气候变暖和能源紧张问题，欧盟、美国、俄罗斯、日本、韩国和中国达成一致，共同开展耗资高达 100 亿美元的国际热核实验反应堆计划。

国际技术合作则是以营利性研究实体（营利性研究所或创新型企业）为主体的高科技创业过程（创新价值链下游）的合作，是以市场需要为导向，以获得经济利益和商业利益为目的，受市场规律和合作各方所在国法律制约，建立在各国产业技术分工基础之上的合作。它围绕知识创新成果的价值实现过程，将科学技术的潜在社会价值转化成现实的社会生产力，是各国之间生产要素在时空上分离和优化重组的过程，也是受各国法律保护的专有技术知识（作为知识经济条件下至关重要的生产要素）在国际和全球范围内有条件转移流动、应用示范、商业化和产业化的过程，其最终产出体现为有市场竞争力的新的适用专利技术、产品设计或服务标准。

然而，国际科学合作和国际技术合作二者又不是完全独立、相互分离的，还存在相互联系、相互交叉的关系。如果用 A 集合表示一切国际科学合作，用 B 集合表示一切国际技术合作的话，那么二者的交集 $A \cap B$ 就是最严格、最狭义的“国际科技合作”（ISTC），分别如图 2 和图 3 所示。

人们通常理解的国际科技合作是广义概念，包括国际科学合作和国际技

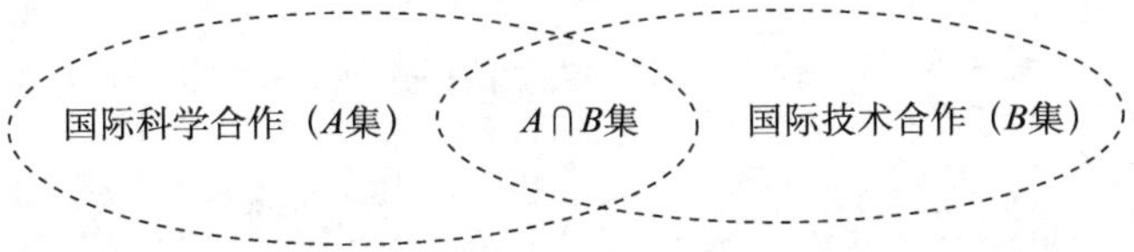

图 2　国际科技合作的广义外延（$A\cup B$）和狭义外延（$A\cap B$）

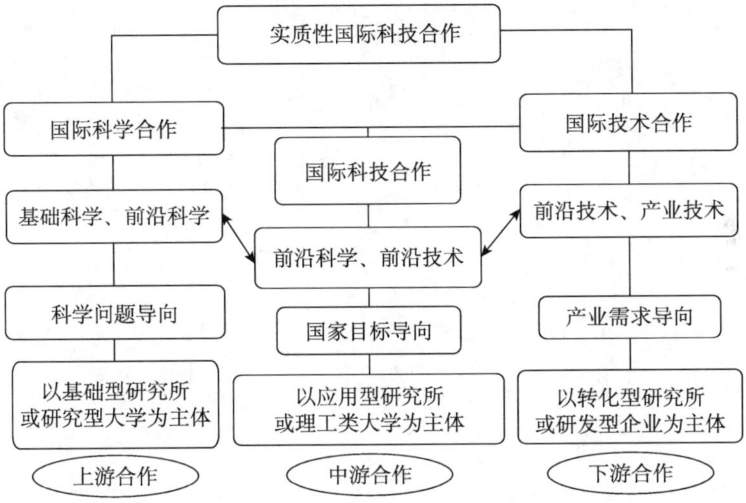

图 3　实质性国际科技合作的分类特征

术合作，是二者的并集（$A\cup B$）。ISTC 介于国际科学合作和国际技术合作之间，兼具国际科学合作和国际技术合作的特点，是二者的交集（$A\cap B$），以前沿科技创新及其产业化为合作内容，以国家科技发展战略和目标为导向，以催生战略新兴产业为目的，涉及创新过程各环节，是以共同研发为基础、产学研一体化的国际合作。此类合作既要符合创新的规律，又要符合创业的规律，因而是最富有挑战性的国际合作。此类合作的最终目的不只是发表高水平的科学论文，还要促进高科技发展、应用和产业化，通过合作实现科技上的优势互补和经济上的互利共赢。

参考文献

[1] 靳晓明．国际科技合作征程（第四辑）．北京：科学技术文献出版社，2009.

[2] 刘立，曲晓飞．创新型企业：概念界定与范式阐释．现代管理科学，2010，

(10)：20-24.

[3] 王春法．科技全球化与中国科技发展的战略选择．北京：中国社会科学出版社，2008.

[4] 赵刚．科技外交的理论与实践．北京：时事出版社，2007.

多元的科学投资
——克里格·文特尔获得经费的方法*

近些年来，最惊人的科学事件大概就是克里格·文特尔所率领的团队的所谓“人造生命”的奇迹了。他们在 2010 年 5 月的《科学》杂志上宣布，将人工合成的染色体植入了细菌细胞，得到表达人工染色体的新支原体。一些支持者认为，这项生物技术有着巨大的潜能，比如创造出具有特殊功能的新微生物，用做替代石油和煤炭的绿色燃料，或用来帮助清除危险化学物质或辐射，或合成能帮助消除过多二氧化碳的细菌，从而缓解全球变暖问题等。藻类生物燃料有时被环境学家称为“燃料藻”（oilgae），是一种对解决人类能源问题有巨大希望的技术。这种燃料是从与汽油、柴油和飞机燃料等石油产品具有同样分子结构的藻类中提取出来的。

克里格·文特尔称自己“成功地发现了获得研究经费的独特方法”（《纽约时报》）。他获得经费的尝试是成立合成基因组（Synthetic Genomics）公司以获得研究合成生物的经费。文特尔的研究方向引起了美国总统和教皇的关注，同时也吸引了大量的投资。投资公司包括微软公司、埃克森石油公司、英国石油公司（BP）、马来西亚一家从事砾岩开发的公司及墨西哥几家工业公司。在盖茨投资之前，“拱创业伙伴”（Arch Venture Partners）、维康基金

* 本文作者为李大光，原载《科技导报》，2011 年第 29 卷第 19 期，第 11 页。

会（Wellcome Trust）及温洛克公司（Venrock Companies）也投入了5000万美元。

藻可通过太阳光转化为无碳能源，这是一个具有无限经济价值的技术。每英亩藻每年可以转化2000加仑燃料，而棕榈树仅能产生650加仑，甘蔗仅仅能产生450加仑，而玉米每年每英亩仅仅能生产出250加仑。这对任何能源企业来说都是巨大的商机。就是这种技术的未来的感召力，吸引了大量的工业界人士，最引人注目的有四家公司：阿米里斯生物技术公司（Amyris Biotechnologies）、LS9公司、Codexis公司及克里格·文特尔成立的合成基因组公司。为吸引投资创建他的基因组研究所（The Institute for Genomic Research），他成立了三个基金会：基因组促进基金会（The Center for the Advancement of Genomics，TCAG）、生物替代能源基金会（The Institute for Biological Energy Alternatives，IBEA）及克里格·文特尔基金会（The J. Craig Venter Science Foundation）。

《时代》杂志认为：文特尔被"科学成果、成果发表和学术地位承认，以及诺贝尔奖的诱惑"所驱动，"商业运作是获得科学结果的手段"。

无独有偶，斯坦福大学生物工程师斯蒂文·奎克（Steven Quake），在2010年6月仅仅用了10万美元就将个人基因图谱进行了解读。这是继文特尔用100万美金将DNA发现者詹姆斯·沃森的个人基因图谱解读后，费用最低的个人基因图谱解读。但是，对普通大众来说，这个价格还是有点贵。奎克研制出了世界上第一个"个人基因图谱解读器"，价格仅为48 000美元。这个体积仅似一个大冰箱的机器，可以在4个星期之内对一个人的基因进行解读。这个机器的整个研制过程都是奎克自己掏钱进行的。他的成功震惊了世界。这意味着，只要有了这台机器，一个家庭的基因可以得到解读，从而得知家庭遗传病史和基因缺陷，通过干细胞移植进行治疗。

为了使个人基因图谱解读普及化，使所有的普通人都能够得到自己的基因图谱，美国X Prize基金会宣布，基金会将拿出1000万美元寻求技术突破，在2019年前将个人基因图谱解读成本下降到1000美元。这个计划正在进行中。无数的母亲和父亲为这个人类最大的生命技术将带来的幸福所感动。

那么，X Prize基金会是什么组织呢？它既不是政府组织也不是研究所，而是纯粹的非政府组织（NGO）。这个基金会成立于1995年，主要目的是鼓励为了人类福祉而进行的基础创新研究工作。基金会是非营利组织，主要工作是创办和进行世界范围内的大型国际奖励竞赛，以促进在研究和发展领域的投资。激励投资的主要领域有：教育和全球发展、能源与环境、生命科学、太空和海洋探索。世界上竟然有激励企业对科学技术进行投资的基金会，而且目前在以“壳牌”的投资做保证的前提下，正在取得积极的进展。

科学技术的作用已经引起几乎所有政府的重视。政府正在逐步成为科学技术研究的主要投资方。但是，在发达国家，仍然存在多元的投资模式。除了政府投资以外，私人、慈善机构、企业等投资仍然占有巨大的比例。这些投资渠道弥补了政府投资必然会带来的忽略多元需要的倾向，在弥补科研缺口和在激励最初不受重视、没有预见前景的领域，以及在遭遇伦理、政治或者某个领导人的偏见的时候，起到了重要的作用。

波士顿咨询顾问公司（Boston Consulting Group，BCG）的调查显示，虽然增长步伐放缓，但去年全球百万富翁家庭增加了12.2%，达到1250万人。美国的百万富翁家庭最多，有520万人；其次是日本，有150万人；中国有110万人；英国有57万人。在富翁越来越多的时候，中国也越来越成为世界上最大的奢侈品消费市场。中国不妨在鼓励企业或者有钱人向科技投资方面做一些有益的尝试。

第二部
科学共同体

科学共同体社会分层研究综述*

一、科学共同体社会分层的含义

科学共同体是“科学”这种社会建制的基本存在形式，是由从事实际研究工作的科学家组成的团体。他们的专业一致，遵从相同的规范，阅读相同的文献，有基本一致的专业看法，使用相同的符号、术语、模型和范例，有密切的学术交流[1]。科学共同体作为一种抽象的集合概念，既有无形的组织，如无形学院和学派等，也有有形的组织，如科研院所、学会等。

社会存在着人与人之间、集团与集团之间高低有序的若干等级层次，社会学家以“社会分层”这一社会学范畴分析社会结构。根据结构功能主义的观点，社会分层在任何的社会建制中都是存在的，这既是社会分工的必然结果，也是人们以道德和行为规范为标准划分社会等级的结果。每一个社会都存在分层化的地位安排，这种分层安排是必需的，具有正功能；激励人们工作的动机乃是不同社会地位所给予的不同报酬；一个社会的正常运转依赖于

* 本文作者为孙玲、尚智丛，原载《科学学与科学技术管理》，2011年第32卷第8期，第156～161页。

其成员的不同社会地位的安排[1]。

科学共同体作为一种社会建制，内部的社会分层是客观存在的，其含义即科学共同体这种社会建制的内部结构和运行模式。最早进行该领域研究的是美国默顿学派的学者们。1973 年，科学社会学家科尔兄弟出版了《科学界的社会分层》一书，在这本专著里，作者根据研究得出结论：科学共同体是一个高度分层的社会建制。科学家由于在产出率、知名度和声望上具有巨大的差异，故在科学共同体中所处的地位不同[2]。这本书成为后来研究科学共同体社会分层问题的奠基之作。

二、科学共同体社会分层的标准及分层结构

社会分层问题是很多社会学家关注的重点。韦伯曾经提出使用三项指标来划分社会层次结构，即财富、权力和声望。也就是说，韦伯把经济、社会和政治三方面标准综合起来划分社会成员的社会地位。在科学共同体社会分层的研究中，科尔兄弟认为，“发现（发明）—承认—权威”是科学共同体社会分层的机制，他们在《科学界的社会分层》（1973）一书里用职位、科学荣誉、科学奖励、声望作为科学共同体的分层标准描述了美国大学物理科学共同体的分层轮廓（图 1）。

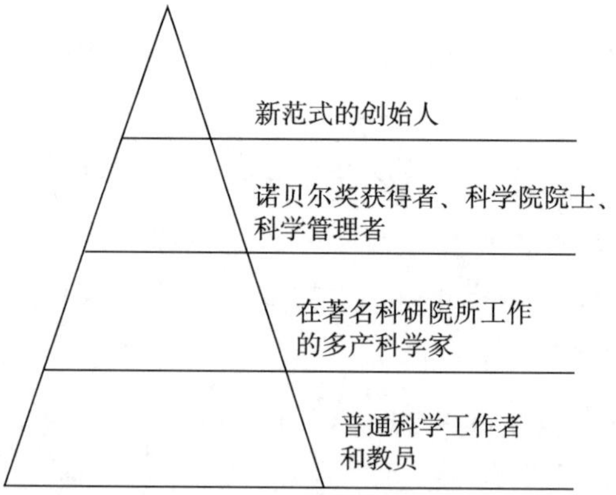

图 1　美国物理科学共同体分层轮廓

资料来源：根据科尔兄弟《科学界的社会分层》一书整理而成。

位居金字塔顶端重要地位的是已经在科学史上被验证了的新范式的创始人，如牛顿、爱因斯坦等，他们的工作为其他的科学家拨开了云雾、指明了方向，这一层级科学家的人数在科学史上是屈指可数的。排在金字塔第二层的是获得引人瞩目的荣誉的科学家，如诺贝尔奖获得者、国家科学院院士称号获得者。科尔兄弟还特别指出，部分出色的科学管理者也位于这一层级，如布鲁克海文等大型研究实验室的管理者等。根据作者的说法，位居第一、第二层的科学家是科学界的精英；位居第三、第四层的是占大多数的、不太著名的、影响力较小的普通科学工作者。排在第三层的是在著名科研院所工作的多产科学家；排在最下层的是很少产生新思想，并且极少发表研究成果的科学家，他们中的很多人是大学的教员，主要进行科学知识的传播和普及工作。

类似地，用学术声誉作为分层标准，美国另一位科学社会学家哈里特·朱克曼（Harriet Zucherman）在《科学界的精英——美国的诺贝尔奖金获得者》一书中也描述了科学共同体的分层结构。朱克曼调查了 1975 年以前美国的 76 位诺贝尔奖获得者，并将他们的数量与当时美国不同声誉科学家的数量进行比较。采取的数据是自称的科学工作者、载入《科技人员登记册》的科学家、列入《美国男女科学家》的科学家、获得博士学位的科学家、美国科学院院士和诺贝尔奖获得者（表 1）。将这些数据简化，对应 1 位诺贝尔科学奖获得者，就有 13 位科学院院士、2400 位博士科学家、2600 位列入《美国男女科学家》的科学家、4300 位列入《全国科技人员登记册》的科学家和 6800 位自称的科学工作者[3]。

表 1　按声誉形成的科学共同体权威结构

共同体	人数/人
自称的科学工作者	493 000
载入《科技人员登记册》的科学家	313 000
列入《美国男女科学家》的科学家	184 000
获得博士学位的科学家	175 000
美国科学院院士	950
诺贝尔奖获得者	76

国内学者古继宝和李国伟根据学术荣誉把从事基础研究的科技人员分为：基础层、辅助层、骨干层和大师层。金字塔底部的基础层科技人员指的

是只具有基本的科技工作能力，需要在他人指导下进行研究和工作，学术声望较低的初级科研人员。基础层上面是辅助层，辅助层科技人员的科研思路已经基本形成，能够参与群体性的科研活动，并较独立地完成所分配的任务。辅助层科技人员经过不断学习、进步，成为精英层科技人员后，学术能力和学术声望都经过质的飞跃，进入了新的发展阶段，成为金字塔第二层的骨干层。骨干层科技人员具有较深厚的学术造诣，较强的创新能力和创新潜力，有一定的项目管理能力，能够指导其他科技人员，带领课题组完成科研课题。大师层科技人员位于科学共同体金字塔体系的顶端，他们对于本领域的学术问题非常熟悉，对于科技研究的思路和关键性问题驾驭自如，在科研活动中能够起到灵魂作用。大师层科技人员不仅自己学术造诣深、学术声望高，可以领导大型的科研团队攻关课题，而且他们对科研领域的深刻认识，使得他们可以为其他科技人员的研究指明方向，在疑难问题上进行关键性的指导，故在大师层科技人员的身边往往会集聚很多优秀人才[4]。李国伟运用这一研究思路，描述了我国高等院校科研人员的分层结构[5]。

三、影响分层的因素及层级间流动研究

影响分层的因素有很多，有社会属性的影响因素，如年龄、性别等；还有非社会属性的因素，如科学天资、精力、动机等。以往学者针对社会属性影响因素的研究较多。

焦点之一是研究性别对分层的影响。女性与科学研究是一个引人关注的话题，因为整个科学史历来是男性科学家的天下，女性科学家所占比例很小，有突出成就的女科学家更是凤毛麟角。截至 20 世纪 80 年代末，在 400 名诺贝尔科学奖获得者中，女性只有 9 人，故很多学者围绕女性是否适合进行科学研究和科学共同体中是否存在性别歧视等问题展开研究。在这个领域，朱克曼和 J. 科尔发表过一系列重要的研究成果，1975 年两人共同发表的《美国科学界的女性》一文是该领域的开创性成果。该文谈到，在美国物理学界和生物学界，女性大学生的数量少于男性，研究生中男性的数量是女性的两倍，毕业后从事科学研究工作的男性人数远远超过女性。他们对这种现象作出了几个方面解释：一是社会选择和自我选择的结果。二是有限差别

理论。该理论假设，在有限资源和奖励高度竞争的共同体之中，科学家的成果量是由一系列特殊的外部因素对科学家个人的“冲击”和个人对冲击“反应”的结果。这些冲击一部分发生在女性科学家身上，一部分发生在男性科学家身上。该理论认为发生在女性科学家身上的冲击更大一些，所以直接影响到女性科学家科研成果的数量和质量[6]。1979 年科尔的专著《公正的科学：科学共同体中的女性》问世，该书是系统研究女性科学家的第一本专著。科尔考察了美国学术界性别地位与科学承认的关系、性别地位与任职机构声望的关系、性别地位与薪水的关系、男女科学家产出率的差别等，并得出结论：女性科学家被歧视的程度是轻微的——肯定低于低声望系里的研究生所面临的“歧视”[7]。Lemoine 从科学计量学的角度，研究了委内瑞拉男女科学家科学产出的模式，发现 Lotka 公式解释了委内瑞拉女科学家在国外期刊发表文章少于男性科学家，在国内期刊产出与男性科学家相当的现象[8]。

我国学者杨丽和徐飞以中国女性院士群体为样本，通过对其出生年份、出生地域、学位结构、留学状况、当选年份、当选年龄、所在学部、工作单位等要素的计量分析，总结归纳出中国科学院女性院士群体的特征状况：中国科学院女性院士绝大部分已年过 70，呈现出老年化的倾向，与男性院士年龄结构类似；女性院士出生地集中在东南沿海及北京周边政治文化发达地区，与男性院士出生地背景也较一致；中国科学院女性院士主要集中在生命科学和医学学部、化学部和数学物理学部，三学部人数接近女性院士总数的 70%，这与女性的特点及社会选择有关。经过分析，作者得出结论：从数量上看，中国女性院士的数量远远低于男性院士。截至 2007 年，中国科学院共有院士 1106 名，其中 51 位是女性院士，所占比例仅为 4.6%；从学科分布上看，女性科学家在技术等应用学科领域的作用较弱[9]。

焦点之二是研究学科对分层的影响。哈格斯特龙在《科学共同体》一书中，曾依据学科分化研究科学中的分层现象。研究发现：各分支学科科学家在科学共同体内部及整个社会的声望与权威不同。例如，20 世纪 60 年代在物理学领域，粒子物理成为热点研究领域后，粒子物理学家的学术声望要高于其他领域，如固体物理领域的科学家[10]。科尔兄弟在《科学界的社会分层》中也提到，学科和专业似乎都存在社会的等级。20 世纪 70 年代，物理学一直是科学学科中最有声望的，接下来是化学、生物学、天文学和地学。

之后一段时期，生物学科学家在科学共同体中的声望急剧升高[2]。

焦点之三是研究年龄对分层的影响。科学是创造性行业，创造性行业需要有旺盛的精力和高度的创造力，研究科学共同体年龄结构的重要目的就是探讨科学创造的最佳年龄阶段。在这方面的研究中，一类学者用年龄和科学生产率的相关性来验证年龄对科学创造的影响。Sharon G. Levin 和 Paula E. Stephan 利用 1977 年博士学位获得者调查的数据研究发现，在地球物理学界年长的科学家发表的文章少于年轻的科学家；在生物和化学界年长的科学家发表的文章少于年龄居中的科学家。尽管该研究未能证明科学家的年龄与研究绩效存在强关联度，但是说明年龄是科学家做出科学成果的一个自变量[11]。Andrea Bonaccorsi 和 Cinzia Daraio 运用案例研究方法，考察意大利国家研究委员会科技人员的研究成果和年龄关系，结论为：随着平均年龄的增长，科学家的科学生产率在降低[12]。另一类学者研究精英科学家作出重大成果的年龄结构。朱克曼在《科学界的精英——美国的诺贝尔奖金获得者》一书中分析了美国 67 名诺贝尔奖获得者（1951～1972 年）首次作出重大贡献的年龄，发现这些精英作出重大贡献的平均年龄是 37.6 岁[3]。我国学者赵红州指出，杰出科学家作出科学贡献的最佳年龄区间在 25～35 岁，其最佳峰值年龄和成名年龄随着时代的变化而逐渐增大[13]。李侠等对科学家发表重要著作时的年龄进行研究，得出不同年代科学家发表重要学术著作的平均年龄不同的结论[14]。张九庆对 1901～1999 年诺贝尔奖获得者最佳年龄研究发现，不同学科获奖者创造高峰不同，如物理学奖获得者的创造高峰大概在 25～45 岁，生物学家获得者的创造高峰则大概是 30～45 岁。姜莹等研究发现，我国专业技术队伍年轻化的特点相当明显，学科的人才断层问题基本解决[15]。尚智丛对 227 名中国科学院 50 岁以下杰出科技人才进行统计分析，研究其成长过程中表现出的年龄特征，最后发现，20 世纪 90 年代以后我国自己培养的博士已成为杰出科技人才的主体部分。这一年龄特征与国际科技人才成长的一般规律一致，但是，在完成博士研究工作并进入职业科研活动方面，稍晚于诺贝尔科学奖获得者[16]。

在科学家跨层流动的影响因素研究中，科尔兄弟认为，虽然科学天资、创造性（天生的才能）、精力、动机和个性等影响了科学家的产出，但是社会选择和自我选择在社会分层中发挥了更大的作用。安妮・罗和劳伦斯・S.

库比对科学中成功的心理相关因素进行了讨论。李晓轩总结了国内外科研顶尖人员的成长规律，研究发现，“优势积累”为科研拔尖人才做出杰出工作提供了最大可能。“优势积累”的因素包括：具有良好的先天素质，进入名校学习，师从名师，有出国留学经历，以及在一流研究机构从事科学研究工作等[17]。创新型科技人才队伍建设研究课题组提出：“内外因综合效应成才规律”是人才成长的一个基本规律。在人才成长过程中，内部要素是人才成长的内因，是人才成长的根本驱动力；外部要素是人才成长的外因，是人才成长的外在保障力，外因通过内因对人才成长起到重要的保障作用[18]。

四、社会分层中不同层次的科学家

在针对不同层次科学家的研究中，学者们关注较多的是精英科学家。大多数研究内容聚焦在这些杰出人员的成长规律上，即科学家在不同年龄段的主要职业活动、成就与地位变化，也就是科学家随年龄增长所表达出来的职业发展特征。研究诺贝尔科学奖获得者的代表作是朱克曼所著的《科学界的精英——美国的诺贝尔奖金获得者》。她集中研究了 1901～1972 年的 92 位美国诺贝尔奖获得者的生平历史，搜集了大量关于获奖者的文献资料和其他背景材料，发现这些诺贝尔奖获得者在成长中有不少共性：良好的社会经济出身与优秀的家庭学习传统；求学名校，师从名师；青年早慧，成就卓著；在成长中不断积累优势[3]。我国学者研究的焦点是中国科学院院士和中国工程院院士这两个群体。曹聪在《中国科学精英》一书中搜集了 1955～2001 年当选的 970 名中国科学院院士的背景资料，对其进行统计分析，探讨其成长规律。研究发现中国科学院院士同美国诺贝尔奖获得者之间存在很多共性，如良好的社会经济出身与优秀的家庭学习传统、求学名校、师从名师等。同时，由于中国特殊的环境，这些院士的成长也有自身的特点：大多数有海外求学经历，大学学历比例偏大，个人选择余地较小，但机构与个人的优势积累的相互促进却相当强烈，具有深厚的爱国主义情结[19]。徐飞等以中国科学院院士特征状况为样本，从时间维度、出生地域、学历结构、留学状况和年龄构成等出发进行计量研究，分析中国科学界精英的若干特征及其产生原因[20]。杨丽等关注中国工程院院士，特别是女性工程院院士的特征状况[9]。王英从科学社会学视域下研究中国工程院院士的年龄状况。中国工程院院士群体的当选年龄以51～70岁为最多，平均值为64岁。偏高的院士当选年龄和偏高的院士平均年龄不利于国家的科技创新与科技进步，需要从政策层面进行调整[21]。尚智丛研究了中国科学院50岁以下杰出科学家，包括中国科学院院士或中国工程院院士、国家重大课题首席科学家、国家自然科学基金委杰出青年基金获得者、中国科学院"百人计划"优秀人员，寻找其成长规律[16]。徐飞等通过对中国现代科学家的认定标准、年龄结构、学成年龄、学位结构、出生地域，以及留学状况的定量统计，得到中国现代科学家群体状况的量化分析结论：科学家年龄普遍老化，出生地域不平衡等[22]。方黑虎等研究了中国现代工程技术专家的群体状况[23]。

五、我国科学共同体社会分层研究

我国学者对科学共同体社会分层的研究经历了四个阶段。第一个阶段主要是翻译国外的论著，如1979年周叶廉等翻译的哈里特·朱克曼的《科学界的精英——美国的诺贝尔奖金获得者》；1988年赵佳苓、顾昕等翻译的科尔兄弟的《科学界的社会分层》。随着这些论著被翻译并介绍到我国，学者们对科学共同体社会分层问题的研究进入了第二个阶段，即研究评述阶段，如吴忠在《社会分层理论与科学社会学》中指出，把科学当做一种社会建制，对科学共同体的研究，无不是分层理论实际应用的结果[24]。顾昕在《科学共同体的社会分层》一文中对科学共同体内的社会分层现象作了较精辟的评述，尤其是对科尔兄弟的《科学界的社会分层》一书作了较为详尽的介绍[25]。刘瑶珺在《科学中的权威结构》中指出，科学中存在权威结构是科学社会学所揭示的重要现象之一，也是科学这种社会建制的内部结构的关键之一，它是与科学中的社会分层现象紧密联系在一起的[26]。20世纪80年代末到90年代末的近10年间，从文献检索看，关于该问题的研究无论是在理论层面还是在实践应用层面都没有较大的突破，这个阶段可被称为停滞阶段。20世纪90年代末以后，科学共同体社会分层研究进入百花齐放阶段，学者们尝试从多角度多学科研究该问题，比较突出的如对中国科学院院士、中国工程院院士、杰出科学家年龄特征、成长规律的研究；对分层动力模式的研究；对科学共同体分层标准和分层轮廓的研究等。

六、科学共同体社会分层研究评述及未来的研究方向

科学共同体社会分层研究起源于西方科学社会学家，特别是默顿学派的学者们，开创性地分析了科学界的社会结构和运行机制，随后我国学者也展开了相关研究，并取得了一些重要的研究成果。但是，以往的研究也存在一些不足。首先，研究针对的对象主要是科学精英群体，较少关注社会分层中较低层级的科技人员。虽然中低层次科技人员很少作出卓越的成果，但是知识的积累是由量变到质变的过程，这个过程需要众多的科技人员参与其中。而且，通过跨层流动，中低层次的科研人员有可能进入精英群体，所以我们不应忽视对这个层次科研人员的研究。其次，科学共同体社会分层问题国外的研究较多，由于国情不同，我们需要考虑中国情境下不同科学共同体社会分层的模式和轮廓；再次，对社会分层影响因素的研究主要是从社会学视角展开的，偏重社会因素的影响，对自我因素、互动因素及心理因素的研究不足。最后，沿袭默顿学派研究的较多，缺乏从多角度研究的创新性。

针对上面提到的研究现状的不足，笔者认为，关于科学共同体社会分层这个话题，未来可以有以下的研究方向：其一，考察我国不同科学共同体的分层现状及分层轮廓，通过实证的方法检验功能论和冲突论哪个理论更适合中国情境；其二，针对不同层级的人员进行职业需求研究，找到适用不同层次人员的激励措施；其三，扩展对高层次科研人员成长规律的研究视角，从心理学和管理学角度探讨社会分层结构中精英科研人员的胜任特征，从而把社会分层理论应用到更广泛的领域中去。

参考文献

[1] 尚智丛．科学社会学：方法与理论基础．北京：高等教育出版社，2008.

[2] 乔纳森·科尔，斯蒂芬·科尔．科学界的社会分层．赵佳苓，等译．北京：华夏出版社，1989.

[3] 哈里特·朱克曼．科学界的精英——美国的诺贝尔奖金获得者．周叶廉，冯世则译．北京：商务印书馆，1979.

［4］古继宝，李国伟．基础研究人员流动的分层次管理研究．科学学与科学技术管理，2006，（2）：109-113.

［5］李国伟．基于社会分层理论的高校人才流动对策研究．科技资讯，2009，（32）：242-243.

［6］Zuckerman H，Cole J R. Women in American science. Minerva，1975，13（1）：82-102.

［7］林聚任．美国科学社会学关于科学界性别分层研究的综述．自然辩证法通讯，1997，（1）：32-38.

［8］Lemoine W. Productivity patterns of men and women scientists in Venezuela. Scientometrics，1992，2：281-295.

［9］杨丽，徐飞．中国科学院女性院士特征状况计量分析．科学学研究，2008，（10）：942-947.

［10］Hagstrom W O. The Scientific Community. New York：Basic Books，1965.

［11］Levin S G，Stephan P E. Age and research productivity of academic scientists. Research in Higher Education，1989，5：531-549.

［12］Bonaccorsi A，Daraio C. Age effects in scientific productivity：the case of the Italian national research council（CNR）. Scientometrics，2003，1：49-90.

［13］赵红州．科学史数理分析．石家庄：河北教育出版社，2001.

［14］李侠，马兆俐，杜宝贵．科学家发表重要学术著作的年龄的研究．东北大学学报（社会科学版），2000，（2）：273-275.

［15］姜莹，韩伯棠，张平．科学发现的最佳年龄与我国科技人力资源的年龄结构．科技进步与对策，2003，（12）：22-23.

［16］尚智丛．中国科学院中青年杰出科技人才的年龄特征．科学学研究，2007，（4）：228-232.

［17］李晓轩，牛珩，冯俊新．科研拔尖人才的成长规律与启示．科学学研究，2004，（6）：273-277.

［18］创新型科技人才队伍建设研究课题组．高层次创新型科技人才的内涵及成长规律．科技智囊，2008，（10）：52-63.

［19］Cao C. China's Scientific Elite. New York：Routledge，2004.

［20］徐飞，卜晓勇．中国科学院院士特征状况的计量分析．自然辩证法研究，2006，（3）：68-74.

［21］王英．科学社会学视域下的院士年龄结构：以中国工程院为例．山东大学学报

(社会科学版)，2008，(12)：16-21.

[22] 徐飞，李玉红．中国现代科学家群体状况研究．科技进步与对策，2001，(1)：80-81.

[23] 方黑虎，徐飞．中国现代工程技术专家群体状况研究．科技进步与对策，2003，(8)：39-41.

[24] 吴忠．社会分层理论与科学社会学．自然辩证法研究，1987，(2)：23-29.

[25] 顾昕．科学共同体的社会分层．自然辩证法通讯，1987，(4)：21-29.

[26] 刘瑶珺．科学中的权威结构．自然辩证法通讯，1987，(6)：27-34.

[27] 吴殿延．高级科技人才成长的环境因素分析．自然辩证法研究，2003，(9)：54-63.

[28] 顾昕．科学界的精英及其作用．自然辩证法研究，1987，(4)：31-39.

[29] Merton R K. The Sociology of Science：Theoretical and Empirical Investigations. Chicago：University of Chicago Press，1973.

当代中国科技人才进入国际科学共同体的有效方式

——中国科学院50岁以下杰出科技人才的分析*

目前中国科学技术快速发展，但是，在众多领域还未达到国际一流水平。中国科学技术界通过国际交流追赶国际一流水平，其中一个重要途径是派遣杰出青年学者进入国际科学共同体，向世界科学技术大师学习。国际科学共同体学术交流方式是科学社会学研究的重要问题之一，因此，一方面，关于当代中国青年科技人才进入国际科学共同体的有效方式的研究，是对科学社会学的重要理论贡献。另一方面，中国是一个发展中大国，也是一个科技发展大国，从这个角度来说，中国进入国际科学共同体的方式具有典型意义与代表性，可以为许多发展中国家所借鉴。因此，关于当代中国青年科技人才进入国际科学共同体的有效方式的研究，也是对各国科学技术发展实践的贡献。本文作此努力。

一、研究对象与研究方法

20世纪以来，青年科技人才进入国际科学共同体的基本途径有两条：其一是求学名校，师从名师，攻读博士学位；其二是师从名师，进行博士后研

* 本文作者为尚智丛，原载《科技管理研究》，2007年第8期，第225～227页。

究或访问研究。哈里特·朱克曼（Harriet Zucherman）研究发现，1901～1972年美国92位诺贝尔科学奖获得者在青年求学时期有着出身名校、师从名师攻读博士学位的特点，这些名校与名师大多在美国。曹聪的研究发现，开创中国现代科学技术的老一辈科学家大多有着求学海外名校、师从名师攻读博士学位的特点。

本研究针对20世纪80年代中国改革开放以后培养的科技人才，选择中国科学院50岁以下杰出科技人才227人为对象，进行了问卷调查与访问调查。中国科学院是我国最大、最重要的科学技术研究机构，对优秀科学技术人才有着强大的吸引力。特别是1999年以后，通过实施“百人计划”，引进了一大批优秀科技人才回国工作，中国科学院因此凝聚了一批杰出的青年科技人才，代表着我国科技人才队伍建设的最高水平。本项研究中的227名对象由中国科学院各研究院所根据本机构学科发展状况及被推荐人在学科发展中的贡献和学术地位推荐出来，代表着中国科学院杰出青年科技人才的最高水平，具有典型性与代表性。这227人目前的专业技术职称均为研究员或教授。2004年中国科学院创新岗位研究员有4877人，其中50岁以下的有3084人，本项目研究对象分别占上述两个人群的4.7%和7.4%。考虑到这227人作为中国科学院50岁以下创新研究员的杰出代表，可以认为样本量适当，以这227人为对象开展研究，可以发现当代中国杰出青年科技人才的典型特征。

本研究对227人进行问卷调查，对回收数据进行统计分析，主要研究其取得博士学位与进行博士后或访问研究的国家地区、机构、导师学术荣誉及其比较。

二、博士教育情况分析

对科技人才的成才历程而言，博士教育阶段至关重要。在这一阶段，他们接受严格的科学职业训练，掌握本学科前沿理论知识和科学技术研究方法，完成博士学习后，进入科学职业生涯。在227名研究对象中，有216人的最高学位是博士，占总人数的95.2%，取得该学位的平均年龄是31岁；另有3人的最高学位是学士，取得该学位的平均年龄是24岁；8人的最高学位是硕士，取得该学位的平均年龄是 26 岁。

图 1 显示了 227 名研究对象目前的年龄分布，图 2 显示了其中 215 人取得博士学位的年龄分布（216 名博士学位获得者中有一名取得博士学位的年龄不详）。从图 2 可见，取得博士学位的高峰年龄是 28 岁，有 35 人在这个年龄获得博士学位，占总人数的 16.2%。这与我国的教育制度密切相关。改革开放以后，我国学历教育逐步完善，大学前教育一般要进行 12 年，大学教育进行 4 年，硕士研究生教育进行 3 年，博士研究生教育也有 3 年，这样，一个人 6 岁入学接受正规教育，到 28 岁时恰好获得博士学位。在我国学制不进行调整的情况下，28 岁应当是未来相当长一段时期内青年人才获得博士学位的高峰年龄。这一情况与国际科技人才成长的一般规律相似，但与诺贝尔奖获得者存在明显差距，后者通常在 24.8 岁左右取得博士学位。也就是说，在少年早慧方面，我国科技人才还稍晚于国际最优秀的科技人才。

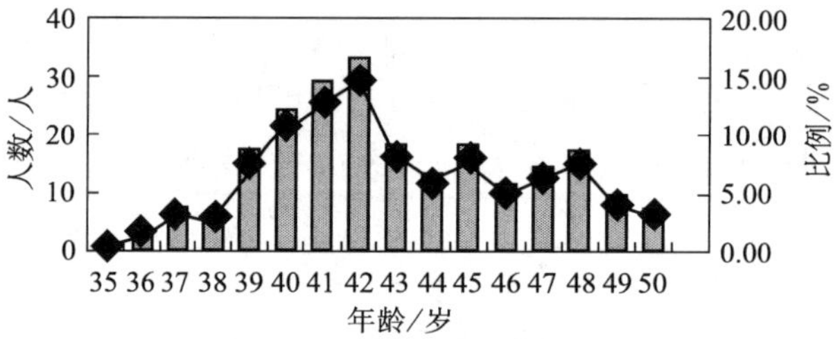

图 1　研究对象的年龄分布

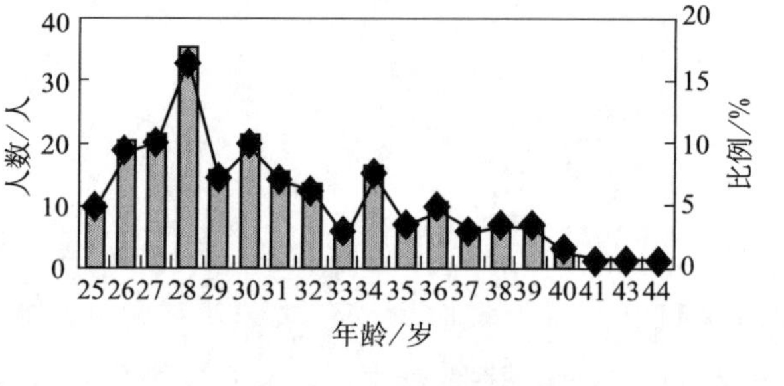

图 2　获得博士学位的年龄分布

216 个博士学位中的 33%（71 个）获得自外国大学，30%（64 个）获得自国内各大学，37%（81个）获得自中国科学院。71个国外博士学位主要获得自日本（20个）、英国（15个）、美国（14个），少部分获得自德国（5个）、法国（4个）、意大利（3个）、比利时（2个）、荷兰（2个）、加拿大（2个）、澳大利亚（1个）、丹麦（1个）、菲律宾（1个）、前苏联（1个）。图3显示了各年龄段国内外博士学位（去除获得学位年龄不详的1个，共215个博士学位）的数量对比。很明显，在48岁、49岁、50岁三个年龄段上，国外博士学位数量超过50%；47岁以下，国内博士学位数量超过50%；特别是，38岁以下，国内博士学位所占比例明显增加。一方面，这与改革开放以后我国博士教育的具体情况密切相关。我国于1981年才开始实施《中华人民共和国学位条例》，此后历年授予的博士学位较少，直到1995年以后才开始大量授予博士学位。另一方面，上述数量对比也表明，20世纪90年代以后我国自己培养的年轻一代博士开始逐步进入科研中坚行列，所占比例逐步增高。

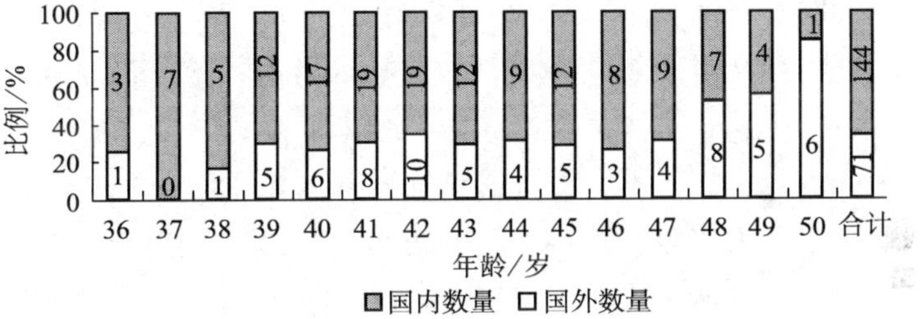

图3　各年龄段国内外博士学位数量对比

表1列出了授予3个以上博士学位的机构名称。这11所机构共授予了216个博士学位中的43个，占19.9%。这些机构包括了国内著名的北京大学、清华大学、南京大学和中国科学技术大学，以及中国科学院的几所著名研究所；其中的国际著名大学只有剑桥大学和东京大学，其余的163个博士学位中的大部分是一个学位来自于一所机构，只有少数是两个学位来自于同一所机构。这些机构中包括国际著名的宾夕法尼亚大学、麻省理工学院、哥本哈根大学、莫斯科大学、伦敦大学、曼彻斯特大学和纽约市立大学等，但没有国际一流的哈佛大学、普林斯顿大学、加州大学、牛津大学等。

表1　授予3个以上博士学位的机构

机构名称	学位数/个
北京大学	6
清华大学	6
中国科学院金属研究所	4
南京大学	4
中国科学院长春应用化学研究所	4
中国科学技术大学	4
中国科学院物理研究所	3
中国科学院动物研究所	3
中国科学院计算技术研究所	3
剑桥大学	3
东京大学	3
合　计	43

科学社会学发现的马太效应表明，优秀的科研机构聚集着杰出的科技人才，而杰出科技人才在这里也更能创造优秀的成果，即杰出的人才与机构之间在成就和荣誉方面存在相互增强的作用。对比这一规律可以发现，本课题研究对象接受博士教育的机构较为分散，国际一流机构偏少，因此直接进入本研究领域国际最前沿的机会偏少。在一定程度上来说，这也是目前我国杰出青年科技人才难以创造世界一流成果的原因之一。

进一步的调查发现，216名研究对象在攻读博士学位期间，其导师荣誉处于国际顶尖水平者很少，他们中没有诺贝尔科学奖获得者；有2位其他国际大奖获得者（G. Dantzig奖和德国国家骑士勋章），其中一位同时是英国皇家学会会员和美国科学院外籍院士，另有2位英国皇家学会会员，总计4位，占总人数1.9%。在这些导师中，中国科学院院士、中国工程院院士、中国国家重要科学奖励获得者和可称为国际某领域重要科学家者总计有165人，占总人数76.3%；未获得重要荣誉的导师有39人，占总人数的18.1%；另有8名导师的荣誉不详，占总人数3.7%。这一情况表明，216名研究对象在接受博士训练期间，绝大部分得到了国内一流科学家的指导，但很少能够获得国际顶尖科学家的直接指导。

三、博士后与访问研究情况分析

在227名研究对象中有190人曾做过博士后或访问研究，首次进行博士后或访问研究的平均年龄是 29 岁，平均时限为 3 年。从图 4 可以看到首次进行博士后与访问研究的年龄集中于 28～30 岁，在 28 岁时人数最多。这说明博士毕业的当年和其后两年是当代科技人才进行博士后或访问研究的高峰时期。

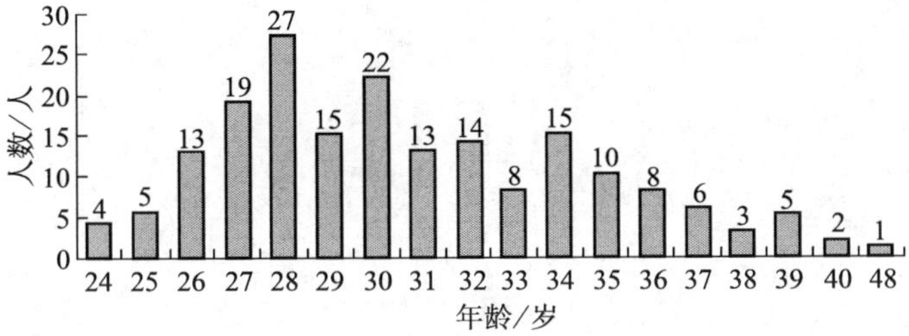

图 4　首次进行博士后或访问研究的年龄分布

190 人中的 74%（141 人）在国外机构中进行博士后或访问研究，23%（43 人）在国内进行博士后或访问研究，另有 3%（6 人）首次进行博士后或访问研究的地点不详。在国外进行博士后或访问研究的比例 74%远高于在国外获得博士学位的比例 33%。在国外进行博士后或访问研究的主要国家是美国（51 人）、英国（21 人）、德国（19 人）、日本（15 人）、法国（9 人）、加拿大（7 人）等科技发达国家，另有少数博士后或访问研究在荷兰、意大利等国进行。对比博士学位的获得地点可以发现，博士后或访问研究是我国科技人才进入发达国家科学共同体更为有效的途径。

表 2 列出曾接受 2 人以上进行博士后或访问研究的机构，总计 9 所机构，接受 22 人，占总人数的 11.6%，包括国际一流的英国约翰·英纳斯研究中心、纽卡斯尔大学、剑桥大学，美国加利福尼亚大学圣地亚哥分校、麻省理工学院，日本理化学研究所等。此外，158 人在不同的机构进行了首次博士后或访问研究，这些机构包括国际著名的哈佛大学、康奈尔大学、普林斯顿大学、美国癌症研究中心、美国国立强磁场实验室、伦敦大学、马克思-普朗克生物物理与生物化学研究所、马克思-普朗克核物理研究所、马克思-普朗克量子光学所、法国科研中心-岗城粒子物理实验室、日本京都大学等国际一流的科研机构。其余 10 人进行博士后或访问研究的机构不详。上述分析说明，通过博士后或访问研究，我国科技人才可以有效进入国际一流科

研机构，但是，同一所一流机构培养的人数却偏少。在我国科技人才进行博士后或访问研究阶段，马太效应的聚集作用仍然有限。

表 2　接受 2 人以上进行博士后或访问研究的机构

机构名称	人数/人
约翰·英纳斯研究中心（英国）	4
剑桥大学	3
北京大学	3
加州大学圣地亚哥分校	2
麻省理工学院	2
纽卡斯尔大学（英国）	2
理化学研究所（日本）	2
中国科学院动物研究所	2
中国科学院力学所	2
合　计	22

进一步的调查发现，190 名研究对象在首次进行博士后或访问研究期间，其导师荣誉处于国际顶尖水平者相对博士学习情况有所提高。他们中有 2 位诺贝尔科学奖获得者，有 14 位其他国际大奖获得者（包括门德尔松奖、Rohot Cup 奖、美国总统青年学者奖、化学 Wolf 奖、红外领域的 Button 奖、泰勒奖、法国科学与艺术大奖等），其中有一位还是美国科学院院士，总计 16 位，占总人数的 8.4%。在这些导师中，中国科学院院士、中国工程院院士、中国国家重要科学奖励获得者和可称为国际某领域重要科学家者总计 126 人，占总人数的 66.3%；未获得重要荣誉的导师有 31 人，占总人数的 16.3%；另有 17 名导师的荣誉不详，占总人数的 8.9%。这一情况表明，190 名研究对象在进行博士后或访问研究期间，绝大部分得到了国内一流科学家和国际上较为优秀的科学家的指导；同时，与博士学习情况相比较，获得国际顶尖科学家直接指导的机会有很大提高，由 1.9% 提高到 8.4%。这说明，在改革开放以后的 28 年间，博士后或访问研究是我国科技人才获得国际顶尖科学家直接指导的较为有效的途径。

四、结　论

因本项目研究对象具备典型性与代表性，通过上述分析，可以得出如下一般结论。①作为发展中大国，中国于20世纪80年代以后向科技发达国家派遣青年学者攻读博士学位或者进行博士后研究与访问研究，进入国际科学共同体，向国际杰出科学家学习，推进本国科学技术发展。两种形式相比较而言，博士后或访问研究形式更为有效，表现为：在科技发达国家学习的人员比例较高、进入的机构中国际一流科技机构的比例较高、导师中国际一流学者的比例相对较高。②作为科技追赶早期阶段的基本形式，博士后或访问研究形式也存在明显的局限，那就是导师中国际一流学者的比例仍然偏低(为8.4%)，在其中进行学习的研究机构分散，国际优秀机构的聚集作用不突出。这表明，改革开放20多年以来，我国科技界还未能与国际一流科技机构建立起持续稳定的科技合作关系。

在今后进一步的发展中，博士后或访问研究需稳定在对口一流机构中进行，逐步强化持续稳定的科技合作，在这一基础上，我国青年人才在国外一流科技机构攻读博士学位的机遇也会相应增大。

参考文献

［1］Zucherman H. Scientific Elite：Nobel Laureates in the United States. New Brunswick：Transaction，1996：99-106.

［2］Cao C. China's Scientific Elite. New York：Routledge，2004：98-101.

［3］李志刚．中国科学院统计年鉴2005. 北京：科学出版社，2006：13.

［4］Merton R K. The Sociology of Science：Theoretical and Empirical Investigations. Chicago：University of Chicago Press，1973：457-458.

中国科学院中青年杰出科技人才的年龄特征*

科技人才年龄特征是科技人才成长规律研究中的一项重要内容，也是科学社会学研究的重要主题之一。哈里特·朱克曼（Harriet Zucherman）、乔纳森·科尔（Jonathan Cole）和斯蒂芬·科尔（Stephen Cole）及曹聪曾分别探讨了1901～1972年美国92位诺贝尔奖获得者、20世纪60年代美国物理学家及1955～2001年当选的中国科学院院士（绝大部分是改革开放以前培养的杰出科技人才）在其成长过程中表现出来的年龄特征[1~3]。改革开放28年来，我国一大批35～50岁的杰出科技人才已成长起来，在当前我国科技事业中发挥着中流砥柱的作用。改革开放以来剧烈的社会文化与制度变革，使得他们的成长环境远不同于老一辈科技精英，也不同于西方科技精英。他们的成长表现出自有的特征。本文以中国科学院50岁以下的杰出科技人才为案例，探讨这一批人才成长过程中的年龄特征。

一、研究对象与研究方法

本研究选择中国科学院50岁以下杰出科技人才227人为对象，进行了问卷调查与访问调查。中国科学院是我国最大、最重要的科学技术研究机构，

---

* 本文作者为尚智丛，原载《科学学研究》，2007年第25卷第2期，第228～232页。

对优秀科学技术人才有着强大的吸引力。特别是1999年以后通过实施“百人计划”，引进了一大批优秀科技人才回国工作，中国科学院因此凝聚了一批杰出的中青年科技人才，代表着我国科技人才队伍建设的最高水平。本项研究中的227名研究对象由中国科学院各研究院所根据本机构学科发展状况，以及被推荐人在学科发展中的贡献和学术地位推荐出来，其中主要参考指标是：院士、国家重大课题首席科学家、国家自然科学基金委员会杰出青年基金获得者、中国科学院“百人计划”优秀人员。这些研究对象代表着中国科学院杰出中青年科技人才的最高水平，具有典型性与代表性。这227人目前的专业技术职称均为研究员（含教授）。2004年中国科学院创新岗位研究员有4877人，其中50岁以下的有3084人[4]。本项目研究对象分别占上述两类人群的4.7%和7.4%。考虑到这227人作为中国科学院50岁以下创新研究员的杰出代表，可以认为样本量适当。①

本研究对227人进行问卷调查，对回收数据进行统计分析，主要研究如下内容：取得博士学位的平均年龄与高峰年龄、首次发表索引论文的平均年龄与高峰年龄、首次获得资助并独立开展研究的平均年龄与高峰年龄、发表索引论文的高峰年龄等。

二、年龄特征分析

（一）取得博士学位的平均年龄与高峰年龄

227名研究对象的年龄分布如图1所示，集中于40～42岁，峰值在42岁。其中，216人的最高学位是博士，占总数的95.2%，取得该学位的平均年龄是31岁；另有3人的最高学位是学士，取得该学位的平均年龄是24岁；8人的最高学位是硕士，取得该学位的平均年龄是26岁。图2显示了215人取得博士学位的年龄分布（216名博士研究对象中有1人取得博士学位的年龄不详）。从图2可见，取得博士学位的高峰年龄是28岁。有35人在这个年

① 此处计算中，研究对象人群含有50岁的人员，而50岁以下中国科学院创新岗位研究员人群不含有50岁人员。根据文献［4］，2004年中国科学院创新岗位研究员中50～54岁人员共370人，其中，50岁人员数量较少，不影响样本量有效性。

龄获得博士学位，占总人数的 16%。这与我国的教育制度密切相关。改革开放以后，我国学历教育制度逐步完善。大学前教育一般要进行 12 年，大学教育进行 4 年，硕士研究生教育进行 3 年，博士研究生教育也要 3 年，这样，一个人 6 岁入学接受正规教育，到 28 岁时，恰好获得博士学位。在我国学制不进行调整的情况下，28 岁应当是未来相当长一段时期内青年人才获得博士学位的高峰年龄。这一情况与国际科技人才成长的一般规律相似，但与诺贝尔奖获得者存在明显差距，后者通常在 24.8 岁左右取得博士学位[1]。也就是说，在少年早慧方面，我国科技人才还稍晚于国际最优秀的科技人才。

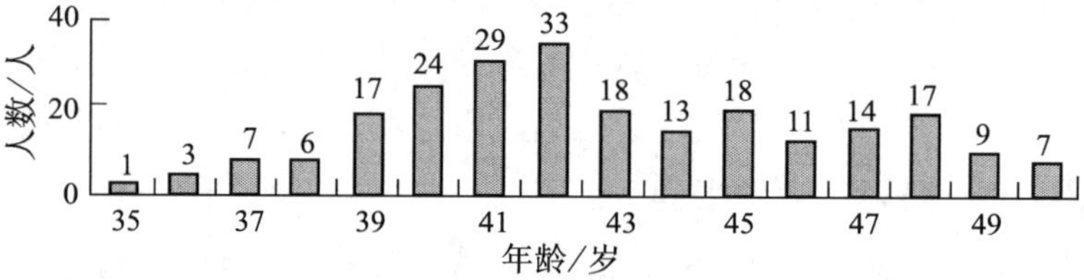

图 1　研究对象的年龄分布

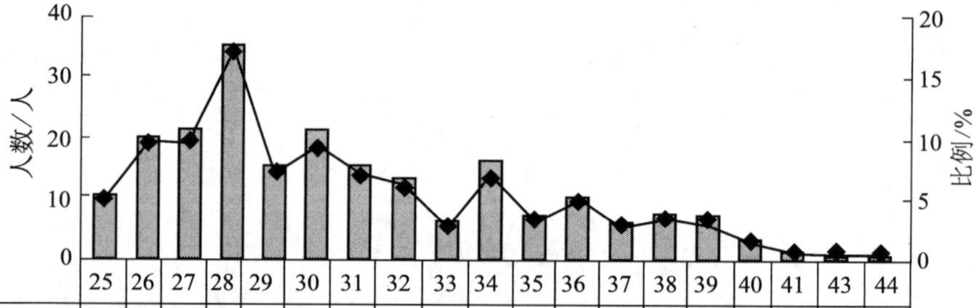

年龄/岁	25	26	27	28	29	30	31	32	33	34	35	36	37	38	39	40	41	43	44
人数/人	10	20	21	35	15	21	15	13	6	16	7	10	6	7	7	3	1	1	1
比例/%	4.65	9.30	9.77	16.30	6.98	9.77	6.98	6.05	2.79	7.44	3.26	4.65	2.79	3.26	3.26	1.40	0.47	0.47	0.47

年龄/岁

图 2　获得博士学位的年龄分布

216 个博士学位的 32%（72 个）获得自国外大学，28%（64 个）获得自国内各大学，40%（91 个）获得自中国科学院。图 3 显示了按当前年龄分布的国外与国内（国内大学与中国科学院）博士学位获得者人数与比例情况。此处，人数比例指各年龄段国外或国内博士学位获得者人数占各自类别（即国外或国内）总人数的比例，如 42 岁的国外比例为 14.08%，是指目前42岁的国外博士学位获得者人数占国外学位获得者总人数的14.08%。分析图3中国外比例与国内比例两条曲线的变化，可以得出如下结论。

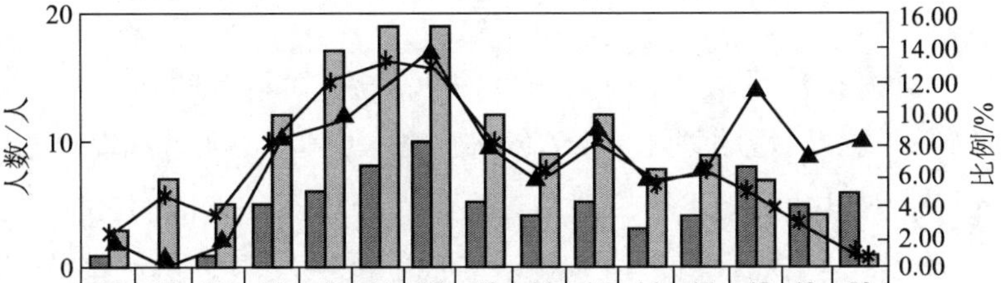

年龄	36	37	38	39	40	41	42	43	44	45	46	47	48	49	50
国外人数/人	1	0	1	5	6	8	10	5	4	5	3	4	8	5	6
国内人数/人	3	7	5	12	17	19	19	12	9	12	8	9	7	4	1
国外比例/%	1.41	0.00	1.41	7.04	8.45	11.20	14.08	7.04	5.63	7.04	4.23	5.63	11.20	7.04	8.45
国内比例/%	2.08	4.86	3.47	8.33	11.80	13.20	13.20	8.33	6.25	8.33	5.56	6.25	4.86	2.78	0.69

图3　国内外博士学位获得者的年龄分布

1）国内外博士学位获得者的人数均在42岁达到最高峰值。这是由于研究对象集中于42岁，如图1所示。

2）国外博士学位获得者人数的第二个峰值出现于48岁，有8个，占国外博士学位获得者总人数的11.27%。而同年龄国内博士学位获得者人数只占国内博士学位获得者总人数的4.86%。这是由于改革开放以后，我国每年送出大批人才出国学习，其中相当一部分人从国外大学获得博士学位。这些人的年龄目前接近50岁。而我国于1981年才开始实施《中华人民共和国学位条例》，第一批博士学位的授予是在1984年，此后历年授予的博士学位较少，直到1995年以后才开始大量授予博士学位。

3）国外博士学位获得者人数比例在45岁达到第三个峰值，在少许下滑后于48岁上升到第二个峰值。而国内博士学位获得者人数比例在45岁达到第二个峰值，此后，随年龄增长一路下滑。其原因如2）所言。

4）国内学位获得者人数比例在37岁达到第四个峰值，达到4.86%，而41岁以下各年龄段上国外博士学位获得者人数比例均低于国内学位获得者的同一指标。进一步研究发现，216名博士中现年37岁的有6人，学位均得自中国科学院或国内著名大学，获得时间是1993～1998年。这表明20世纪90

年代以后我国自己培养的年轻一代博士开始逐步进入科研中坚行列，所占比例逐步增高。

（二）首次发表索引论文的平均年龄与高峰年龄

首次发表 SCI、EI、ASTP 等各种索引论文，表明科技人才的研究工作开始得到国际同行的关注。227 名研究对象中有 10 人首次发表索引论文的年龄不详。对其余 217 名研究对象进行统计分析发现，他们首次发表索引论文的平均年龄是 28.88 岁。图 4 显示了他们首次发表索引论文的年龄分布情况。从中可见，26 岁是首次发表索引论文的高峰年龄，早于平均年龄近 3 年。共有 31 人在这个年龄首次发表索引论文，占到被研究对象总人数的 14.2%。此外，27 岁、29 岁和 28 岁也是首次发表索引论文较为集中的年龄，在这几个年龄首次发表索引论文的人数分别占总人数的 11.5%、10.1%和 9.68%。前述分析中已明确 28 岁是研究对象获得博士学位的高峰年龄，可见，索引论文发表于攻读博士学位期间或之后一年。在调查访问中发现，绝大部分研究对象首次发表的索引论文的内容是在博士研究工作中完成的。这说明，博士研究工作是我国科技人才职业生涯的重要开端，强化博士研究工作的创新程度，是符合科学研究规律的必要做法。科学史上有着许多杰出的博士研究工作，如克里克（Francis H. C. Crick）于 1951～1953 年在卡文迪许实验室进行博士研究工作期间，与沃森（James D. Watson）共同发现了 DNA 双螺旋结构，并荣获 1962 年的诺贝尔生理学或医学奖。

（三）首次获得资助并独立开展研究的平均年龄与高峰年龄

首次获得资助并独立开展研究工作是科技人才在特定领域的特定研究方向上形成创新思想并进行深入研究的开端。在这一创新方向上的长期积累将形成重要的科学研究成果。227 名研究对象中有 6 人首次获得资助并开展独立研究的年龄不详。对其余 221 名研究对象进行统计分析发现，他们首次获得资助并独立开展研究工作的平均年龄是 31.8 岁。图 5 显示了这 221 名研究对象首次获得资助并独立开展研究工作的年龄分布。从该图可见，31 岁是首次获得资助并开展独立研究的高峰年龄，与首次获得资助的平均年龄接

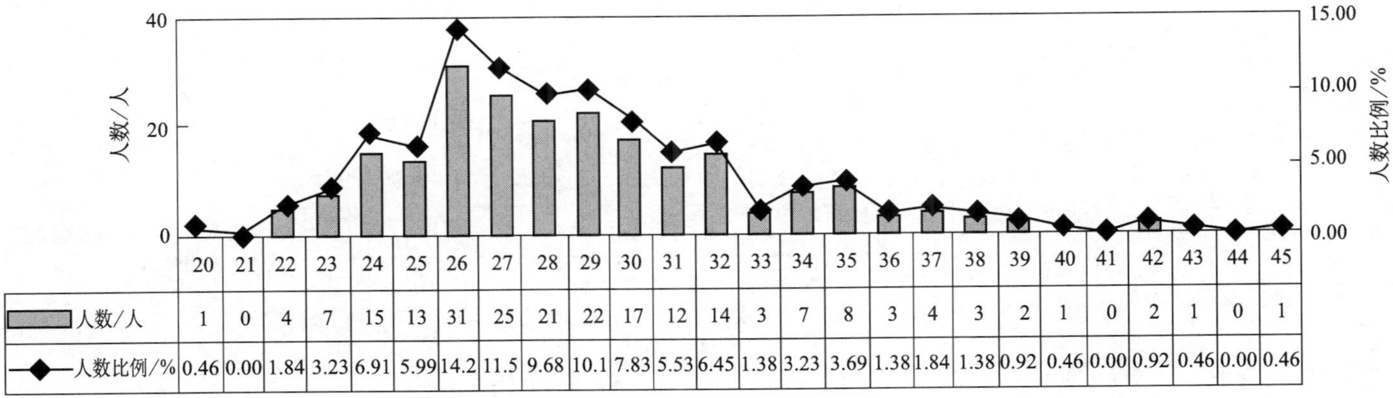

年龄/岁	20	21	22	23	24	25	26	27	28	29	30	31	32	33	34	35	36	37	38	39	40	41	42	43	44	45
人数/人	1	0	4	7	15	13	31	25	21	22	17	12	14	3	7	8	3	4	3	2	1	0	2	1	0	1
人数比例/%	0.46	0.00	1.84	3.23	6.91	5.99	14.2	11.5	9.68	10.1	7.83	5.53	6.45	1.38	3.23	3.69	1.38	1.84	1.38	0.92	0.46	0.00	0.92	0.46	0.00	0.46

图 4　首次发表索引论文的年龄分布

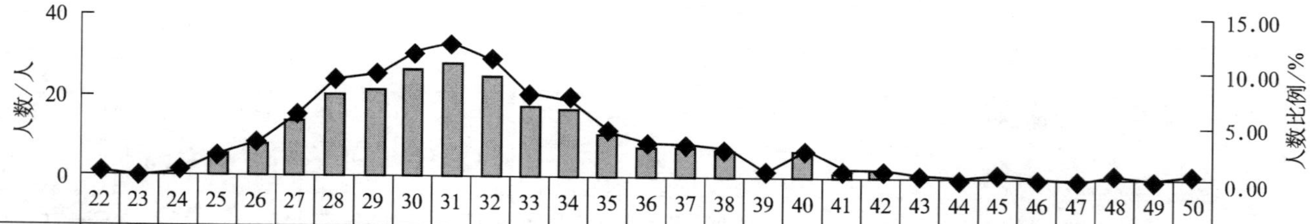

年龄/岁	22	23	24	25	26	27	28	29	30	31	32	33	34	35	36	37	38	39	40	41	42	43	44	45	46	47	48	49	50
人数/人	1	0	1	4	7	13	20	21	25	27	24	17	16	10	7	7	6	1	6	2	2	1	0	1	0	0	1	0	1
人数比例/%	0.4	0.0	0.4	1.8	3.1	5.8	9.0	9.5	11.0	12.0	10.0	7.6	7.2	4.5	3.1	3.1	2.7	0.4	2.7	0.9	0.9	0.4	0.0	0.4	0.0	0.0	0.4	0.0	0.4

年龄/岁

图 5 首次获得资助并独立开展研究工作的年龄分布

近。共有27人在这个年龄获得资助，占总人数的12%。此外，30岁、32岁、29岁和28岁也是首次获得资助并开展独立研究的较为集中的年龄。在这几个年龄上获得资助并开展独立研究的人数占总人数比例依次为11%、10%、9.5%和9%。由此可见，科技人才在取得博士学位后的1～4年首次获得资助并开展独立研究，其中第3年最为集中，合计有51.5%的研究对象在这个年龄段内首次获得资助并开展独立研究工作。

（四）发表索引论文的高峰年龄

伴随研究成果的不断积累，科技人才的研究能力逐步提高，在一定年龄达到顶峰，其后随着年龄的增大，研究能力衰退，科研成果产出率也逐步下滑。朱克曼通过对1951～1972年全球122名诺贝尔科学奖获得者情况进行统计分析发现，他们作出获得诺贝尔科学奖的研究成果的平均年龄是38.7岁，其中作出单一发现的平均年龄是37.6岁，得出系列研究成果的平均年龄是39.9岁[1]。这表明36～40岁是科技人才最富创造力的年龄。朱克曼在研究中采用了获得诺贝尔奖项的研究成果作为表征科技人才研究能力的指标，本项研究则采用科技人才人均索引论文数量作为表征其研究能力的指标。从图6可以看到，36～40岁是本项目研究对象人均索引论文数量最高的年龄段，人均论文数量达到24.43篇。从图6还可见，研究对象在41～45岁年龄段人均论文数为22.63篇，略低于36～40岁年龄段，但明显高于其他年龄段。这表明其良好的研究能力可以持续至45岁。综合而言，36～45岁是研

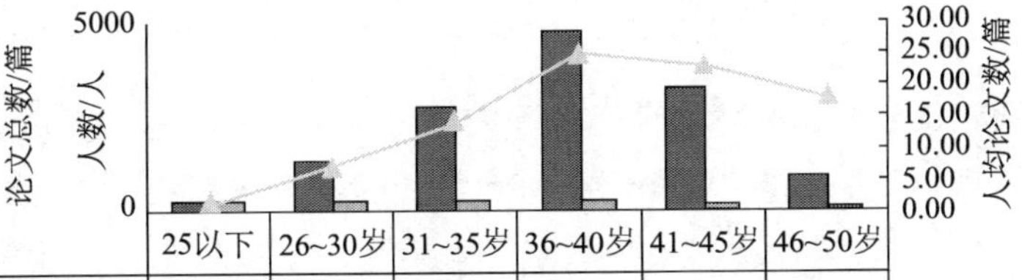

	25以下	26~30岁	31~35岁	36~40岁	41~45岁	46~50岁
论文总数/篇	194	1305	2697	4667	3191	904
人数/人	192	192	192	191	141	49
人均论文数/篇	1.01	6.80	14.05	24.43	22.63	18.45

年龄/岁

图6　各年龄段论文总数与人均论文数

究对象富有创新能力的研究年龄。这一情况符合科学社会学研究所发现的科技人才科学研究能力发展的一般规律[5]。图 6 还反映出 36～40 岁和 41～45 岁两个年龄段研究对象的论文产出总量也处于峰值，分别为 4667 篇和 3191 篇。这说明研究对象群体的年龄结构符合科技人才研究能力发展规律。

与老一辈科技人才相比较，我国中青年科技人才的研究能力得到较好的培养与发挥。因受“文化大革命”的影响，我国老一辈科技人才科研能力的发挥大致被耽搁了 10 年。从历届中国科学院院士当选年龄来看，1955 年当选的 172 名院士的平均年龄是 52. 3 岁，1957 年当选的 18 名院士的平均年龄则是 50. 6 岁，而“文化大革命”以后的 1980～2001 年历届当选院士的平均年龄则在 60. 9～63 岁[3]。剔除“文化大革命”的十年，1980 年以后院士当选年龄也应在 50 岁出头，与 1955 年和 1957 年情况相仿。科学荣誉的获得要得到科学共同体的承认，这使得科技人才从作出研究成果到获得荣誉之间存在一定的时间差。朱克曼的研究发现，美国诺贝尔奖获得者从作出获奖成果到当选美国科学院院士的时间差是 4. 5 年[1]。参考这一数值，可以推算中国科学院院士们作出重要科学成就的年龄是在 45 岁以前。当然，由于中国科学院院士极少作出与诺贝尔奖成果相当的研究工作，其获得科学共同体承认所需时间可能会更长。对比老一辈科技人才的情况，可以说我国科技人才研究能力的培养和发挥与国际情况基本一致，特别是 20 世纪 80 年代以后已逐步趋同。

三、结　　语

通过上述分析，可以得出如下结论。

本项目研究对象中 68% 的博士是我国自行培养的，特别是在 20 世纪 90 年代以后获得博士学位的研究对象中，我国自己培养的人才所占比例更大，已成为研究主体力量。他们与国外培养的博士科技人才在成长过程中表现出一致的年龄特征：28 岁获得博士学位；基于博士研究工作，在 26～29 岁首次发表索引论文，获得国际同行关注；31 岁首次获得资助并独立开展研究工作，此后研究能力与成果产出逐步提升，至 36～40 岁达到高峰，并持续至 45 岁。这一年龄特征与国际科技人才成长的一般规律一致。

中国科学院作为我国最高水平的国家研究机构，本项目研究对象从一个方面反映了我国杰出中青年科技人才成长的情况。基于如此基础，提出如下几项有关科技人才培养与能力发挥的建议。

1）强化博士研究工作的创新程度。建议各项基金向博士研究工作开放，支持博士研究工作。目前，博士研究工作主要依托导师研究课题，一定程度上受到经费额度与导师思想的约束。在原有课题支持的基础上，增加博士创新研究支持，一方面保障研究经费，另一方面鼓励博士研究中的创新思想。

2）加大对31岁左右青年博士科技人才研究工作的支持，为其创新研究提供良好的保障。

3）保证36～45岁科技人才工作条件，尽可能减少其在争取课题、申报奖励、获得安定的生活条件等方面的压力，让他们安心于研究工作。

4）在加强博士后与访问研究等国际学术交流的前提下，摒除“崇洋”思想，大力任用20世纪90年代以后我国培养的博士科技人才，让其研究能力得以充分发挥。

参考文献

[1] Zucherman H. Scientific Elite：Nobel Laureates in the United States. New Brunswick：Transaction，1996：92，169，197.

[2] Cole J，Cole S. Social Stratification in Science. Chicago：University of Chicago Press，1973.

[3] Cao C. China's Scientific Elite. New York：Routledge，2004：170.

[4] 李志刚 . 中国科学院统计年鉴 2005. 北京：科学出版社，2006：13.

[5] Merton R K. The Sociology of Science：Theoretical and Empirical Investigations. Chicago：University of Chicago Press，1973：498-503，510-513.

研究生对学术诚信的认知和态度状况分析*

近年来，随着世界各国对科学技术研究投入的不断加大，科学研究的规模不断扩张，科研工作者的数量不断增加，学术不端行为出现的频率加大，影响日益加深。这已经成为国际学术界面临的一个亟待解决的共同问题，也为整个社会所关注。

国际学术界越来越认识到，由于科学研究过程的特殊性，对科学不端行为的治理，除了要强化制度建设外，更为重要的是要依赖科学家的自律，而科学家的自律取决于科学家的诚信品格。对科学家成长经历的研究表明，科学家诚信品格的形成与其研究生涯早期阶段的培养和塑造密切相关。研究生阶段有关学术诚信的教育和培养至关重要。

国外大学的诚信教育实践表明：诚信教育的基础是学生对学术不端行为的认知和态度。只有通过提高学生对学术不端行为的认知，强化学生对学术不端行为的反感态度，才能使学生在学习的过程中逐步将学术诚信规范内化为个人的品格。

一、有关调查的背景

为了具体了解我国研究生对学术诚信的认知和态度状况，从而有针对性

---

* 本文作者为胡志强、李鹏程，原载《中国青年研究》，2010年第1期，第87～91页、95页。

地提出促进学术诚信教育的举措，2009年年初我们对中国科学院研究生院玉泉路园区和中关村园区集中学习的2008级一年级硕士研究生进行了一次问卷调查。问卷针对学生对学术诚信的认知和态度两个方面，共设20个大问题。共发放问卷近700份，回收有效问卷658份。

在中国科学院研究生院玉泉路园区和中关村园区集中学习的一年级硕士研究生共4800余名，是中国科学院近60个研究所招收的研究生，来自全国140余个高校，绝大多数是理工科专业的研究生，所学专业涉及数学、物理、化学、生物、信息、地学、材料学、管理学及人文等门类。

二、研究生对学术诚信的认知状况

（一）对学术不端行为程度的估计

此次调查，我们分三种情况，即对自己、对身边的同学和导师、对科技界不端行为的状况，让学生进行预计。

1）在回答自己在课程论文和研究论文中，是否有过抄袭、篡改或者伪造数据等学术不端行为时，自称有过不端行为的占16%。

2）在回答身边的同学和导师是否有过抄袭、篡改或者伪造数据等学术不端行为时，认为身边有不端行为的占27%，认为身边没有不端行为的占63%。

3）在回答对科技界学术不端行为程度的估计时，认为不端行为“很普遍”的占28%，回答“有，但不多”的占61%，回答“偶尔出现”的占11%，1人回答“不知道”。

（二）对学术不端行为的认知

为了调查研究生对学术不端行为的内涵的了解程度，我们设计了两个方面的问题。

一个方面是学生是否了解科技部、中国科学院有关学术诚信的行政规定。回答“不了解”的占63%，回答“了解”的占37%。

另一个方面是列举12种情况，请学生判断是否属于不端行为。所列的

12 种情况，包括严重学术不端行为（FFP）、有问题的研究行为（QRP）和违反科技伦理的行为。学生的回答情况如下。

1）对“为了使试验数据更‘完美’，修改部分数据”的回答中，认为是不端行为的占 97%；认为不是不端行为的占 3%。

2）对“引用自己已发表的论文不注明出处”的回答中，认为该行为是不端行为的占 48%；认为不是的占 52%。

3）对“引用他人的文字、数据和图表而不注明出处”的回答中，认为该行为是不端行为的占 96%；认为不是的占 4%。有问题的研究行为（QRP）包括错误表述（不诚实署名、幽灵署名、多重发表）、不准确（引文错误）、偏见等。

4）对“未经他人同意，在将发表的论文中署他人的名字”的回答中，认为该行为是不端行为的占 91%；认为不是的占 9%。

5）对“不当使用科研经费”的回答中，认为该行为是不端行为的占 84%；认为不是的占 16%。

6）对“为了尽快开展一项医学试验，不告诉被试者有关该试验的完整信息”的回答中，认为该行为是不端行为的占 80%；认为不是的占 20%。

7）对“将未阅读的文章加入参考资料或者注释中”的回答中，认为该行为是不端行为的占 76%；认为不是的占 24%。

8）对“为了尽快发表，将论文同时寄给多个刊物”的回答中，认为该行为是不端行为的占 71%；认为不是的占 29%。

9）对“不完好地保存试验数据的原始记录”的回答中，认为该行为是不端行为的占 69%；认为不是的占 31%。

10）对“不善待实验室动物”的回答中，认为该行为是不端行为的占 65%；认为不是的占 35%。

11）对“拒绝与课题组成员共享数据”的回答中，认为该行为是不端行为的占 56%；认为不是的占 44%；1 人认为需要看情况而定。

12）对“在正式发表的论文中省略实验过程，使人无法重复实验”的回答中，认为该行为是不端行为占 54%；认为不是的占 46%；1 人认为论文长度受杂志的要求限制；1 人认为看情况而定。

（三）了解学术诚信有关信息的渠道

我们从课程学习、导师教育和媒体宣传这三个方面，了解学生从哪种渠道获得关于学术诚信的有关信息。其结果如下。

1）对“你是否听过有关学术诚信的讲座或课程”的问题，回答听过相关讲座或课程的占40%；回答没有听过相关讲座或课程的占60%。

2）对“导师是否与你谈到过学术诚信的有关内容”的问题，回答“谈到过”的占49%；回答“没有谈到过”的占51%。

3）对“你是否留意过报纸、互联网等媒体有关学术诚信的报道”的问题，回答“留意过”的占89%；回答“没有留意过”的占11%。

三、研究生对学术诚信的态度状况

（一）如何认识学术不端行为的原因和危害

对“目前我国科技界学术不端行为频发最主要的原因是什么”这个问题，我们给出了4个选项，学生选择的答案分布比例见表1（另外，有两人认为是机制问题，无法进行监督）。

表1　我国科技界学术不端行为频发最主要的原因

不端行为频发最主要的原因	选择人数/人	比例/%
压力太大	108	19
大多数人都这样做	20	3
不热爱自己的专业	15	3
利益驱使	430	75

为了了解目前规则制度的约束力，我们设计了一个问题“目前大多数高校和研究机构都有惩处学术不端行为的规章，但仍有一些人有此类行为，你认为主要原因是什么”，并给出了3个选项，学生的答案分布比例见表2（另有两人回答是风气问题和被迫行为）。

表 2 规章制度无法有效约束的原因

规章制度无法有效约束的原因	选择人数/人	比例/%
只要巧妙，不易被发现	75	12
规章执行得不够严格	449	73
即使被发现了，危害也不大	95	15

对学术不端行为的危害，我们给出了4项选择，学生选择的结果见表3（另外，有1人认为学术不端行为最主要的危害是“影响学生发展”）。

表 3 学术不端行为最主要的危害

学术不端行为最主要的危害	选择人数/人	比例/%
浪费科研经费	37	7
浪费同行的精力	17	3
损害了同行之间的信任	42	8
损害了社会对科技界的信任	454	82

（二）对不端行为的态度调查

1. 对署名和发表的调查

署名和发表是较为常见的易发生的学术不端行为。我们的问题是：“有人为了能够顺利发表自己的论文，把并没有指导该论文的导师列为共同作者，你的态度如何”。在3个选项中，选择“反感，也不做”的占37%；选择“反感，但无奈”的占50%；选择“大多数人如此，无所谓”的占13%。

对问题“如果你发现有人引用了你的成果而没有注明出自你的研究，你的态度是什么”，64%的人表示“反感，追究剽窃者责任”；22%的人选择“反感，但无奈”；14%的人选择“只要对我没有损害，无所谓”；另外1人认为需要看事情的程度而定。

2. 对利益冲突问题的态度

我们假设两种情况分别提问。

第一个问题，“如果一位专家对他自己的学生有袒护行为，你的态度是什么”。选择“反感，出来指责”的占13%；选择“反感，但无奈”的占64%；选择“大多数人如此，无所谓”的占23%。

第二个问题，“如果你的导师在同样的情况下对你有袒护，你态度如何”。给出4个选择，回答情况如表4所示。

表4　对利益冲突的态度调查

对导师袒护自己的态度	选择人数/人	比例/%
默许	173	30
反感，但选择沉默	264	41
大多数人如此，无所谓	108	14
应该感激他	96	15

3. 对违反科研伦理的态度

在科研伦理方面，我们选择了以人和动物为试验对象两种情况。

在对以人体为被试的调查中，我们假设了两种情况：对他人人体被试的态度和自己在不知情的情况下作为人体被试的态度。第一种情况中，设置4个选项，调查结果如表5所示。

表5　对他人人体被试的态度

对他人人体被试的态度	选择人数/人	比例/%
气愤，追究责任	132	20
反感，但无奈	300	46
不恰当，但可以理解	200	31
无所谓	17	3

在第二种情况中，设置4个选项，调查结果如表6所示。

表6　对自己人体被试的态度

对自己人体被试的态度	选择人数/人	比例/%
气愤，追究责任	397	61
反感，但无奈	126	19
只要没有副作用，无所谓	88	13
权当为科学事业作出了贡献	43	7

针对实验室动物，我们的问题是“对实验室动物，在购买、运输、饲养和试验过程中，如果出现对动物进行虐待的行为，你的态度是什么”，有3个选项，选择“反感，不会做”的占73%；选择“没想过这个问题”的占

23%；选择“大多数人如此，无所谓”的占4%。

（三）对是否举报的态度

在对“假设你的同学、同事、导师或者领导有不端行为，你是否会举报”的回答中，选择“举报”的占29%；选择“不举报”的占70%；另有1%的人认为“不好说、不知道、看程度、看情况而定”。

对不愿意举报学术不端行为的主要原因，学生中选择“不干自己的利益无所谓”的占24%；选择“抹不开情面”的占43%；选择“来自导师或领导的压力”的占32%；另外有两人表示“不知如何举报，不知道渠道”。

四、对调查情况的分析

（一）对不端行为状况的估计

在调查学生是否有过伪造、篡改和剽窃等不端行为中，承认有过不端行为的人占总数的16%。而在学生所接触的环境中，他们所见的不端行为已经达到了27%，表明十分严重。他们对科技界学术不端行为严重程度的估计中，认为很普遍的占28%。这些数据都是学生的主观判断，我国目前还没有对不端行为实际发生频率的权威实证研究。但按照美国学者的判断，如果调查中不端行为超过1%，那么现实中的不端行为就是较为严重的。因此，我们所调查的数据是否反映了真实的状况，还很难确定。一年级研究生与研究相关的工作主要涉及课程作业、课程论文等方面，从定性的判断来看，这些环节出现伪造、篡改和剽窃的情况比较严重。根据统计结果，学生对整个科技界的估计，显然受到媒体报道的影响。他们的主观判断未必准确，但这种主观判断，可能影响到他们对不端行为的态度。

（二）对不端行为的认识

调查显示，对严重不端行为，包括伪造、篡改和剽窃，学生的认知比较清晰。例如，篡改数据行为、引用不当行为、论文署名问题、科研经费使用问题等。由于问题比较常见，能够清楚进行判断，因而回答正确率在91%以上。但是，对引用未阅读文献作为注释、重复发表、数据不当保存等问题的回答，正确率只有68%～75%。对“引用自己已发表的论文不注明出处”的问题正确率仅有48%。这表明，在现实中，这些情况有可能发生较多。

对有问题的研究行为认识还比较模糊。一般来说，有问题的研究行为（QRP）与严重不端行为（FFP）是有区别的，通常“它没有直接破坏研究过程的诚信”，但涉嫌这些行为的比涉嫌严重不端行为的高[1]。对有问题的研究行为，学生难以进行正确的判断，因而产生了认识上的分歧。例如，“将未阅读的文章加入参考资料或者注释中”是一个比较常见的文献引用中的不端行为。由于作者没有阅读原始文献，可能会出现误解或偏见，是一种对研究严重不负责任的行为。但在调查中，有24%的学生认为该行为不是学术不端行为。

不完好地保存试验数据的原始记录，拒绝与课题组成员共享数据两项是要反映数据管理中的问题。有近1/3的人认为不完好地保存试验数据的原始记录和40%的人认为拒绝与课题组成员共享数据不是学术不端行为。试验数据的功能在于，能够证实研究发现，确立优先权，供其他研究人员再分析[2]。数据的管理是要为后续工作和未来的研究资料负责的。这两种行为都是对研究不负责任的表现，是有问题的研究行为。

对“在正式发表的论文中省略实验过程，使人无法重复实验”问题的回答，正确率只有惊人的54%。但是，很显然，如果在正式发表的论文中，无法使人重复论文中的实验，那么实验数据的真实性就无法保证，容易引起捏造数据的嫌疑。在问卷中也有人提出，有些杂志对论文的长度有限制，因而不能保证实验过程能完整发表。如果这是普遍现象，那么科技类杂志的诚信问题也是十分值得关注的。

一稿多投和多重发表问题。有29%的学生认为“为了尽快发表，将论文同时寄给多个刊物”的行为没有问题。实质上这是一稿多投的行为，是严重的学术不端行为之一。无论这种行为是否真正造成了两个或两个以上的刊物进行了重复发表，都对投稿杂志造成了不必要的人力和财力的浪费。有学者进行过统计，多重发表的发生率估计从百分之几到20%。那么假设我们所调查的学生都发表一篇论文的话，可能出现重复发表的最大概率会达到29%。

这是一个严重的问题。

人体被试问题。在很多医学研究机构中，某些药物用于临床之前，往往会进行一些人体试验以降低大范围临床的风险。人体被试涉及被试者的生命风险，必须接受严格的规则约束，很多医疗机构都有关于人体被试的法律规范。违反人体被试规则不仅是一种严重的学术不端行为，而且可能会触犯法律。人体被试是否是合法行为？其中有一个规则是“每个未来的被试者或他的合法授权的代表要取得知情权”，而且被试者的隐私也要得到保护。通过问卷调查，虽然没有发现有医学专业的被调查者，但是调查结果显示，近80%的人能够正确认识到关于人体被试的不端行为特征，另外20%没有意识到人体被试中的不端行为。

实验室动物福利问题。实验室动物福利是学术诚信要求的内容之一。美国的有关科研机构制定了明确的规则、政策和行为指南，倡导研究中负责任地使用动物。例如，要减少或避免动物的痛苦，适量使用镇静剂和麻醉剂，适当饲养并安置，无痛苦地杀死那些将要遭受剧烈或慢性痛苦和不幸无法治愈的动物。虽然人体被试的调查比较乐观，但关于实验室动物福利问题的回答却反映了比较严重的认识问题。认为不善待实验室动物是学术不端行为的回答正确率只有65%。

（三）学术不端行为发生的原因

在调查中，75%的人选择了“利益驱使”是主要原因，同时，认为“客观上防范措施不够严格”的占72%。由此可见，更多的人认为科研工作是一项能够获得利益的工作，主观上的这种看法，是对科研工作的目的和责任的扭曲。这些人认为“客观上防范措施不够严格”是符合现实情况的。但是，我们对比以上的主观认识会发现，如果一名科研工作者持有这种“利益至上”目的，无论客观上有多么严格的制度保障，都无法根本解决问题。

对学术不端行为主要危害的认识。研究生对学术不端行为危害的认识比较深刻，82%的人认为学术不端行为直接影响社会对科技界的信任。这显示出，在对学术诚信问题的认识上，他们已经深入地思考到科研工作者的行为在整个社会中的影响这一层面，在某种程度上，反映了学生们有较强的社会责任感。

（四）对学术诚信问题的态度

调查显示，研究生对学术诚信问题的态度有两种不同的趋势。对没有涉及自身利益的不端行为，他们多数人的态度表现为反感和无奈。但是，在涉及自身利益的问题中，有损自身利益的问题表现出的更多是“追究责任”，而对有益于自身利益的行为，多数人是接受的。

（五）对举报的态度

有70%的人不会举报不端行为，对照前面关于不端行为的认识，这个结果进一步说明了科技界学术不端行为发生率较高的原因。在没有举报和处理措施的基础上，不端行为失去了监督和制约，或者说监督和制约并不能在现实中有效地发生作用。

通过以上的分析结果可以总结出，近年来社会和高校对学生诚信的重视，已经取得一定的成效。各种信息渠道加强了学生对学术诚信的认知。但是，学生对学术诚信还缺乏完整、清晰的认识。特别是对有问题的研究和科研伦理的认识还不准确。绝大多数学生都具有道德的敏感性，能够在叙述准确的情况下作出恰当的判断。但学生实际上的态度和行为会严重受到他人的行为和制度的影响。不端行为总的状况很严重，制度性惩罚偏低，作这样的判断本身会大大影响学生的实际选择。在对不端行为的原因分析、对利益冲突的态度和对举报的态度上，学生都把利益看做最重要的影响因素。一方面，这在某种程度上反映了学生参与科研事业的动机；另一方面也说明，对学术诚信的教育，只是一般性的讲解说明还不够，必须和严格的管理制度及执行这些制度的实践结合起来。一个完整的学术诚信制度，应该既包括严格、细密的规定，也包括告之、说明、调查取证、处理等环节。在对制度的了解和实施过程中，研究生能够把对规范的认知和对规范的实行结合起来，把对学术诚信的精神实质的理解与违反学术诚信带来的制度性压力的感受结合起来，从而把学术诚信具体内化为习惯，并进而成为其个性品质的一部分。

五、初步建议

结合调查结果和国外大学的一些成功经验，我们认为，对研究生阶段的学术诚信教育必须从小处着手，以解决实际问题为目标，逐步完善。可以从以下几点入手。

1）制定专门的研究生学术诚信规范。目前，大多数高校都相继出台了有关学生学术诚信的规范。但是，从实践效果来看，这些规范存在许多缺陷。大多数高校，包括中科院研究生院，对学生学术行为的规定，都是通过学生入学手册和学生纪律条例等形式颁发的。这样做的缺点是：首先，由于把对学生学术行为的规定与其日常生活行为规定混在一起，不能引起学生的高度重视；其次，在学生纪律条例中往往难以把学术行为规定细致、完整、严密地加以描述，特别是难以对学生诚信的精神实质加以说明；最后，执行学术纪律条例的主体往往是学生主管部门，与教务部门、科研部门、学位管理部门的关系不容易协调。因此，建议单独出台研究生学术诚信规范，或者在教育科研机构的学术诚信规范中列出单独的部分，并设立专门的机构，或者在学术诚信管理机构下设子机构来执行。

2）及时严格处理研究生学术不端行为。在调查中，73%的研究生认为现在的学术诚信规范执行不够严格，15%的人认为，即使被发现了，危害也不严重。这种判断影响到他们对制度的预期，从而影响到他们未来的行为。在目前对研究生学术不端行为的处理中，存在许多困难，主要原因在于涉及研究机构、导师等一系列复杂的关系。因此，由独立的管理部门出面，及时严格地处理已发生的不端行为，保持制度的权威，是非常重要的。

3）开设学术诚信必修课。学术诚信教育不应该是表面化的粗浅说教，应将国内外有关学术诚信的最新研究、学术诚信的定义、危害及发生情况写进教案中，对学生进行细致讲解，以研讨或讲座的形式进行研究，以提高学生对学术不端行为的判断力和分析能力。

4）建立一套可执行的惩戒程序。根据问卷分析，各种信息渠道加强了学生对学术诚信的认知，使他们对学术诚信的敏感度和判断力增强了。但是，通过案例来看，这些还不足以阻止不端行为的发生。必须把严格的管理制度和执行这些制度的实践结合起来，形成一套贯穿每一个环节的有章可循的惩戒程序，并能够实实在在地实施。

5）鼓励学生的参与。把程序的执行与学生参与结合起来，使学生不仅作为一个学术诚信问题的旁观者，更要作为一个参与者，把学术不端行为的处理环节带入到学生的直接经验中，这样做能够更有效地使他们在将来的工作中端正学术道德态度，作出正确的承诺。

参考文献

[1] 尼古拉·斯丹尼克．促进研究诚信：定义、当前的认知和未来方向．曹南燕译．科技与法律，2009，(2)：61-71.

[2] 尼古拉·斯丹尼克．科研伦理入门——ORI 介绍负责任研究行为．曹南燕，等译．北京：清华大学出版社，2005：87.

关于NSF资助研究生创新活动的分析*

美国国家科学基金会（NSF）由美国国会授权资助研究生教育和创新活动，由其下属的教育与人力资源理事会（Directorate of Education and Human Resources）运作。其中，规模与影响较大的项目有三个：①研究生研究奖学金（graduate research fellowship，GRF）；②研究生参与K-12教育系统教学项目奖学金（NSF graduate teaching fellows in K-12 education，GK-12）；③综合的研究生教育和研究训练津贴（integrative graduate education and research training，IGERT）。本文分析了这三个项目的设立背景、资助人员，以及金额、资助方式、评价模式及其效果，以揭示各项目设立的时代性、针对性、适用性及合理性，说明我国研究生培养的可资借鉴之处。

一、GRF对研究生培养的影响

GRF设立于1952年，其目的在于为国家的未来确保一支由高素质的科学家和工程师组成的队伍，承担国家的科学研究与技术发展事业。从实施效果来看，GRF不但在美国研究生创新能力培养中发挥着重要作用，而且在提高国家科学技术整体水平、推动经济社会发展中也发挥着至关重要的

---

* 本文作者为尚智丛、王嵩，原载《科学学与科学技术管理》，2004年第8期，第100～104页。

作用。

第二次世界大战结束以后，西方主要国家进入发展时期。通过两个方面的考察，美国政府认为必须加强研究生教育与创新能力培养。一方面，美国在战时科技所取得的成就使其认识到，科技对于抵抗疾病、保障国家安全、提高公众福利具有重要的作用。科技知识的增加和应用，依赖于为数众多、训练有素的高质量的科学家的探索。但是，由于战争的影响，美国高等教育被延误，基础研究人才缺乏。1945 年 7 月，美国科学研发办公室主任万尼瓦尔·布什向时任总统的罗斯福递交报告《科学——无止境的前沿》(Science—The Endless Frontier)，详细地阐述了这一情况[1]。另一方面，第二次世界大战后的苏联科技发展较快，给美国造成了很大的压力。为此，美国政府不得不重新审视本国的教育体制与科研体制，并着力推动教育体制与科研体制改革[2]。正是受这两个方面的影响，NSF 在成立后的第三年，即 1952 年的第一个完全预算年便设立了 GRF。该项目成了此后 NSF 支持时间最长的项目。

GRF 的资助对象、资助领域、资助规模与资助金额均有限定，只有美国公民或者在美国具有永久居留权的外国侨民才有资格获得 GRF。GRF 是针对那些在 NSF 支持的科学、数学和工程领域中进行科学研究和学习研究型科学教育的硕士研究生和博士研究生而实施的。每年，NSF 在其项目指南中发布资助领域。目前，GRF 年资助人约为 900 名，资助期限为三年。根据政府财政预算，GRF 年资助名额会有变化，刚刚设立 GRF 时，曾经一度达到 2500 名，但最少时只有 500 名[3]。

GRF 的资助包括两部分，一部分是定期生活津贴，另一部分是教育成本补贴。具体的金额视当时的情况而定，一般随着学费和生活花费的上涨而提高。例如，2001 年生活津贴为 18 000 美元，教育成本补贴为 10 500 美元。GRF 还为计划到国外学习或者进行全职研究工作连续三个月以上的受奖者提供一项一次性的跨国研究旅行津贴，并额外补助与赤道国家研究者进行合作研究的受奖者[4]。

GRF 的获得要经过申请、评估和最后确定三个阶段。第一个阶段，由符合规定资格的申请者提交申请表。申请中除了包括申请人性别、专业、GRE 成绩、GPA 等一切必要信息之外，还必须说明自己的研究兴趣、研究经历、研究能力及团队合作能力等。

第二个阶段，按学科门类组成的专家组评估所有的申请。专家是来自橡树岭大学联合会（Oak Ridge Associated Universities，ORAU）的科学家、数学家和工程师。所有的申请按照申请人所选择的领域递交给专家组，然后由专家组根据申请表中的可用信息进行评估。评估有两个标准：一是申请者的智力价值；二是对申请个体进行资助的影响广度。智力价值标准包括申请者自己所描述和证明的智力能力，以及其他进行学术科学学习和研究所必备的能力，诸如设计和实施研究计划能力、团队合作能力等。影响标准则包括是否能够有效地使研究和教育一体化，以及是否能促进包括妇女、少数民族、残疾人等多元化的人群进入科研领域，等等。

第三个阶段，NSF 根据专家组的意见，从已通过评审的具有同等机会的申请中，再依据诸如地域、学科等其他规则，最后依法确定 GRF 的获得者[4]。

GRF 自其设立之日起，就在美国的研究生教育中扮演了一个至关重要的角色。每年 GRF 申请者超过 5000 名，其中约 900 名获得资助。自 GRF 设立起，其他奖学金项目陆续出现，有些提供比 GRF 更高的资助，但是，没有一项达到 GRF 的规模。半个世纪以来，美国众多科学和工程领域的领军人物在攻读研究生学位时期都曾获得这个项目的资助。

GRF 对研究生培养的影响，体现在研究生入学选择、学习与创新训练及毕业后职业选择三个阶段。

研究生入学选择由如下三个方面的因素直接决定，即是否申请进入研究生院、申请哪个学校及申请哪个奖学金，而这些因素又受到其他多方面因素的影响，如对入学申请能否获准的判断及本科毕业的学校等。调查表明，来自 RU1① 的学生在 GRF 的申请者及获得者中所占比例不断地增加，如表 1 所示。

① RU1 即 Reasearch 1Universities，卡耐基基金所做的学术机构的分类。RU1 指的是那些具备从学士到硕士、博士学位整套授予权的机构，并且偏重于研究。这些机构每年至少授予 50 个以上的博士学位，并且，每年从政府获得的支持不少于 4000 万美元，参见文献［5］。

表 1　RU1 机构毕业学生在 GRF 申请者和获得者中所占比例变化情况　（单位：%）

年份	RU1 毕业生在 GRF 申请者中所占比例	RU1 毕业生在 GRF 获得者中所占比例
1979 年	49	66
1993 年	53	69
变化率	+4	+3

资料来源：*National Science Foundation Graduate Research Fellowship Program-Final Evaluation Report*.

由于 GRF 获得者名单的揭晓在时间上晚于研究生的录取工作，所以 GRF 对于研究生的录取事实上没有多大的影响。但是获得 GRF 却成为晚一些的学生录取工作的重要参考及 GRF 获得者转学的资本。一旦一个已经被录取的学生得到 GRF 的资助，一些别的研究生奖学金项目就会积极地吸引他们转入，并且可能提高资助力度。长期的运行结果，使得高等级研究生培养机构在选择学生时所使用的标准和 GRF 评定所使用的标准越来越趋于一致。

GRF 对研究生的学习与创新训练有着深刻的影响。不同学科研究生的学习与训练经历存在很大差异，GRF 在其学习与训练中发挥的作用也不相同。对于工程类或者生物化学等需要大量实验室研究的学科而言，NSF 获得者有更多的自由来选择他们所感兴趣的研究课题。对于经济学、数学这些相对来说研究更为个人化的学科而言，GRF 获得者们则有更多的时间投入研究，而不用投入大量的时间从事教学工作。

通常，只有四分之一的美国研究生最终能取得博士学位，但是，GRF 获得者最终取得博士学位的比率却相当高。1979～1983 年、1984～1988 年这两个阶段入学的研究生，最终在 11 年以内取得博士学位的比例分别为 68.3%和 73%，体现出上升趋势[5]。大多数 GRF 获得者认为取得博士学位不是个大问题，而获得 GRF 则有助于他们在更短的时间内取得博士学位。多数 GRF 获得者认为，他们在 5～6 年的时间里就能够完成学位论文，获得博士学位。显然，GRF 对研究生的创新训练与创新工作的完成起到了明显的加速作用。

GRF 对研究生培养的最显著影响体现在获得者毕业后的职业选择方面。GRF 获得者普遍认为，获得 GRF 对他们而言是一项资本，使他们更容易获得博士后奖学金、可靠的研究投资及一份合适的工作。56%左右的 GRF 获得者毕业后选择在大学从事教学与研究工作，而研究生毕业后进入大学从事教学和研究工作的平均比例则为 45%。

近年来，由于在研究机构中谋求学术研究与教学工作机会的竞争越来越激烈，毕业后到政府、产业部门工作的研究生开始增加。学术政治、繁重的科研任务，以及学术研究与家庭生活之间的矛盾导致越来越多的人开始否定在大学从事研究工作的价值。尽管如此，大多数 GRF 获得者还是认为，他们的基本责任是从事研发工作（R&D）。这个比例因学科而异，数学为 76%，经济学为 72%，机械工程为 62%，生物化学为 60%。

二、GK-12 和 IGERT 的影响

GK-12 奖学金的目的是资助和训练科学、数学及工程类学科的研究生和高年级的本科生，使之进入 K-12 教育系统中从事教学工作，以此提高美国基础教育水平。

NSF 的研究发现，20 世纪 80 年代以来，美国的高级人才就业趋势发生了一个重大转变。在此之前，拥有硕士、博士学位的高级人才的就业主要集中在大学、研究所等学术研究机构。1973 年，这个比例为 57%，但到了 1991 年，这一比例下降到 45%。造成这一就业趋势转变的原因来自于两个方面。20 世纪 70 年代以来，美国拥有高学历的人才迅速增加，如拥有博士学位的就业人员从 1973 年的 220 000 人增加到 1991 年的 437 000 人。美国的大学和研究所越来越难以容纳如此之多的科研人才。与此同时，商业、企业和政府机构越来越青睐具有高学历的人才。他们在商业、企业中的就业率从 1973 年的 24% 增加到了 1991 年的 36%[6]。这一就业趋势的转变带来的一个结果就是，对于从事大学前教育的教师的需求越来越大。在 K-12 教育系统中，具有科学、数学和工程学硕士和博士学位的从业教师越来越紧缺。

针对这样一种就业环境、观念、趋势的转变，NSF 推出了 GK-12 项目计划，鼓励科学和工程类的研究生和高年级的本科生从事 K-12 系统的教育工作。

GK-12 对资助对象同样有严格限制。与 GRF 直接针对个人资助不同，GK-12 是一个集体项目，只资助具有科学、数学和工程类学科硕士、博士学

位授予资格的学校或单位。项目的首要负责人必须是科学、数学和工程类学科的大学教员。受助机构所挑选的受助者必须是美国公民或者具有永久居留权的侨民。受助者必须是在学的脱产 SMET（science，mathematics，engineering，technology）研究生，或者 SMET 表现优秀的高年级本科生。

每年约有 30 个机构获得 GK-12 资助。资助分为两种类型，第一种类型资助的获得机构为 20 个，提供为期三年每年 600 000 美元的资助。第二种类型资助的获得机构为 10 个，提供为期五年、总计 2 000 000 美元的支持，每年不超过 500 000 美元。就获得 GK-12 资助的机构挑选出的受助个人而言，研究生可以得到连续 12 个月总计 30 000 美元的生活津贴和每年10 500 美元的教育成本补贴；高年级本科生可以得到每学年 5000 美元和暑期 5000 美元的生活津贴[7]。

经过申请、评估与确定三个阶段，NSF 最终确定 GK-12 的资助对象。首先，由具有资格的大学、研究所等学术机构提出申请。在递交正式的申请书之前，必须先有一份意向书，包括项目特征的描述、参加教员的说明、加入项目的中学及项目覆盖的领域等。其次，递交完整的申请书。完整的申请书必须包括整个项目的详细说明、预期目标、资助人数、参与合作的社区学校及详细的预算说明。其后的申请评估模式与 GRF 基本是一致的，都是按照国家科学委员会（NSB）修订的申请项目评估规范进行操作，主要包括智力价值和影响广度两个方面。但与 GRF 不同的是，GK-12 的项目申请者可以推荐其所在领域的评估专家，条件是他所推荐的人同其自身没有利益关系或利益冲突。NSF 最终的决定也要考虑到地域和社区等多种因素，其中，地域平衡是一个极其重要的考虑因素。

IGERT 项目的实施时间较短，始于 1997 年，其目的是培养具有博士学位的科学家、工程师和教育家。

进入 20 世纪 90 年代，世界科技迅猛发展。就科技领域本身而言，各个学科之间的界限越来越模糊，学科交叉不断增强。科研自身的发展越来越要求从事科研的人员必须具备跨学科的专业背景。同时，美国高级人才就业趋势转变，越来越多拥有硕士学位和博士学位的人才到商业、企业、政府等机构谋求职位。日新月异的社会对具有跨学科背景和多种能力的高级人才的需求越来越大。美国的人才观念发生转变，促使美国的高等教育向培养新型人才方面发展。正是在这一背景之下，NSF 推出了 IGERT 项目。

IGERT 项目的受助人大都具有多学科的学术背景，并且在他们自身的学科、技术和职业领域中具有较深的造诣和个人技能。这个计划使他们成为从业领域内能够适应变化的领导者和富有创造力的专家。这项计划的宗旨是：营造适合跨越传统学科界限的合作型研究需要的环境，在其中创建一种新型的、创新的研究生教育和训练模式，从而促成学生、教员和学术机构在研究生教育方面的文化观念的转变。

IGERT 项目的直接资助对象是那些递交了项目设立申请并通过了审议的机构。这些机构中有志于从事跨学科研究的博士生及少数硕士研究生和本科生可以申请 IGERT 中相应的具体项目。NSF 给予获得资助的机构为期 5 年的资助，每年不少于 55 万美元。获得 IGERT 具体项目资助的硕士或者博士，每年得到 27 000 美元的生活津贴和学费补助。此外，NSF 还提供助研、助教及从事国际合作的机会。严格地说，获得资助的个人必须是美国公民和永久居住者。但是，如果非美国公民所在的单位恰好是 IGERT 的资助机构，那么，他也可以申请相应的具体项目资助[8]。

同样要经过申请、评估和确定三个阶段，才能最终确定 IGERT 的资助获得者。全美所有的研究机构，包括大学、专业研究所等，都可以向 NSF 提交项目申请。但是，提交的 IGERT 计划必须是正在形成的科学和工程类领域中具有创新性质、以研究为基础的研究生教育和训练活动计划。计划必须围绕一个跨学科的课题展开，团队人员必须包括多元化的、有多方面才能的成员，以及其他一些在研究和教学上有适当的专业技术的人员。NSF 对递交的申请进行审核之后批准立项，拨付资金。IGERT 每年设立的项目在 20 个左右，目前全美已经有 126 个 IGERT 项目。有志于从事跨学科研究的个人，可以在已批准的 IGERT 项目中，寻找自己感兴趣的具体项目，然后向项目所在单位提交申请，由项目负责人审定。

同 GRF 一样，GK-12 和 IGERT 的设立也是基于特定的时代背景，为解决科学技术与经济社会发展的重大问题而设立的。GRF 解决了第二次世界大战后美国基础研究人才缺乏的问题，GK-12 意图解决 20 世纪 90 年代以来美国大学前教育中高水平教师需求量持续增大的问题，IGERT 则力求解决科学技术发展对跨学科人才的需求问题。虽然，GK-12 和 IGERT 的设立时间不长，长期效果还有待时日来作深入的考察，但从目前的情况看，都取得了相当好的成果。通过实施 GK-12 项目，美国 K-12 教育系统中，拥有 SMET 硕士和博士学历的高级人才以每年 1.6%左右的速度递增，这使得美国的大学前教学质量大幅提高。IGERT 的实施则大大促进了美国跨学科研究。在这一方面，美国已经远远走在世界前列。

三、启示与建议

综合上述分析，可以发现，NSF 在设立与运作研究生培养资助项目时，有两个着力考虑的因素：其一，立足时代背景，满足科学技术和经济社会发展的重大需求；其二，以标准、严格的评价模式，鼓励公平的学术竞争。

GRF、GK-12 和 IGERT 三个项目都产生于特定的历史背景，力求解决重大的时代问题，而这些项目的实施也确实较好地满足了科学技术和经济社会发展的重大需求。这三个项目都是美国的全国性资助项目，所有合格的大学、研究机构与个人都可以申请，这大大鼓励了美国学术研究机构之间，以及研究生个人之间的学术竞争。为保证公平竞争，NSF 采用了一套规范的评价程序，同时使用统一的评价规范。1997 年 3 月，NSB 通过了统一的计划评价规范，将所递交申请的智力价值和影响广度作为两项基本的评价规范。如果将 NSF 看做政府力量，将评价系统看做学术权威，而将申请个体看做竞争主体或者一种市场力量，那么，在这三个研究生培养资助项目中，政府、学术权威及竞争主体之间达到了一种力量的平衡。NSF 通过项目的设立，投入资金资助科技研发与科技教育，激励个人和研究机构的学术竞争。NSF 拥有最后决定权，但是，作为政府力量，NSF 不干预这种学术竞争，而是通过学术权威的力量来平衡这种竞争。在这个评价模式下，政府充当调控角色。

当前，我国大力发展研究生教育，政府如何恰当激励研究生培养中的学术竞争，并立足现实条件，积极引导研究生教育发展，满足国家科学技术发展与经济社会发展需求，是需要认真研究的问题。NSF 设立 GRF、GK-12 和 IGERT 等项目资助研究生创新活动的战略规划与具体措施，无疑对我们有着积极的借鉴意义。借鉴 NSF 的成功经验，本文提出如下建议。

1）国家自然科学基金委设立类似 GRF 的奖学金，鼓励大学四年级学生提交创新性的研究项目申请，由中国科学院和中国工程院院士组成的专家团给以评价，结合学生的大学学习成绩，最终决定是否授予该奖学金。该奖学金可以包括：一定数额的奖金、就读国内著名研究生院资格。结合面试，由专家组决定是否可以师从杰出科学家直接攻读博士学位。奖学金应限定专业和申请者就读院校。该项目的实施可以筛选优秀学生入学，进一步培养其科技创新能力，并引导社会设立类似奖项。

2）仿照 GK-12，由教育部设立鼓励研究生参与基础教育的奖学金，鼓励各地优秀大学、科研机构按学科专业申请奖学金项目。由教育部聘请专家组评出获奖单位，由获奖单位筛选优秀研究生参与当地的基础教育，向选出的学生颁发奖金。该奖项可以提高基础教育中的科学技术水平。

3）国家自然科学基金委员会设立类似 IGERT 的奖学金，鼓励由杰出科学家率领的研究组按项目申报。获奖项目组的研究生获得相应的奖金，可以安心学习与研究训练。该项目鼓励跨学科创新研究，研究难度较大，经过此类训练，可以培养引领科技发展的青年科学家。

参考文献

[1] Bush V. Science: The Endless Frontier. Washington: United States Government Printing Office, 1945.

[2] NSF 00-50. America's Investment in the Future. Arlington, 2000: 35.

[3] National Academy of Sciences, National Academy of Engineering, Institute of Medicine. Reshaping the Graduate Education of Scientists and Engineers. Arlington, 1995: chapter1, note 2.

[4] NSF 03- 050. Graduate Research Fellowship Program (GRFP). Arlington, 2003: 8, 6.

[5] Goldsmith S S, Presley J B, Cooley E A. Evaluation Research Program, National Science Foundation Graduate Research Fellowship Program-Final Evaluation Report. Arlington, 2002: 17 note, ix.

[6] National Academy of Sciences, National Academy of Engineering, Institute of Medicine. Reshaping the Graduate Education of Scientists and Engineers. Washington: Na-

tional Academy Press，1995：chapter 2.

［7］NSF 04-550. NSF Graduate Teaching Fellows in K-12 Education (GK-12). Arlington，VA，2004：5.

［8］NSF 04-550. FY 2004 Integrative Graduate Education and Research Training. Arlington，VA，2004.

英国生物技术与生物科学研究理事会管理模式的分析与启示*

创新型国家建设的核心任务之一，就是以科学技术实现国家发展目标。进入 20 世纪 90 年代以后，美、英等发达国家纷纷调整了本国的科技管理体系，以完成这一任务。本文详细分析了在英国科技管理体系中处于重要地位的英国生物技术与生物科学研究理事会（Biotechnology and Biological Sciences Research Council，BBSRC）的管理模式，并提出可供我国借鉴之处。

一、BBSRC 的职责与组成

BBSRC 于 1994 年经英国皇家法令批准，在合并原有的农业与食品研究理事会和科学与能源研究理事会中的生物技术和生物科学项目组基础上组建而成，属于非行政公共机构。BBSRC 是英国贸易与工业部（DTI）通过科学与创新办公室进行财政支持的 8 个研究理事会之一，是英国政府科学技术“双重支撑体系”的重要组成部分[1]。BBSRC 是英国生物技术与生物科学发展的核心咨询机构，是英国生物技术与生物科学的战略制定者和主要研究资助者。其使命是：通过支持英国主要大学与研究机构（包括 BBSRC 本身资

* 本文作者为尚智丛，原载《科技进步与对策》，2007 年第 24 卷第 11 期，第 200～202 页。

助的研究机构）的科学研究并提供研究训练，促进研究向商业运用的知识转移，完善工业发展与政策制定，促进生物科学中的公众参与。

BBSRC 的具体职责是：负责制定英国生物技术与生物科学发展的十年期战略计划、五年期长期计划与三年期执行计划，并提交贸易工业部。同时，BBSRC 还负责制定非临床生命科学领域中的前沿发展方向，提供科研资金支持，向公众进行科学传播，为公司提供信息咨询，并引进学者和进行研究生培养。BBSRC 每年对生物科学方面的前沿研究投入达 3.36 亿欧元。

BBSRC 的最高决策机构是理事会，设有 1 名非全职主席（象征性领取津贴）和 1 名全职副主席兼理事会首席执行官。理事会成员由来自政府、大学、企业、研究机构及其他相关机构的 10～18 名代表组成，其中一半以上具备良好的科学与工程背景。理事会主席、副主席和成员均由政府贸工大臣任命，任期 1 年。目前，官方文件未提及连任要求。理事会首席执行官负责 BBSRC 的日常管理，并对理事会负责。同时，理事会还聘用相当数量的职员，来完成理事会主席、理事会与各部之间相互沟通和协调的日常管理工作。目前，BBSRC 在全英范围内雇佣了 3300 多名科学、行政与支持、管理方面的员工为其工作。他们专业广泛且多有科学研究经验[2]。

BBSRC 下设任命部、审计部、财产与器材部、人力资源部、劳动报酬部和战略部 6 个部门，分别履行战略工作组和研究委员会成员任命、财务审计、资产维护、人力资源开发、报酬核算及战略咨询等职能。战略部是 BBSRC 的战略研究咨询部门，就关键战略议题及研究资助等事项向理事会提出咨询意见，因此，战略部是 BBSRC 完成其使命的核心部门。战略部履行如下主要职责[3]：①提出、推行、评议 BBSRC 的战略计划、十年计划、五年计划及执行计划，使之与英国研究理事会其他 7 个理事会的计划相协调。②在国内与国际水平上，监督 BBSRC 所资助的各项科学活动的竞争情况。③保证 BBSRC 具备明确的战略，通过资助优势领域和优势机构及减少或终止部分领域的资助，来确保生物科学的健康发展。④提出支持生物科学发展的必需工具与资源（基础设施）的建议。⑤确保实施适当的、持续的战略，促进工业与关键技术密切结合；在确定未来科学优先领域时，充分考虑工业需求。⑥采取必要措施，提供适当机会，以获取社会风险投资。⑦寻求各种机会，加强与国内或国际各类组织合作，实施 BBSRC 的十年计划与其他计划。⑧确保适当投资，培训科技人才，来满足学术、工业与公共部门生物科学发展的需求。⑨收集各战略工作组及研究委员会等机构的年度研究报告。

战略部下属 7 个战略工作组和 7 个研究委员会，分别负责不同领域的工作。为了制订《BBSRC 十年愿景与战略计划 2003～2008》，理事会于 2004 年 7 月批准成立了 7 个战略工作组，分别是：工业生物学、社会生物学、生物机体健康、综合与系统生物学、奖学金与研究资助、可持续农业、工具及资源小组，负责制定各个生物科学领域的战略、政策及行动计划，实施《BBSRC 十年愿景与战略计划 2003～2008》，同时还负责监督正在执行的研究项目。目前，战略部下设的 7 个研究委员会是：农业-食品、动物科学、生物化学与细胞生物学、分子生物学、工程与生物系统、基因与发展生物学、植物与微生物科学。负责研究项目的同行评议，包括：监督与评估相关领域的资助项目、发现新的研究机遇、描绘有着良好应用前景的优先领域，以及确定未来将减少资助的研究领域等工作。战略工作组与研究委员会被认为是相互交叉的专家咨询工作机构。未来，根据生物技术与生物科学研究的发展，BBSRC 还会逐步建立更多的战略工作组和研究委员会。

战略部主席由 BBSRC 首席执行官兼任，成员包括 7 个战略工作组主席、2 位理事会委员、2 位独立成员和 1 位来自于苏格兰环境与农村事务部（Scottish Executive Environmental Rural Affairs Department）的代表。战略工作组与研究委员会成员均为兼职工作专家，是战略部完成战略咨询任务的核心力量。其人员选择由 2003 年成立的任命部负责，并报请理事会批准任命。其成员选择坚持多样性原则，即充分考虑 BBSRC 用户或受益机构代表、专业多样性、地域与机构之间的平衡等因素。每个战略工作组一般由 12～16 名成员组成，同时，还有来自于其他研究理事会或其他部门的人员 1～2 名作为观察员。各研究委员会一般由 16～19 名成员组成，也设有来自于其他机构的 1～3 名观察员。BBSRC 行政办公室负责各战略工作组和研究委员会的事务性工作。和理事会成员一样，战略部及战略工作组和研究委员会成员任期均为 1 年。目前，BBSRC 官方文件未提及成员连任要求。BBSRC 任命部每年要召开一次会议，讨论战略工作组与研究委员会成员的任职情况，并向理事会汇报结果[4]。

二、BBSRC 的工作机制

BBSRC 理事会集体讨论并决定各项计划及相关的科学技术项目。理事会代表各方的共同利益，理事会成员在参与讨论和决策时必须声明没有任何个人的和商业的利益。在讨论和决定任何与其有关的问题时，该理事会成员必须回避。

BBSRC 理事会通过其下设的一系列委员会和决策支持部门获得决策咨询建议。战略部的战略工作组和研究委员会是其主要决策咨询机构。依靠 BBSRC 的行政执行系统的具体操办，二者将专家建议最终形成建议报告，提交理事会，并以理事会秘书处名义公开发表。战略工作组形成的报告由战略部提交首席执行官。各研究委员会报告将被首先提交到委员会主席会议讨论，最终由 BBSRC 科学技术办公室主任提交给战略部和首席执行官。此外，各研究委员还按领域受理各大学和研究机构的项目申请并负责研究资助的发放。每份项目申请要求至少分送给 4 位在此学科领域的全国著名科学家，每位科学家以评判员的身份给每份项目申请提出意见。所有申请者都将收到每位评判员匿名的评判意见，并有机会在学科委员会作出最后决定前对此提出回应。评判员的意见和申请者的回应将在各学科委员会评审项目时予以充分考虑。

BBSRC 理事会副主席兼首席执行官也是贸易工业部/科技办公室（OST）和议会任命的财政负责人，根据 BBSRC 章程和理事会决议保证 BBSRC 的工作绩效，以及安全与有效运行。为履行其职责，首席执行官领导行政办公室和 3 个工作组：①行政组（executive group），负责处理理事会及其各部提出的具体事务，确保相关事务及时提交理事会，如年度财务报告、年度报告等，同时，还负责与科技办公室和英国研究理事会的业务联系；②办公室管理组（office administration group），处理 BBSRC 办公室的事务，保证连续性与相互协调；③协调组（coordination group），负责战略部及其工作组的协调事宜。因此，战略工作组和研究委员会的具体事务主要由协调组负责办理，行政组和办公室管理组协助。

工作会议是战略部的主要工作方式。其工作会议分为两级，即战略部会议与战略工作组和研究委员会会议。战略部每年举办 5 次工作会议，每次会议时间间隔约 2 个月，在会议上确定下次会议的具体时间。出席每次会议的人员除了战略部成员外，还有一些应邀出席的相关人员。会议的核心议程是：讨论和评议 BBSRC 战略计划、执行计划和具体科学研究项目或工作项目。战略工作组每年一般举办 3 次工作会议，时间相对固定：上半年一般在二月和六月的上旬，下半年一般在十月的下旬。会议核心议程是：讨论 BBSRC 技术战略及其推进情况，以及专项问题、修订 BBSRC 战略计划和执行计划。研究委员会一般每年举办 4 次工作会议，时间相对固定：一月或二月办 1 次，五月或六月各办 1 次，下半年一般在九月和十一月。研究委员会负责根据 BBSRC 战略计划和执行计划实施研究项目的申请、审批、评估和监督。其工作会议是关于具体事项的讨论。

三、BBSRC 管理模式的优点及其启示

BBSRC 履行英国生物技术与生物科学研究与发展的公共管理职能，其发展战略和内部管理模式对英国基础科学领域的发展至关重要。从上述分析中，可以看到其管理模式具备如下优点：①以理事会、战略部及其战略工作组和研究委员会的形式组织科学技术发展的战略咨询与管理，充分发挥了科学技术专家的专业特长，避免落入官僚机构的窠臼，从而保证英国生物科学技术按照自身规律发展。②理事会、战略部及其战略工作组和研究委员会成员组成充分考虑了地域、民族等各方面的平衡，从而保障全国的协调发展。③理事会、战略部及其战略工作组和研究委员会成员组成中，吸收工业界与社会事业领域的专家参与，积极推进先进生物技术在工业中的应用，推进科学知识的社会传播，以科学技术推进国家经济与社会进步，实现国家发展目标。

1999 年英国政府对其现行研究理事会的运行机制和管理模式进行了回顾和评价，充分肯定了各研究理事会对英国科技发展的贡献，同时也指出了一些缺陷。针对其缺陷，英国政府于 2002 年成立了研究理事会总会，协调各研究理事会之间在关键科技领域开展全国性跨学科的合作研究，同时加大对大学和研究机构的基础设施建设投入，进一步鼓励企业对大学和研究理事会

的投入，继续推进研究机构的合并和私有化[5]。

目前，面对经济全球化和创新型国家的发展趋势，我国的科技管理体制正处于深化改革的关键阶段，借鉴 BBSRC 的成功经验，我国应作如下几方面改革。

1）积极制定国家科技管理专家咨询法规体系，依法加大专家决策咨询力度。目前，我国科技发展规划与大多数科技项目评审均由政府部门主导，其中虽然也采用了专家咨询，但是，专家咨询体系与相应法规不健全，致使科学技术专家所发挥的作用有限。未来要改变这一状况，真正做到科学化的科学技术管理，就必须建立一套完整的专家咨询体系与相应法规。

2）着眼全国，协调发展科学技术。我国幅员辽阔，东、中、西部地域条件、经济社会发展水平与科学技术发展水平都存在较大差距。目前，我国科技资源集中于少数几个大城市，不利于科学技术向广大地区的普及与利用。为减小地区差距，促进和谐社会建设，未来必须协调全国各地区的科学技术发展水平。这就要求在制定全国科技发展规划、分配科技发展资源之时，不但要听取不同地区政府官员的意见，更重要的是要听取不同地区科学技术专家的意见。他们最了解本地区科学技术发展优势与劣势所在。在全国性的科学技术咨询委员会中，要有不同地区专家的充分参与。

3）在科技发展决策咨询中，征求产业界技术专家的意见。只有在制定科学技术发展规划与项目之初充分考虑产业界的需求，才能很好地解决科技与经济发展“两层皮”问题，提高科技成果转化率。BBSRC 在这方面有着相当成功的经验，未来我国应在专家咨询委员会中提高产业界专家比例，加强学术与产业应用的联系。

4）加强科学技术专家与公众的密切联系，建设科学技术新成果传播渠道。科学技术成果的普及是提高其社会经济利用效率的基本条件。科学技术专家是沟通科学技术研发领域与社会大众的一个良好渠道。在国家科技管理中吸收一定数量的具备良好知识传播能力的专家，可以大大缩短知识传播时间，加速科学技术成果的普及。

参考文献

[1] 张嵩．英国研究理事会管理模式．全球经济瞭望，2003，(1)：60.

［2］BBSRC Council Secretariat. Code of practice for council members. BBSRC，2005：1，6.

［3］BBSRC. Strategy board. http：//www. bbsrc. ac. uk/about/gov/boards/strat _ intro. html［2006-08-03］.

［4］BBSRC Council Secretariat. Handbook for council，board，panel and committee members. BBSRC，2005：3-5.

［5］孙键．英国政府宏观科技管理体系．全球经济瞭望，2003，(4)：19.

英国科学促进会的创建*

英国科学促进会（The British Association for the Advancement of Science）成立于1831年，在19世纪英国科学发展中发挥着相当重要的作用。正如1881年英国科学促进会的主席卢伯克（John Lubbock）所说的那样，"英国科学促进会的历史就是一部英国科学史"[1]。要深入研究19世纪英国科学史，首先需要对英国科学促进会有所了解。本文将概略地叙述英国科学促进会的创建过程，分析英国科学的衰落论者、外省的业余科学爱好者和伦敦皇家学会、牛津大学和剑桥大学体制内的科学人（men of science）①。这三方在英国科学促进会的创建过程中的不同立场和态度，以及他们对英国科学促进会的协会宗旨、组织机构和运作方式的影响，表明英国科学促进会是一个不同社会群体之间相互斗争和妥协的产物，有着由英国社会、政治、经济和文化所赋予的特色。

---

* 本文作者为柯遵科，原载《自然辩证法通讯》，2010年第32卷第3期，第33～40页。

① "科学家"一词是1834年由休厄尔所造，最早出现在他匿名发表于当年3月的《评论季刊》（*the Quarterly Review*）的一篇书评中。在文中休厄尔表示需要给英国科学促进会的会员一个总的称呼，他提出"科学家"一词。当时该词没有被广泛接受，人们普遍使用"科学人"一词。到19世纪末，英国科学职业化基本完成，"科学家"一词才逐渐被接受，并被广泛使用。从历史语境的需要出发，本文避免使用"科学家"一词，而是使用"科学人"一词。概括来说，科学家比科学人更为职业化和专门化，而科学人所从事的领域则更为广泛，也更加关心其他的公共事务，并积极参与其中。同时，科学人也未必以科学为职业，借此谋生。参见：Ross S. "Scientist"：the story of a word. Annals of Science，1962，18：65～86.

一、导火索：科学在英格兰衰落的争论

1830～1850 年是英国社会的转型期，是改革的年代。1830 年，人们对英国社会现实的不满逐渐达到一个临界点，议会改革、反谷物法运动、宪章运动、反教权主义等改革运动相继爆发。此时，英国旧的科学体制已经难以适应社会发展的需要，科学改革同样被提上议程[2]。19 世纪初的英国皇家学会已经沦落为贵族社会的社交会所，难以正常行使它作为全国科学界最高代表机构的职责。英国的大学中仍以神学和古典教育为主，自然科学教席的数量很少，增长缓慢。除了那些与航海和采矿相关的自然学科，其他自然学科很少能够得到政府的财政支持。与法、德两国的科学发展情况相比，英国在科学教育与政府对科研的资助方面都相当落后。许多从事数理科学研究的科学人对当时英国的科学体制也十分不满。他们很难从英国皇家学会得到所需的经济资助，也不能在英国大学中谋得赖以安身的教职。随着数理科学的发展，科研所需要的昂贵的仪器设备已经超出他们个人财力所能承担的限度。昔日英国科学研究那种绅士的、业余爱好者的传统，依靠自己的收入在业余闲暇时从事科学研究的状况，对于他们来说已经变得难以接受。科学职业化成为他们共同的愿望，要求政府对科研活动的财政支持已经不可避免。

数学家查尔斯·巴贝奇（Charles Babbage）就是这群科学人的代表之一。1821 年巴贝奇开始设计和制造差分机，他在寻求英国皇家学会和英国政府的研究资助时不断碰壁。1828 年他才被选为剑桥大学的卢卡斯数学教授（Lucasian Professor of Mathematics at Cambridge），此前则一直依靠父亲的津贴维持一大家人的生活。巴贝奇感到他的科学工作没有得到足够的认可和应有的回报，1827 年，他的妻子、父亲和两个孩子相继去世，这使他感到更加愤怒。1829 年，他开始写作《对科学在英格兰的衰落的反省》一书，表达自己对英国科学现状的不满，把攻击的矛头直接指向英国皇家学会，要求大力推动英国皇家学会的改革。1830 年 5 月该书出版，书中指出，“英格兰的科学发展状况已经大大落后于法国和德国等欧洲强国，甚至还不如某些欧洲小国，尤其是像数学这样比较艰深和抽象的科学门类，情况就更为糟糕”[3]。他认为造成这种状况的主要原因是：英国皇家学会充斥着没有科学见解只有

社会地位的外行，已经沦落为一个上流社会的社交会所；皇家学会的官员只关心自身的利益和荣誉，在支持科研和资助科学人上无所作为；英国的公学几乎不向年轻人教授任何科学知识，而在大学中也缺少自然科学的教育，导致英国社会的高等阶级很少有人具备科学知识，上议院和下议院的议员们对与科学相关的话题也相当无知；英国政府不重视科学发展，科学研究缺乏政府的财政支持，科学人得不到经济资助和奖励；英国的大部分科学研究都是在现有的大学体制外进行，从事科学活动不像在法国和德国那样成为独立的职业；科学在英国并没有成为一门职业，又导致许多要求具备足够科学造诣的职位被授予了业余爱好者。

《对科学在英格兰的衰落的反省》一书出版后，立刻在英国科学界引起普遍争论。巴贝奇在苏格兰和外省赢得许多支持者，其中苏格兰的物理学家布儒斯特（David Brewster）极力支持他的看法。布儒斯特和巴贝奇的生活境遇极为相似。布儒斯特主要从事光学研究，在偏振光方面作出了很多贡献。他一生都未能谋到教职，只好以写作和编辑工作为生。虽然他发明了万花筒，却一直未能从中牟利。他对科研活动得不到政府资助，科学人无法将科学作为职业的现状相当不满。从 1827 年起，布儒斯特在《爱丁堡科学杂志》（*Edinburgh Journal of Science*）上发表多篇文章，呼吁英国政府资助科学研究，为科学人提供经济保障。巴贝奇在写作《对科学在英格兰的衰落的反省》一书时，一直和布儒斯特保持通信联系，通报自己的写作计划和进度，并征询布儒斯特的意见。该书出版后，1830 年 10 月布儒斯特在《评论季刊》（*the Quarterly Review*）发表了一篇很长的书评，支持科学在英格兰已经衰落的论断，并指出造成这种状况的原因有四点："①政府对于科学一无所知，并且漠不关心；②我们的科学委员会和科学机构在组织上考虑欠周；③科学和文学人（scientific and literary men）被排除在所有的政府荣誉之外，从而受到间接的迫害；④不公正的、沉重的勒索——专利法对发明家的勒索。"[2]布儒斯特还提出了创建英国科学促进会的最初构想：建立"一个由贵族、教士、乡绅和哲学家组成的协会"[4]。对英国政府施加影响，迫使它关注英国科学令人沮丧的现状，在经济上资助和奖励科学研究，提供从事科学研究的职位，从而复兴英国的科学。

巴贝奇和布儒斯特的科学在英格兰衰落的论断，以及对于英国皇家学会和大学体制的攻击，引起在英国皇家学会委员会、牛津大学和剑桥大学中任职的哲学家休厄尔（William Whewell）、地质学家塞治威克（Adam Sedgwick）和天文学家艾瑞（George Biddell Airy）等科学人的不满，认为这是对自己工作和能力的否定。在他们和巴贝奇、布儒斯特等衰落论者之间爆发了一场关于科学在英格兰是否衰落的论战。他们指出英格兰拥有托马斯·杨（Thomas Young）、戴维和赫歇尔（John Frederic William Herschel）这样的科学天才，在这块土地上科学并没有衰落；布儒斯特对于大学的责难毫无道理，仅仅表明他对于大学中科学的状况是多么无知；而皇家学会也绝不是在推动科学发展上无所作为[5]。在论战的初期阶段，当时英国科学界公认的代表人物和领袖——天文学家赫歇尔碍于和巴贝奇的友谊一直保持沉默。早在1830年初，巴贝奇曾将《对科学在英格兰的衰落的反省》一书的草稿寄给赫歇尔。赫歇尔1829年曾在一篇论文的脚注中顺带指出英国的科学状况不尽如人意，他很理解巴贝奇的遭遇和处境。但是赫歇尔不赞同巴贝奇这种制造公共舆论的行为，建议他“务必把书烧掉，或者重写”[6]。巴贝奇不仅没有听从他的劝告，而且还在书中援引赫歇尔的脚注，使英国科学界以为赫歇尔支持自己。随着论战的升温，英国科学界有陷入分裂之中的危险，赫歇尔不得不公开表明自己的态度，声明他并不支持巴贝奇和布儒斯特的论断和做法。到1831年年底，在论战双方都已清楚地知道赫歇尔的立场之后，这场论战才逐渐平息。论战掀起时，英国皇家学会的改革也进入了最为关键的阶段。自19世纪20年代中叶起，英国皇家学会的一些科学人如巴贝奇等就一直在酝酿改革，希望通过选举赫歇尔为皇家学会主席来自上而下地改革皇家学会。然而，1830年11月30日，在圣安德鲁日的皇家学会年会上，萨塞克斯公爵（The Duke of Sussex）当选的结果粉碎了从现有体制内进行改革的可能[7]。这样一来，改革必须从体制外寻找突破。

二、外省文学和哲学协会的介入和支持

随着工业革命的发展，在英格兰的外省兴起了许多新的工业城市，如曼彻斯特、伯明翰和利兹等，在这些城市相继创建了文学和哲学协会。受它们的影响，在地方自豪感的激发下，许多历史悠久的城市也纷纷创建自己的文

学和哲学协会。1780～1830 年，外省相继成立了许多文学和哲学协会，如在曼彻斯特、利物浦、纽卡斯尔、利兹、约克、赫尔等。这些协会大致上是一个中产阶级的团体，主要由医生、商人、工业家、教士和乡绅组成，科学是他们关心的主要话题和钟爱的业余活动。协会主要致力于普及科学技术知识，并结合本地的优势，鼓励相关的科学研究。通过这些活动，一方面，可以应用科学技术知识推动当地的经济发展；另一方面，则可以提升中产阶级的文化地位，加强他们对社会的控制[4]。约克哲学协会（the Yorkshire Philosophical Society）创建于 1822 年，哈考特（William Vernon Harcourt）为首任主席。在他的主持下，约克哲学协会发展极为迅速，并且和外省的其他文学和哲学协会保持着密切的联系。约克哲学协会的科学研究主要集中在地质学方面，调查约克郡的地质情况，保存约克郡的人文和自然古迹等。到 1830 年时，约克哲学协会已经收集到足够多的博物学的资料，并建成了一个新的博物馆，此时的约克哲学协会已经走上正轨。

1831 年 2 月 23 日，布儒斯特写信给约克哲学协会的秘书、地质学家菲利普（John Phillips），正式提议在约克郡召开一次英国科学人的会议，成立由他们组成的协会，希望约克哲学协会能够组织和承办这次会议。他在给菲利普的信中，阐述了自己对协会的设想。其主要宗旨将是："使科学培育者（the cultivators of science）彼此之间熟识和了解，在科学研究中相互激励；为科学的目的赢得更多公众的关注，并采取措施促进科学的利益，加速科学的发展。"[6]布儒斯特的这一提议与他书评中的最初构想已有所不同。他的最初构想出自对德国自然研究者协会（the Deutscher Naturforscher Versammlung）的仿效。巴贝奇和苏格兰化学家约翰斯顿（J. F. W. Johnston）分别参加了 1828 年和 1829 年德国自然研究者协会的年会，随即在布儒斯特主编的《爱丁堡科学杂志》发表报道文章。巴贝奇在文章中赞扬德国自然研究者协会为促使德国贵族阶层对科学的保护和资助所作的贡献，以及它在帮助科学人之间相互认识、建立私人关系和交流科学知识上的工作。约翰斯顿则指出，虽然德国自然研究者协会的主要宗旨是促进科学人相互交往和熟识，增加彼此之间的了解和交流，它还有附带的，甚至是更重要的好处，即迫使德意志各邦政府审视和改善各自科学机构的状况，并且为真正的科学人在公共教育机构中寻求职位。他还暗示应该在英国建立一个类似的机构，以带来同样的好处[8]。布儒斯特从两人的文章中看到改革英国科学的可能途径，即在英国也建立一个由“贵族、教士、乡绅和哲学家”联合组成的协会。该协会是一个借助贵族和教士力量的政治压力团体，协会中的贵族也许并不是科学人，但却愿意为推动科学发展而努力，通过这些人，协会就足以对政府施加压力，影响政府的决策，使之有利于科学的发展和科学人的利益。

然而，当布儒斯特寻求外省的工商业中产阶级的支持时，他清楚地意识到将贵族和教士作为协会所要依赖的主要社会政治力量已经很不合适，在给菲利普的信中他重新阐述了协会的宗旨。在新的提议中，协会主要是一个由科学人组成的团体，贵族和教士已不再被明确地列为其成员，协会的首要目的是帮助科学人之间相互熟识，作为政治压力团体的性质不再那么明显。布儒斯特此时虽然不准备再依赖贵族和教士，但他并没有放弃协会作为政治压力团体的设想，仍希望将其作为协会的附带功能。他强烈建议“协会将不拥有基金”[6]。这样协会就不能从财政上资助科学人，而只能对政府施加压力，要求政府支持科学发展，给予科学人以经济资助和奖励。约克哲学协会很快就同意承办会议，并于 1831 年 7 月 4 日组成了一个委员会来负责会议的筹备工作，由哈考特担任委员会的主席。同月，布儒斯特在《爱丁堡科学》杂志上发表题为“对在约克召开的科学会议的建议”（Proposed Scientific Meeting at York）的文章，提出了主要参照德国自然研究者协会草拟的九条协会章程，建议约克协会在此基础上制定正式的章程。其中第三条提议“协会仅仅由对科学问题有过著述的人和科学的狂热资助者组成”[6]，这样布儒斯特实际上就将业余爱好者排除在外，强调科学的专门化，将协会限定为一个主要由科学人组成的团体。布儒斯特的新提议虽然考虑到外省城市中的社会、政治和经济力量主要掌握在工商业中产阶级手中，但是他在科学职业化的诱惑下完全忽视外省科学活动的特点，它依赖于哲学和文学协会中为数众多的业余科学爱好者的参与，主要以业余爱好的方式进行。布儒斯特的提议把业余爱好者排除在协会之外，在外省就很难获得支持。

哈考特则不同意布儒斯特的提议。在 1831 年 8 月 27 日写给巴贝奇的信中，他全面阐述了自己的设想[6]。他把即将在约克召开的会议界定为“科学之友”（Friends of Science）的大会，提议“英国所有的哲学协会的成员都可以成为新协会的成员”。他认可新协会促进科学人相互交往和熟识，增加彼此之间的了解和交流的宗旨，但同时指出协会以此为宗旨远远不够，并不足以将科学人召集起来，建立在此基础之上的协会将难以为继。他为新协会提出更高的目标，为科学研究提供“一个系统的方向”。“协会将指示有待阐明的科学前沿，提出需要被解决的问题和被测定的数据。协会将要求它的成员，有能力也有意愿的，把协会分派的科学任务作为一项荣誉承担起来；或者为某项特定的调查研究提供奖金；抑或支付某项专门的研究过程中的费用”。至于什么是科学研究的方向，则由各门科学中的杰出人物来加以指引。这些人将成立学科委员会，由他们提出需要从事的研究和提供必要的奖励。为此，协会将建立一套奖励机制，并且劝说政府为此提供财政支持，或者由协会自己建立基金来加以保障。通过这样的组织形式和奖励机制，协会就可以计划、指引和推进科学研究活动。哈考特的新协会是一个把科学人和业余爱好者联合起来的机构，呈金字塔状，科学人居于金字塔的顶端，安排和指导居于底端的业余爱好者从事科学研究。由业余爱好者大量地收集经验事实和材料，然后交给科学人加以整理和归纳。这是一个“培根式的计划”（the Baconian programme）[9]。在英国科学传统中培根的思想本来就根深蒂固，哈考特和约克协会所从事的地质学调查研究，又极其符合他所描述的科学形态，其中业余爱好者有着极大的活动空间。哈考特从英国科学思想的传统和自身科学活动的经验出发，很自然就有了这样的想法。

哈考特同意布儒斯特提出的协会应该对政府施加影响，促进科学和科学人的利益的观点。但是在协会对政府施加压力这一点上，他没有布儒斯特那么热心。一方面因为当时的地质学领域专门化程度并不高，业余的科学研究还卓有成效，哈考特不像巴贝奇和布儒斯特那样迫切地感到需要借鉴德国、法国的科学模式，由政府提供财政支持，资助科学研究和科学人；另一方面则由于当时英国社会中盛行自助的思想、自愿主义、个人主义和自由主义，所有这些思潮都反对政府的干涉和控制，认为政府干涉的越少越好。这些思潮本身就以工业化的外省地区为社会根基，生活在外省的哈考特不可避免地受其影响[10]。哈考特的计划和布儒斯特的设想之间有很大差别，但更加符合英国的文化传统和当时外省的社会实情。在会议筹备期间，约克哲学协会通过个人通信、拜访和协会通告的形式，向全英国的与科学相关的团体和个人广泛地发出了邀请，希望他们能够出席即将召开的约克会议。在英格兰的外省，与科学相关的各团体和个人对此表现出很大的热情，迅即作出回应，纷纷表示愿意参与其中。

三、伦敦、牛津大学和剑桥大学的科学人的迟疑和抵制

约克协会的邀请被伦敦、牛津大学和剑桥大学的科学人婉言谢绝，像赫歇尔、休厄尔、地质学家巴克兰（William Buckland）这些当时英国科学界的重要人物都表示因故不能参加。约克哲学协会的筹备工作在英国的传统学术中心遭遇消极抵制。这些科学人对英国科学促进会持消极态度主要有两方面的原因：一方面是受赫歇尔的立场和态度的影响，另一方面是有关科学在英格兰是否衰落的论战所造成的矛盾。

赫歇尔作为当时英国科学界的代表人物，他的支持对于任何科学改革的计划都极为重要。布儒斯特最初曾希望借助于巴贝奇和赫歇尔的私人友谊，由巴贝奇出面邀请赫歇尔担任协会的主席。不过，赫歇尔虽然也不满于英国科学的现状，但他并不赞同巴贝奇和布儒斯特的做法。赫歇尔是英国天文学业余爱好者的代表人物之一。他生活富裕，1850 年以前从未担任过任何有薪酬的职位，在他看来，巴贝奇代表科学人向政府索取金钱和荣誉，“彻底贬低了科学人的动机”[11]，使科学人显得贪婪。他在给巴贝奇的信中说：“你因为在完成一个伟大的高尚的目标上所花费的时间和金钱而不停地抱怨，而它却将使你的名声在后世永垂不朽，你这样做难道不感到羞耻吗？曾经有谁做了流芳千古的事情却又没有做过一点牺牲?”[6]而且，赫歇尔不认为英国政府对科学的关注不够，给予科学的财政支持太少。恰恰相反，政府在对科学的财政支持上很慷慨，并且越来越愿意支持科学的发展。目前的问题只是缺乏一个挑选被资助人的良好机制，以及在资金的分配上过于偏重天文学。科学人需要做的是专心于自己的研究工作，向政府提出合理的要求，而不是在公众中制造争论，借此向政府施加压力。

赫歇尔不仅不赞成布儒斯特的政治压力团体的设想，也不认同哈考特提出的由协会来规划科学发展的计划。作为一名伟大的科学人，在赫歇尔看来，“科学如同艺术，是创造性的活动，很难是团队工作的产物”[12]。科学是

自由的，不能也不应该由“一个强大的、集中的和主管的力量”来系统地指导方向，给予计划和安排。任何科学团体的作用都应该是尽力去“排除所有控制和指导科学的企图”[13]。此外，由于英国皇家学会改革运动的失败，赫歇尔已经不再相信建立一个包含科学的全部领域、由业余爱好者和科学人共同组成的协会对推动科学发展有什么作用。他认为，如果要建立协会，也应该是由不同领域的科学人各自建立专业学会，促进会员之间自由地交流科学思想，而不要企图通过学会对政府施加影响。因此，他在 1831 年 9 月 5 日给哈考特的回信中，不仅全面详细地阐述了自己看法，并且表示不能出席约克会议。在他的影响下，休厄尔和巴贝奇都没有出席约克会议。

除了赫歇尔的影响之外，伦敦、牛津大学和剑桥大学的科学人本身已经在“科学在英格兰是否衰落”的论战中和布儒斯特产生矛盾，对于布儒斯特提出的成立新协会的计划自然会抱着抵制的态度。一方面，他们不可能接受布儒斯特要求成立新协会的理由，承认科学在英格兰的衰落，同意布儒斯特对英国皇家学会和大学的尖锐批评；另一方面，和哈考特一样，他们也受到当时英国社会中的个人主义和自由主义等思潮的影响，大多并不赞同布儒斯特的让政府大力介入科学发展中的要求。虽然哈考特提出自己的计划，积极建立与他们之间的交流，他们依然对即将成立的协会心怀疑虑，担心它会是一个被布儒斯特所左右的机构。最终他们大多婉言谢绝哈考特的邀请，对即将召开的约克会议持观望态度。“事实上，伦敦的科学人除了几个地质学家之外都没有出席约克会议，牛津大学只来了杜贝尼（Charles Giles Bridle Daubeny）一人，而剑桥大学、爱丁堡大学、格拉斯哥大学和伦敦大学则都没有代表出席。”[10]

四、从约克到牛津大学和剑桥大学

1831 年 9 月 27 日中午 12 点 30 分，在约克哲学协会的新博物馆中，约克会议正式召开，由哈考特命名的英国科学促进会宣告成立。为期一周的约克会议获得了空前的成功，陆续有 353 位绅士参加了这次会议。除了会议之外，协会还安排了面向公众的演讲、参观本地的名胜古迹和集体晚宴等其他活动，这一切都激起了本地上流社会和普通民众的强烈兴趣和参与的积极性。约克会议成为一次盛大的科学的节日。

在约克会议期间，经过对哈考特拟订的协会计划的进一步讨论、商榷和修改，英国科学促进会确立了协会宗旨、组织机构和运作方式。协会将致力于："①为科学研究提供一个强劲的推动力和一个更加系统的方向；②促进大英帝国各地的科学培育者相互之间的交流，以及他们和外国哲学家之间的交往；③为科学的目标赢得更为普遍的注意，消除任何阻碍科学进步的公共的不利条件。"[14] 协会每年在英国的不同城市召开一次为期一周的会议。协会成立了总委员会（the general committee）和六个按学科划分的小组委员会（the sub-committee）：数学和物理科学、化学、矿物学、地质学和地理学、动物学和植物学、机械技术。总委员会是协会的最高权力机构。总委员会只在每年的年会期间召开会议，决定协会的重大事宜和人事安排，选举任命一名协会主席、两名副主席、两名或更多的协会秘书和一名司库，每届任期一年。小组委员会也由总委员会任命的各自领域中的杰出人物组成。小组委员会将致力于选择科学研究的前沿问题，组织科学人从事相关研究，为其提供人力和财力上的帮助，并寻求其他团体的合作。另外，小组委员会将邀请一到两名该领域内的杰出人物，提交一份关于国内外该领域的发展情况和前沿问题的报告。该报告将由协会印刷刊行，并作为年会会议中讨论的主要议题。

约克会议开幕式的当天，总委员会就在哈考特的提议下成立了。它"由所有出席本次会议的，曾经提交过一篇论文给任何哲学协会并被印刷刊行的代表组成"。总委员会可以自行决定如何接纳新的成员，并由它来制定加入协会成为普通会员的资格要求。按照惯例，参加本次约克会议的代表都自动成为新协会的成员。然而，经过总委员会的讨论以后，哈考特提出的所有哲学协会的普通会员都可以成为新协会普通会员的建议被修正，增加了对外省哲学协会的限制。"外省哲学协会的官员和委员会的成员可以直接加入新协会，而其普通会员必须得到所属协会委员会的推荐，方可加入。"这一限制表明总委员会提高了对普通会员必备的科学水准的要求，毕竟外省哲学协会中的科学水平普遍比较低。然而，另一条限制条款则纯粹是出于社会地位的考虑："外省会员必须是房租收入每年达 10 镑以上的房主及每年纳 10 镑以上房租的房客。"这一条款恰恰与随后 1832 年第一次议会改革法案中对选举权的财产限制雷同[6]。

约克会议不只修改了普通会员的入会条件，而且也调整了协会的宗旨。哈考特最初提出的协会宗旨是："①为科学研究提供一个强劲的推动力和一个更加系统的方向；②为科学的目标赢得国家的充分注意，消除任何阻碍科学进步的不利条件；③促进科学培育者相互之间的交流，以及他们和外国哲学家之间的交往。"[15]对照上文中协会发布的正式宗旨，可以看出有以下的变化。把宗旨②和宗旨③调换了位置，将"为科学的目标赢得国家的充分注意"，改为"为科学的目标赢得更为普遍的注意"，并且在"消除任何阻碍科学进步的不利条件"前加了一个定语"公共的"。这些改动表明协会不再强调自身对政府施加压力的功能。巴贝奇和布儒斯特最迫切的要求，即通过协会迫使政府支持科学发展的初衷，没有能够得到与会者足够的支持。他们中的大多数人作为业余科学爱好者对科学职业化兴趣不大，并不愿意看到科学局限在狭小的专业领域之中，而是希望扩大科学对公众、社会和文化的影响。同时，他们作为外省的工商业中产阶级，本身就是英国社会中自助思想、个人主义和自由放任经济等思想的信奉者和宣扬者，自然会主张政府应该避免介入科学发展之中。而另一个改动则比较有意思，加上了一个定语——"大英帝国各地"，把殖民地也包括在内，可以看出当时英国帝国主义思想影响的痕迹。

从英国科学促进会的组织机构的设置、对普通会员入会条件的限制和协会宗旨的改动上，可以看出它为寻求伦敦、牛津大学和剑桥大学的科学人的支持所作的努力。通过对总委员会成员资格的限制，业余爱好者基本上被排除在协会的权力机构之外；成立小组委员会，在一定程度上满足了赫歇尔的构想，由不同领域的科学人各自建立专业学会。科学进展的年度报告本身就是出自于赫歇尔的想法，再由休厄尔向哈考特提出的建议。对普通会员入会条件的限制则是仅仅针对外省会员的科学水平和社会地位制定的。这样组成的协会应该能让伦敦、牛津大学和剑桥大学的科学人感到满意。在论述协会的宗旨时，哈考特首先就说自己并不赞同科学正在英格兰衰落的论断，更不会用它来支持自己的提议。借此向伦敦、牛津大学和剑桥大学的科学人表明，自己在这个问题上和他们站在同一立场。至于是否需要通过协会迫使政府介入科学发展的问题，哈考特和大多数与会者本身就和他们的立场相近，布儒斯特的要求不可避免地遭到排斥。

约克会议作出的这些调整和让步是十分必要的。毕竟大多数一流的科学人聚集在伦敦、牛津大学和剑桥大学，外省的科学活动虽然繁荣，但大都停留在业余水平，外省的业余爱好者普遍期望能够得到这些科学人的帮助和指导。哈考特自己的培根式的计划正是这种期望的体现和总结。他的计划要想成功，必须依靠科学人来规划和指导科学研究，没有他们的参与，其计划就根本不可能开展。同样，英国科学促进会也只有赢得了处于观望态度的伦敦、牛津大学和剑桥大学的科学人的支持和参与，才可能真正成为能够代表英国科学界的全国性机构。为了成功地将他们吸纳进协会中，哈考特策划了一场英国科学促进会向伦敦、牛津大学和剑桥大学的进军。依靠自己和牛津大学的密切联系，他选择了牛津大学作为突破口。在约克会议期间，由化学家、植物学家杜贝尼在未经牛津大学授权的情况下，出面邀请英国科学促进会在牛津大学召开 1832 年的年会。而哈考特则提名牛津大学的巴克兰出任英国科学促进会的首任主席，布儒斯特和剑桥大学的休厄尔分别担任协会的两名副主席，他们将在 1832 年 6 月牛津大学召开的年会上正式上任。哈考特自己只出任协会的秘书长（the General Secretary）。巴克兰很快应允了英国科学促进会的请求，随后牛津大学也正式向英国科学促进会发出邀请。休厄尔在短暂的犹豫之后，也欣然接受对他的任命，并商定在剑桥大学召开协会 1833 年的年会。

1832 年 4 月，布儒斯特向哈考特建议协会应该再成立一个理事会(Council)，可以在闭会期间处理协会的重要事务，负责协会的各项工作。毕竟总委员会只有在年会期间才召开会议，所以它还需要选举出一个日常的权力机构。布儒斯特希望成立这样一个理事会，可以借助它来游说政府，为自己建立一个由政府支持的物理实验室[16]。布儒斯特的提议对于伦敦、牛津大学和剑桥大学的科学人来说是正中下怀，在他们看来这是控制协会的极佳途径。在他们的大力支持下，1832 年的牛津会议顺利通过了这一提议，正式成立英国科学促进会的理事会。理事会的成立没有给布儒斯特带来意想中的好处，反而使他在英国科学促进会的权力结构中更加边缘化。成立理事会的最大受益者是伦敦、牛津大学和剑桥大学的科学人，他们在理事会中占据了多数席位。经过在牛津大学和剑桥大学的两次年会之后，英国科学促进会将英格兰绝大部分的科学人纳入协会，成为能够代表英国科学界的全国性机构。同时，伦敦、牛津大学和剑桥大学的科学人通过出任协会的官员和理事，从此牢牢控制了英国科学促进会。在此后的20多年间，英国科学促进会在他们的主导下向前发展。

五、结　语

英国科学促进会成立后的20多年间，在伦敦、牛津大学和剑桥大学的科学绅士（gentlemen of science）的领导下更偏重于发扬原有的业余爱好者传统，利用外省的人力、财力和物质资源，并且将科学工作置于自然神学的框架下，维护国教的文化统治和贵族、乡绅和教士的特权，把科学塑造为"技术的思想先驱，上帝的秩序和法则的捍卫者，获取知识的正当途径，国家富强和世界和谐的关键"[6]。19世纪中后叶，在赫胥黎等年轻一代科学人的引导下，英国科学促进会逐渐成为传播达尔文进化论，推动科学和神学相分离，排除国教对科学活动的控制，实现科学职业化和专门化，塑造科学文化的主要机构。在19世纪末，随着现代形态的科学在英国社会中逐步确立，英国科学促进会的许多制度功能被其他机构代替，专业化的学会、大学和研究机构日益成为科学家建造知识和维护权益的主要场所，英国科学促进会有所衰落。但是作为英国皇家学会之外的另一个全国性的科学机构，它仍然是从整体上调节科学与其他文化要素之间关系的传统力量。同时，英国科学促进会也在不断地调整着自身的目标和策略，以此适应现代科学在英国社会中的不断深入和发展。尤其自从1985年在英国兴起了科学传播运动以后，英国科学促进会找到了自己的新的发展方向，将当前的主要工作集中在"提升公众对于科学的注意和欣赏上"，把自己的任务界定为"促进大不列颠及北爱尔兰联合王国（UK）各地的科学、工程和技术的发展和对它们的理解，阐明和增进它们对于文化、经济和社会生活的贡献"[17]。2009年，英国科学促进会改名为英国科学协会（British Science Association），并定位为"促进大不列颠及北爱尔兰联合王国的公众对科学和工程的理解、获取和问责"[18]。

参考文献

［1］ Brock W H. Advancing science：the British association and the professional practice of science//Macleod R，Collins P. The Parliament of Science：The British Association for the Advancement of Science 1831-1981. London：Science Reviews，1981：90.

［2］ Foote G A. The place of science in the British reform movement 1830-1850. ISIS，1951，42（3）：192-208.

［3］ Charles B. Reflections on the decline of science in England and on some of its causes：with a new appendix of correspondence by Charles Babbage & Peter M. Roget from the philosophical magazine. New York：New York University Press，1989：1.

［4］ Russell C A. Science and Social Change：1700-1900. London：the Macmillan Press Ltd，1983：103-113，137-139，188.

［5］ Brock W H. The decline of science//Brock W H. Science for All：Studies in the History of Victorian Science and Education. Brookfield：Variorum，1996：XV，1-9.

［6］ Morrell J，Thackray A. Gentlemen of Science：Early Years of the British Association for the Advancement of Science. Oxford：Clarendon Press，1981：48，59，76，542，91-93，96.

［7］ Hall M B. All Scientists Now：The Royal Society in the Nineteenth Century. Cambridge：Cambridge University Press，1984：16-62.

［8］ Orange A D. The British association for the advancement of science：the provincial background. Science Studies，1971，1：315-329.

［9］ Orange A D. The idols of the theatre：the British association and its early critics. Annals of Science，1975，32：277-294.

［10］ Morrell J B. Individualism and the structure of British science in 1830. Historical Studies in the Physical Sciences，1971，3：183-204.

［11］ Cannon S F. Science in Culture：The Early Victorian Period. New York：Science and History Publications，1978：183.

［12］ Lightman B. The Dictionary of Nineteenth-Century British Scientists，Vol. 1-4. Bristol：Thoemmes Press，2004：957.

［13］ Orange A D. The origins of the British association for the advancement of science. The British Journal for the History of Science，1972，6（22）：152-176.

［14］ Russell C A. Science and Social Change：1700 -1900. London：the Macmillan

Press Ltd，1983：187.

［15］ Cannon S F. Science in Culture：The Early Victorian Period. New York：Science and History Publications，1978：202.

［16］ Morrell J. Brewster and the early British association for the advancement of science//Morrell J. Science，Culture and Politics in Britain，1750-1870. Aldershot：Ashgate Publishing Limited，1997：XIII，1-10.

［17］ Briggs P. New visions for associations for the advancement of science：a case study//Stocklmayer S M，Gore M M，Bryant C. Science Communication in Theory and Practice. Boston：Kluwer Academic Publishers，2001：191-201.

［18］ British Science Assassination. http：//www. britishscienceassociation. org/web/［2009-10-15］.

第三部
科学评价与科学奖励

学术期刊同行评审的发展、方式及挑战*

同行评审制度起源于17世纪的学术性期刊，是对待发表科学论文的可接受程度和科学发现真实性的评判。该制度实施的主要目的在于判断复杂稿件的学术价值和保证出版物的质量。随着科学事业的建制化和社会化，同行评审已被广泛应用于各种基金评审、项目评审，乃至其他领域的评审活动。同行评审已经成为科学共同体内部进行学术评价的一种常用方法。同行评审的前提是科学家一般具有较高的科学道德水准，然而，当涉及利益冲突情况时，同行评审有时也会失去其公正性。但是，到目前为止还没有找到可以取而代之的更好的学术评价制度。

一、同行评审制度的形成

1665年，科学史上最早的两份科学期刊相隔两个月先后创办，一份是1月5日由法国议院参事戴·萨罗（Denys de Sallo）在巴黎创办的《学者期刊》(*Journal des Scavans*)；另一份是英国伦敦皇家学会的《哲学学报》(*Philosophical Transactions*)，创刊于同年的3月，其目的主要是发展和传播

* 本文作者为刘红、胡新和，原载《中国科技期刊研究》，2005年第16卷第5期，第605～608页。

科学知识。

为了维持期刊的发展，英国伦敦皇家学会秘书亨利·奥登伯格和学会关心此事的其他同事一起，采用各种措施引导科学家为期刊投稿。17 世纪后半叶，为了保证期刊的质量，亨利·奥登伯格开创了将投稿文章送给能够判断其质量的同行专家审查的做法，导致了现代科学期刊同行评审制度的诞生[1]。

在科学期刊诞生之初，科学家十分重视研究成果的保密，以防止研究成果被别人占为己有。由于当时印刷技术的落后和印刷过程的漫长，研究成果被人盗窃几乎是不可避免的。出于保护所有权的考虑，包括牛顿在内的杰出人物对公开发表自己的研究成果都心怀顾虑[1]。

印刷技术的发展为科学精神的要素——“公有化”的实现提供了技术支持，同行评审制度的产生也促使科学家的观念发生转变，即对其研究成果从保密到要求公开发表。皇家学会引导科学家们主动交流其研究成果，即公开成果，由此来换取向他人提供新知识的荣誉性产权；而皇家学会通过记录首次收到稿件的日期，正式确认研究成果发现的优先权等措施，从制度上保证了这一新的规范，使及时发表研究成果成为保护知识产权的重要措施之一。由于相应制度措施的采取，皇家学会和期刊主办者说服了科学家，让他们心甘情愿地公布他们新的研究成果，而不再对研究成果保密或只对其进行有限形式的交流。

17 世纪近代科学的发展，对人们的社会生活产生了影响，科学研究从个人兴趣逐渐发展成为一种职业。在培根“知识就是力量”口号的影响下，人们希望通过科学研究了解和控制自然，科学精神的另一要素——“功利性”日益凸显。科学家们认识到了发表科学论文的重要性：①科学论文可以在科学档案中永久保存；②其研究成果可以得到后人的引用；③有的成果甚至可能成为被世人广泛应用的常识；④就科学家本人而言，通过科学论文的发表能使其研究成果得到同行的承认，体现科学家自身的价值，并达到科学研究的目的。所有这些都成为科学家为科学期刊撰稿的动机。同时，在创办科学期刊的过程中，办刊者意识到，科学家追求发现的知识产权不仅归科学家个人拥有，而且也归国家所有，科学水平代表国家的实力，这也成为办刊者创办科学期刊的动力。在科学期刊的发展过程中，皇家学会制定了严格的出版许可标准，严格筛选出版对象，以维持科学家对期刊的信任；同时，作为科学团体，皇家学会在使自己合法化的过程中，为了确立其权威性，制定了一系列规范措施，对重要的科学研究成果提供证实。那些取得了被证实的科学研究成果的科学家成为权威科学家，他们具有三重角色：皇家学会的成员、《哲学学报》的撰稿人和读者。默顿认为："随着学术团体和学术杂志的相继创办，科学家们开始抓住新的机会，使自己的研究得到其他权威科学家的有相当水准的评价，这种态度和行为模式是同行评议制度的基础。"[2]

一方面，作为科学的"生产者"，科学家关心的是通过发表其研究成果，经科学共同体内部的其他成员作出评价，从而得到承认；另一方面，作为科学成果的"消费者"，科学家关心的是其他人的经过同行评审并有相当水准的成果，能作为自己继续研究的可靠依据。

17 世纪末，编辑角色得到了进一步分化，出现了编辑部和编辑委员会。《学者期刊》于 1702 年规定，编辑部的每一位成员负责一个专门的学术分支，他们每周碰面对选题进行讨论[2]。1752 年伦敦皇家学会为《学者期刊》建立了论文委员会（Committee on Papers)，委员会被授权寻找学会的任何一位与论文学科相关的专家评审论文[3]。科学期刊的编辑角色的出现和科学共同体的同行评审制度的建立，形成了更加制度化的模式，为科学期刊提供了研究成果采用的标准。同行评审制度和编辑委员会这些制度几乎与科学期刊的发展同时形成，时至今日，科学期刊仍然在遵照实行[2]。

默顿学派[2]认为，同行评审制度的作用有如下几个方面。

1）同行评审专家帮助编辑评价稿件，尤其是一些难于取舍的稿件。

2）同行评审除了判断稿件质量这一显著功能之外，匿名评审制度还有一个潜在功能，即保护了很容易查找到的编辑，使编辑免受因稿件被否决而失意的作者的迁怒。

3）同行评审专家常常对论文提出根本性、建设性的修改意见。他们会提醒作者与论文有关的其他文献，使作者避免无意中重复前人的成果。

4）作为其领域的专家，经过他们的推荐发表，事实上证明了论文对科学研究的贡献。

5）对同行评审专家的筛选，像对将要发表的论文筛选一样，也是评审制度的一种功能。

6）同行评审制度为科学共同体提供了一个信念，即科学档案中所记录的东西可能是可靠的。

7）科学日益分化为大量的专门学科和广泛的专业网络，增强了同行评审制度的重要性。

8）当年轻的科学家和学者被认为可以担当评审专家时，对他们而言，这是一种象征性奖励。

9）同行评审制度有助于提高科学交流的质量。由于作者知道其论文会受到同行专家评审，他们在提交论文前会认真地准备，这有利于科学家把高标准内化。

二、同行评审的形式

同行评审制度是当前各种学术性期刊遵循的基本原则。但是同行评审也有其缺陷。同行评审专家可能会受到作者的名气、地位甚至利益冲突的影响，而对稿件的评审出现不公的现象；审稿人可能利用职权将作者的研究工作占为己有；有意通过拖延评审时间，将自己类似的研究成果抢先发表；对不同的语言、种族和性别抱有偏见；对研究内容抱有主观性看法等[4]。

（一）学术期刊中常用的几种同行评审

单向匿名评审制、双向匿名评审制、开放式评审制是目前各种学术期刊评审中使用最为普遍的方法，研究者们对其利弊也进行过很多分析[5~7]。

1. 单向匿名评审

这是目前国际上使用最普遍的一种评审形式，是将同行评审专家的信息对投稿人保密，目的在于让同行评审专家能安心地保证评审质量。

美国著名科学社会学大师默顿[2]根据 1948～1956 年的 9 年中，美国知名学术期刊《物理学评论》的档案，系统地研究了编辑和评议人所作决定的方式。《物理学评论》的评审方式就是我们熟知的单向匿名评审制，得到的结论是《物理学评论》所运用的同行评审标准是严格的。在整个评审过程中，评审是公正的，多位评审专家意见具有一致性，评审结果与参与评审的科学家的地位、权威无关。同时，默顿也发现评审人有由于利益冲突，有意压制稿件发表的可能。

在这种评审过程中，只有编辑、评审人参与其中，了解是否出现评审不公的现象。作者只被告知结论式评审结果，这种形式对作者似乎是不公平的。同时，评审时间过长、费用偏高、易于形成学术垄断等都是其弊端。

2. 双向匿名评审

就是将同行评审专家的信息对投稿人保密的同时，也将投稿人的名字从稿件中隐去，以求审稿者不受作者的名气、地位或个人恩怨所影响，保证在评审过程中，以学术质量为唯一标准，以达到评审的公正。

默顿对此也有研究，他认为，“双向匿名评审不一定能达到倡导者最初的意图。即使采用双向匿名审稿，同行审稿人也能通过研究内容及写作方式知道结果从哪里来，由谁完成或者受到什么人的指导。因此，去掉作者的名字和所属研究机构并不能使稿件达到匿名化”[2]。

对评审专家而言，他们希望通过作者的研究背景，帮助对评审稿件质量作出准确判断。这种想法和潜意识的作用是不可避免的。同时，双向匿名式使评审专家产生编辑部对其不信任的想法。因此，评审专家不希望采取该种方式，双向匿名评审制并未被广泛采纳。

3. 开放式评审

开放式评审是将作者和审稿人的背景向双方公开。其目的是加大评审过程的透明度。作者对该种评审方式抱有最大的期望。事实上，这种方式也不能保证评审的公正性，它不能保证评审人不受作者的名气、地位或个人恩怨所影响。由于在科学共同体内部科学家不仅是撰稿人同时也是审稿人，对会受到报复的担心是开放式评审所不能回避的。

《英国医学杂志》（BMJ）从 1999 年起开始采用开放式评审，作者和审稿人相互了解对方的背景。该方法要求审稿人在他们的审稿报告上签名和注明他们在哪里工作。编辑部也请作者提供与他们工作有关的审稿人。但是该方法并不是让作者可以与评审人直接联系，讨论评审报告，整个过程必须通过编辑部。在出版物中，每篇论文的最后都有审稿人的姓名。*BMJ* 采取该种评审方法的目的是避免匿名评审中的弊端，使审稿过程成为一种科学讨论，而不是结论式判决。在实施中，也有同行专家申明，如果采用开放式形式，他们将不参与评审[8]。

（二）一种新的评审方法——交互式评审方法

随着科学技术的进步，网络化给科技期刊带来了更多更快的发展空间，使知识的传播得以进一步加快。同行评审过程通过网上实施已成为现实。这里我们介绍一种与传统评审方式不同，而是利用网络技术完善审稿过程，保证期刊质量，缩短出版周期的新的交互式评审过程。

首先推出这种评审方式的是由欧洲大气科学联合会主办的《大气化学与物理》（*Atmospheric Chemistry and Physics*，ACP）[9]。ACP 是一种交互式的科学期刊，它的同行评审和出版过程不同于传统的科学期刊，在以正式版本发表在 ACP 的印刷版、CD 版和永久存放在档案里以前，他们利用“大气化学与物理讨论”（Atmospheric Chemistry and Physics Discussions，ACPD）论坛，在网上进行科学讨论。这种讨论充分利用网络的潜力鼓励科学讨论，以提高论文质量，加快科学论文的发表速度。

交互式评审包括以下两个阶段。

1）作者的投稿经编辑部初步审定后，请同行专家评审。最初的同行评审保证了发表在 ACPD 上的论文的科学质量和技术质量。

2）对发表在 ACPD 上的论文，由审稿专家、作者和科学团体成员共同参加交互式讨论和公共评论，所提意见经编辑对其中具有人身攻击或过激的言论进行过滤后也提交到网上。通过交互式讨论和公共评论，作者可以不断地修改和完善原稿，以提升和保证在 ACP 发表的论文的质量。

这种方式突破了传统的封闭式的同行评审。即使没有收到科学团体成员提出的意见，也保证了传统意义上同行评审的完整性，这种透明的方法保证了在 ACP 上发表论文的质量。

该种评审方式的倡导者认为，该形式可以避免审稿人的暗箱操作，加快论文的发表周期。也有专家认为[4]，该种方法只适合部分期刊，由于在稿件的快速移动中存在剽窃的可能，在高竞争领域不适合使用这种方式。

三、同行评审的挑战

（一）未经同行评审的案例

虽然同行评审是评价研究成果的基本方法之一，但是也有例外。在科学史上，并非所有的具有重大意义的和划时代的研究成果都必须通过同行评审才公开发表[10]。

1951年《自然》（*Nature*）发表了沃森（Watson）和克里克（Crick）有关DNA结构的论文，该论文没有送出去进行同行评审。编辑约翰·马多克斯（John Maddox）说："沃森和克里克的文章没有通过同行评审，该文可以不通过评审，他的正确性是不证自明的。"[11]

1905年著名的德文期刊《物理学年刊》（*Annalen der Physik*）发表了爱因斯坦的4篇包括狭义相对论和光电效应的非凡论文。当时《物理学年刊》的主编马克斯·普朗克（Max Planck）认识到这种新奇观点的重要价值而发表了这些论文，爱因斯坦的论文没有一份发给评审人。出版的决定是由主编普朗克和联合编辑威廉·维恩（Wilhelm Wien）专门作出的，这两位无疑是同行，他们后来都获得过诺贝尔物理学奖，当时的出版政策允许作者在发表过一篇论文以后有言论自由的权利，对一种新观点，评审中提不出否定意见就可以发表。事实上，近年来的评审过程显示，对一个新观点的反对意见比赞同意见更多[12]。

（二）电子预印本文献库

网络技术的发展为科技论文的发表提供了多样化的发表平台，为了满足作者尽快地发表自己的研究成果和与同行进行交流的需要，预印本数据库出现了。预印本[13]（preprint）是指科研工作者的研究成果还未在正式出版物上发表，而出于和同行交流目的自愿先在学术会议上或通过互联网发布的科研论文、科技报告等文章。与期刊发表的文章及网页发布的文章比，预印本具有交流速度快、利于学术争鸣、可靠性高的特点。

电子预印本文献库—arXiv.org（formerly xxx.lanl.gov）[14,15] 于 1991 年 8 月启用，是由美国国家科学基金会和美国能源部资助，在美国洛斯阿拉莫斯（Los Alamos）国家实验室建立的，2001 年后转由康奈尔大学进行维护和管理，是私有的非营利的教育机构。该预印本资料库由金斯帕（Ginsparg）发起，旨在促进科学研究成果的交流与共享。

电子预印本文献库是一个研究论文的存档和发送的完全自动化的电子印刷服务器。arXiv 数据库所刊载的内容遵从康奈尔大学的学术标准，覆盖的领域包括物理学及相关学科、数学、非线性科学、计算机科学和定量生物学[14]。研究者按照一定的格式将论文进行排版后，通过网络、邮件等方式，按学科类别上传至相应的库中。要说明的是，送入预印本库中的论文是不经过任何审核的，也没有任何先决条件决定某一论文能否送入 e-print arXiv 数据库中，实际上这是默认了文责自负的原则。收入该库的论文可以受到同行随时随地的评论，论文作者也可以对这种评论进行反驳。论文作者在将论文提交 e-print arXiv 数据库的同时，也可以将论文提交学术期刊正式发表，论文一旦在某种期刊上发表，在 e-print arXiv 数据库相应的论文记录中将会加入文献正式发表期刊的卷期信息[13]。

使用者可以通过网络或者电子函件给系统发指令，从数据库获得论文。作者通过网络提交研究论文，他们也可以选择修改论文，原版本仍然保留有效。使用者也可以注册自动获取他们感兴趣的领域的文章目录。这些目录通过电子函件发送给使用者，在浏览新稿件和阅览旧稿件时还需使用万维网界面[14]。

e-print arXiv 数据库对加快科学研究成果的交流与共享，帮助研究者追踪本学科的最新研究进展，避免研究工作的重复等方面都大有裨益，对科学研究者有很高的参考价值。

该数据库自创办以来，受到全世界相关领域科学家的广泛关注。到 2004 年，先后在韩国、德国、中国台湾、以色列、巴西、西班牙、日本、俄罗斯、澳大利亚、印度、美国的大学和有关物理研究机构开辟了镜像点。1997 年 9 月 9 日，数据库为中国读者在北京的中国科学院理论物理研究所开辟了新的镜像点——http://xxx.itp.ac.cn[16]。

目前，我国也有相应的中国预印本服务系统。该系统由中国科技信息研究所与国家科技图书文献中心联合建设，以提供预印本文献资源服务为宗旨，已于2004年3月15日正式开通服务。该系统明确规定[13]：系统收录的预印本内容主要是国内科研工作者自由提交的科技文章，一般只限于学术性文章。科技新闻和政策性文章等非学术性内容不在收录范围之内。系统的收录范围按学科分为五大类：自然科学，农业科学，医药科学，工程与技术科，图书馆、情报与文献学等。中国预印本服务系统只对上传文章进行粗略的审核，系统会删除非法，有害，淫秽，胁迫、骚扰、中伤、诽谤他人，侵害他人隐私或诋毁他人名誉或商誉，种族歧视或其他不适当的信息，以及其他与学术讨论无关的内容。该系统不对文章进行学术审核，文章仅仅代表作者个人的观点，不代表中国预印本服务系统的观点。中国预印本服务系统完全按照文责自负的原则进行管理。系统不拥有文章的任何版权或承担任何责任，在系统中存储的文章，作者可以自行以任何方式在其他载体上发表。中国预印本服务系统鼓励作者将预印本文章投递至传统期刊发表，一旦文章在传统期刊上发表，作者可以在预印本系统中修改该文章的发表状态，标明发表期刊的刊名和期号，以方便读者查找。

四、结　束　语

学术期刊与同行评审是科学研究发展的必然产物。高水平的学术期刊是进行正常科学交流的保障，客观、公正、高效的评审制度是保证学术期刊质量的前提。对评审制度利弊的讨论一直在科学共同体中进行。为了避免同行评审的缺陷，人们一直在不断寻求新的、更加合理的评审方式。无论是传统的同行评审，还是交互式评审，乃至于电子预印本文献库都在保证出版物质量和加快出版速度上起到重要作用，推动和影响着同行评审制度的发展。

同行评审问题是一个世界性难题，中国的学术期刊同样面临这个问题。同行评审的过程涉及社会环境、伦理道德、行为规范、心理动机、科技政策等各个方面。网络化为同行评审方式多样化和评审速度的提高提供了技术支持。学术期刊要真正达到其传播科学知识的目的，保证其权威性和公正性，对社会的可持续发展发挥作用，还需要加强其各个环节的制度化建设。我们希望通过对同行评审制度发展过程的梳理，让大家了解其发展历史和重要性，更加合理地利用同行评审制度，趋利避害，以推动我国学术期刊总体水平的提升。

参考文献

[1] 美国科学院，美国工程科学院，美国医学科学院，等．怎样当一位科学家——科学研究中的负责行为．何传启译．北京：科学出版社，1996.

[2] 默顿 R K. 科学社会学（下册）. 鲁旭东，林聚任译．北京：商务印书馆，2003.

[3] Rennie D. Editorial Peer review：its development and rationale. http：//bmj. bmjjournals. com/advice/peer-review/rennie. pdf [2004-11-11].

[4] Gura T. Peer review unmasked. Nature，2002，416：258-260.

[5] 杨丽君．关于审稿制度的思考．中国科技期刊研究，2003，14（1）：87-89.

[6] 包雅琳，钱寿初．网上公开审稿：审稿机制的改革．中国科技期刊研究，2001，12（1）：44-46.

[7] 江星．论非理性因素对科技期刊专家审稿的影响．编辑学报，2004，16（4）：245，246.

[8] Smith R. Open up BMJ peer review：a beginning that should lead to complete trans pareney. Editorial，British Medical Journal，1999，318：4-5.

[9] ACP Executive Editors. Atmospheric chemistry and physics（ACP）. http：//www. atmospheric-chemistry-and-physics. net/home. html [2012-09-09].

[10] Wikipedia. Peer review. http：//en. wikipedia. org/wiki/peer-review [2004-11-11].

[11] Maddox J. How genius can smooth the road to publication. Nature，2003，426：119.

[12] Editorials. Coping with peer rejection. Nature，2003，425：645.

[13] 中国科学技术信息研究所．中国预印本服务系统．http：//prep. istic. oc. cn [2004-11-11].

[14] arXiv. About arXiv. http：//xxx. lanl. gov [2004-11-11].

[15] 清华大学图书馆．e-Print arXiv 预印本文献库．http：//www. lib. tsinghua. edu. en/NEW/e-print. htm [2004-11-11].

[16] Cornell University Library. What's been new on the arXiv. org e-print archives. http：//fr. arxiv. org/new/ [2004-11-11].

王选与科技体制中的马太效应*

王选是我国杰出的科学家。王选团队开发出激光照排系统，使中国的印刷事业一举进入世界前沿，这是改革开放30年来，我国在具有自主知识产权的原始创新方面取得的一个里程碑式的成就。王选坚持不断创新，不断完善，并从开发、中试、商品化到产业化，这是国家重点工程中不多见的。然而，任何一项先进技术总有被升级换代或者淘汰的时候，这是科学技术的发展规律，而思想则比有形物体存在的时间更为久远。从这个意义上说，作为科学家的王选在晚年时对科研体制存在问题的诊断，恰恰是留给我们的最宝贵的财富，它的价值丝毫不逊色于激光照排技术，这些真知灼见具有一种穿透时空的永恒特性。对这些思想的分析与挖掘，对中国科技体制的健康发展及人才的成长具有重要的启示。本文尝试探讨两个问题：其一，王选式自嘲的实质与马太效应的利弊；其二，王选对马太效应的挑战，以及新的科技管理体制的可能结构安排。

一、王选式自嘲的深刻内涵

王选晚年曾在多个场合说过这样的话："很有趣的一点是，在我年轻的

---

* 本文作者为徐立，原载《自然辩证法研究》，2011年第27卷第8期，第71～76页。

时候，没有得到承认，是小人物。一到60岁，忽然成了权威了。我发现人们把时态搞错了，明明是过去时，搞成了现在时，甚至以为是能主导将来方向的将来时。这是很大的误会。"[1]王选这段话深刻揭示了时下科技界存在的三个大问题：其一，承认机制的扭曲。当一个科技工作者年轻时，工作在科研的第一线，但那时他是一个小人物，无法得到客观、公正的承认；其二，荣誉分配的时态性错置；其三，迷信的教条主义（把迷信搞成教条，这是比二者单独存在时更为糟糕的情况）；王选曾在多次讲话中自嘲："我是一个曾经作出过贡献，今天高峰已过，赶不上新技术发展的计算机专家。"[1]王选的这两段话以犀利的语言生动地刻画了科技界的"生态幻象"，而王选所揭示的问题恰恰是影响科技共同体健康运行的基础条件，在此，我们姑且称之为"王选之矛"。

王选的真诚与坦率、良知与勇气，使"王选之矛"无比锋利。王选的言说，真实地反映了科技界的运行状况、科技界的老人垄断，以及荣誉分配的时态性错置，已经严重制约了中国科技事业的健康发展，在制度层面抑制了创新的发展空间。

在科学王国里，获得承认一直是推动共同体成员进行科学研究的那只"看不见的手"。李醒民在一篇文章中指出："在科学共同体内，承认是科学王国的唯一硬通货，荣誉是科学劳作的最大报偿。"[2]在大科学时代，承认机制已经上升为一种制度化行为。没有一个科学家可以无视承认机制的作用，对此美国科学社会学家默顿曾说过："一旦把这种对承认和尊重的制度性重视当做科学家对自己的发现的唯一财产要求，那么对科学优先权的关注也就成为一个正常的反应了。"[3]默顿的分析体现了结构功能主义的传统思路，对科学界围绕承认展开的竞争给出了一种社会学的分析，这种视角对我们理解科学共同体的行为有很好的启发作用。

然而，默顿的视角是有局限的。从培根时代开始，我们就知道：知识就是力量，获得知识或者发现知识都是一种力量的显现。问题是如果仅限于此，那么力量的展现就是模糊的。何谓有力量？在当今时代，科学不仅仅是一种社会建制，它还是一种权力形式，所以法国哲学家福柯说："知识就是权力。"如果我们看到知识具有权力这个维度，那么，重新审视科学的承认机制就会获得一种全新的认识。承认与主体的行动状态有关，如果承认机制被扭曲，那么就会在共同体内部形成冲突，而冲突就会造成主体前进力量的分散。对此，德国哲学家阿克塞尔·霍耐特认为："只有当一个主体自我实现的特殊方式被全体互动伙伴当做对共同体的积极贡献来承认时，他才认为自己是独一无二和无法取代的个人。就这种情况来说，一个行为者在实践上的自我理解，即他的'客我'才得以完善地建构出来，以至于他与共同体成员不仅共有道德规范，而且共有伦理目标。"[4]由此可见，承认与自我实现有关，只有得到承认，相应的责任和权力才是明确的。一旦承认扭曲，不可避免地对当事者造成一种漠视或者蔑视。由于专家系统的广泛存在，对那些无名同行的工作，尤其是具有新意的工作，大多数情况下不是被漠视，而是被蔑视，蔑视是科学界冲突与斗争的一种主要形式。导致这种冲突的原因很多，李侠认为主要有如下三个因素："意识形态因素、经济因素与荣誉的争夺。"[5]这三个因素中最为常见的是后两者。由于时下中国科技投入的水平与发达国家相比还有很大差距（研发经费占 GDP 的比例一直处于 1.5% 以下，远低于世界主要发达国家平均 2.0% 的比率），造成科技资源总量远远满足不了科技发展的需要，这种由于资源稀缺性导致的硬性约束，直接加剧了科技界承认机制扭曲的现状。所以僧多粥少的局面，导致承认机制被扭曲为蔑视或者推迟承认，这种状况已经严重制约了我国年轻一代科技人员的热情。

正如王选多次提到的："年轻的时候我在第一线，看外国文献看得很多，干活干得很多。当时比我更权威的一些人，有时就来指挥我，说你这该怎么做，那该怎么做，其实他确实不太懂，文献看得也不如我多，在第一线干活更不如我多。好在我往往能说服别人，按照正确的方向做。有时碰到对方对我不太了解，我不便去说服，我就采取'阳奉阴违'的态度，一到具体的技术问题，他也不太懂，我还是按自己认为正确的想法做。"[1]相信这个场景对在科学共同体内的成员来说大都不会太陌生，王选这段话仔细分析起来至少包含三层意思：其一，感叹无名者的真实处境总是这样无奈；其二，一些权威在自己不完全懂的情况下喜欢指挥别人；其三，为了防止干扰及取得预期的成功，采取一些非正常手段是必要的。

抛开第一点针对研究者个人的处境与情绪不谈，后两点恰恰是科学社会学研究中一直被忽视的领域。基于这种理解，权威喜欢瞎指挥的深层原因在于恐惧，恐惧由知识的缺失带来的权力的丧失。在科学场域内，由知识衍生出来的权力是以权威的形式来表征的，而权威的作用机制在于让下一级人员服从于这些表征所暗含的一种安排的合法性。一旦权威坦率地承认自己对这个问题的无知，那么由这些知识引发的权力也自然发生转移，从权威那里转移到下一级那里，如果任由这种状况发展，很有可能让早先的权威在科学界的分层中沦落到下一层级。这样一来，由权力暗含的资源占有和荣誉的分配，也自然会被分解到下一级科研人员那里，这是任何权威都无法接受的。正如德国哲学家尼克拉斯·卢曼所说："所有权力的一个基本前提是，与掌握权力的他人选择相关而存在的不确定性。当他实施自己的选择时，他可以生产和排除他伙伴方的不确定性。这种经由不确定性的生产和减少而产生的偏离，是权力的绝对优先条件。"[6]至此，我们就可以初步了解那些身居高位的权威喜欢在比自己地位低的人面前指手画脚的原因了：对权力丧失的恐惧。

至此，我们还可以推论：如果一个级别比较低的人对权威指手画脚将会有什么结果呢（假设这个级别低的人的观点是正确的）？显然，有两种情况发生，其一，如果理解了级别低者的思路，并认同其观点，权威会有三种可能的选择：①表示很感谢，并承诺与其共同分享未来的荣誉；②佯装自己早已了解这种情况，无需级别低者的介入；③用蔑视表示不予理睬，这种情况对级别低者来说，不是最坏的结局。这三种可能性中最糟糕的情况不过是被权威私吞自己的思想而已，不过他也真正引起了权威的注意，暗中承认其能力，其潜在价值不可估量（遏制与扶持）。其二，也是最麻烦的情况，如果级别低者指手画脚的观点是错误的，那么他将面临严重的承认危机，甚至从业资格被否定，其成本之大有时是级别低者所无法承担的。所以，我们在科学场域内很少看到级别低者对权威随意指手画脚，因为从经济学上讲，一个鲁莽的指手画脚行为是极度不划算的，除了被认为有无礼冒犯的道德指责，更有权威对其未来选择权的掣肘，尤其是在中国这样的一个以儒家传统为主导的社会里，这种可能后果更让人畏惧。客观地说，这种文化与认知模式严重制约了中国科技创新的活力。

至于针对权威瞎指挥的行为采用一些必要的技术手段，恰恰是对专家与自己的双向保护。通过一些手段，尽量降低自己可能承担的风险，这实在是没有办法的办法。王选所说的“阳奉阴违”就是这样的一种被迫选择。试想如果直接否定权威，就等于否定了权威的权力，权威为了捍卫自己的权力，必然会作出一些掣肘的事情，反而耽误了正事的进程。喜欢瞎指挥的人，往往是那些权力基础不牢固的人。他们幻想通过瞎指挥来捍卫自己的权威，结果往往适得其反。当年那些竭尽全力反对爱因斯坦相对论的权威们，不也多多少少怀有这种恐惧的情结吗?

“王选之矛”的第二层刀锋，就是关于荣誉分配的时态性错置。这个问题涉及科技奖励系统的滞后性现象。客观地说，对科技奖励的滞后性，把科技活动的成果置于时间性维度中，这样做有助于避免或者减少错误，从一定意义上保证了科学成果的质量。所以诺贝尔奖大多奖励 10～20 年前的成果，其初衷也在于尽量避免差错，以防出现丑闻。这种荣誉分配的滞后性机制对科技发展来说具有重要保护作用。如果没有这套机制，将会造成奖励系统的崩溃，因为任何没有经过时间检验的贸然出现的成果都有可能是错误的，一旦这些错误的成果没有得到正确的甄别，那么整个社会对科学成果的认同机制将无法建立起来，进而摧毁整个科技事业。因此，科技成果鉴别的适当滞后性，是有利于科技发展的。

科技成果鉴别的滞后性是荣誉分配滞后性的基础。如何鉴别科技成果是一项复杂的工程，至今也没有发明出一种一劳永逸的办法。它的难点之一在于如何有效地避免社会因素对成果鉴别的干扰，目前尚没有更好的办法，相对来说，用时间作为成果的鉴别手段，可以最大限度避免人为因素的影响。正如美国总统林肯所说，“你可以在某一时间欺骗所有的人，但你不能在所有的时间欺骗所有的人”。在这里，时间把一些干扰因素无情地过滤了，所以康德曾说:“时间与空间对人来说是先验的。”但是，也毋庸置疑，荣誉分配的这种滞后性，也暗含一些风险，它的过于保守性，有可能扼杀科技发展中的创新性要素。在当今这个大科学时代，人、财、物的支持是科技发展的血液。一个创新想法，如果不能及时得到承认，那么完全有可能得不到任何资助，也招不来合适的人才，这种滞后性所具有的保守性可以轻易扼杀一个伟大的构想。

因此，对荣誉分配的时态错置性应该有一个正确的认识。完全遵照滞后性的评价准则，将造成科技整体创新乏力，共同体观念日趋保守，尤其是在各种科技资源来源渠道极度单一化的背景下，情况就更是如此。这样画地为牢，就等于人为地抑制科技创新的进程，不利于科技事业的健康发展。同样，如果完全放弃这种时态错置性原则，也会造成更严重的后果，并从总体上威胁科技事业的根基。一切求新，并马上给予承认，表面上看来加快了科技发展的速度，实则是在快速消耗科技成果的社会认同。如果整个社会丧失了对科技成果的信心，不说别的，仅从预算的拨付上就能直接危及科技建制链条的安全运行。因此，对荣誉分配的时态错置性，要有一种正确的态度，不能走极端。正确的做法应该是，既尊重荣誉分配中必要的滞后性要求，又积极开发先进的评价系统，使有巨大前途的科技观念不至于流失或者被扼杀。因此，对荣誉分配采取一种折中的办法是合理的，兼顾了两者的优点，同时又避免了两者存在的缺陷。客观地说，中国目前的荣誉分配体系完全锁定在成果评价的滞后性机制上，这样就不可避免地限制了中国科技发展的活力，"王选之矛"的第二层刀锋的意义也正在于此。

"王选之矛"的第三层刀锋直指迷信的教条主义。所谓迷信（superstition)，一般是指："一种不是基于理性、知识与经验的轻信的信念或者观念。"[7]对迷信的产生，行为主义心理学家斯金纳曾通过鸽子的实验，给出一种心理学解释，即所谓的强化程序（reinforcement schedule)，通过这种模式能够把一种认知固定下来，迷信就是这样产生的。尽管斯金纳的理论遭到很多心理学家的质疑，但是强化程序概念还是得到了普遍的认同。从这个意义上说，迷信就是一种没有根据的轻信，并被无限次地重复。所谓的教条主义是指，不对具体事物进行调查研究，只是生搬硬套现成本本、概念来处理问题的思想方式。它的特点是把书本、理论当教条，思想僵化，一切从定义、公式出发，而不从实际出发。这两种认知方式都是实际工作中产生错误的主要根源。从人自身来说，维持迷信的基础在于人类对自身存在的恐惧与向往的被动克服，一旦这种信念被固化，两者联合起来，那么就出现本文所说的迷信的教条主义的危害，它的危害要比单纯的迷信或者教条主义更为严重。王选对权威的批判正是基于人们普遍存在的这种迷信的教条主义而发的，这种批判借助对时态的错置性的批判，得到了双向的加强。

通过上述分析，可以清晰地勾勒出"王选之矛"的结构与内涵，并展示出它的无比锋利性。这是一个曾经长期战斗在一线的科学家对自己亲身经历及所见所闻的真实概括。但是王选毕竟是一名科学家而不是社会学家，他还无法把自己的观点提升到更高的理论高度，从而无法获得更大的对实践的指导能力。从这个意义上说，通过“王选之矛”，能否对科技界的一些老大难问题给出新的破解之道，恰是“王选之矛”急需开刃的关键。基于这种思路，本文尝试利用“王选之矛”破解科技界的马太效应。

二、“王选之矛”与马太效应之盾

马太效应（The Matthew Effect）本是《圣经》里的一个故事，大意如下。《圣经·马太福音》第25章有这样几句话：“凡有的，还要加给他叫他多余；没有的，连他所有的也要夺过来。”这就是人们熟知的马太效应的最初来源。而指出科技界存在马太效应的是美国科学社会学家罗伯特·K. 默顿（Robert King Merton，1910～2003）。默顿于1968年首次在《科学》杂志上发表了《科学中的马太效应：关于科学奖励与交流系统的思考》一文，揭示了科学界中马太效应现象是普遍存在的。

这篇文章的基础来自作者与社会学家朱克曼（Harriet Zuckerman）关于美国诺贝尔奖获得者的谈话。按照默顿的说法：“这篇文章发展了一种方法的概念，通过它，确定的心理过程影响对科学家的奖励的分配，根据他们的贡献，通过科学的交流网络，这种分配依次影响了观念与发现的分配。”[8]在这篇文章中，默顿从三个方面分别论述了科学界存在的马太效应现象：奖励系统与第41把交椅（法国科学院只设立40个席位）、马太效应在奖励系统、马太效应在交流系统。他还尝试分析了马太效应产生的社会学与心理学的基础，最后利用马太效应分析了科学资源的分配问题。可以说，正是这篇经典文章，以严谨的论证与翔实的资料揭示出科学界确实存在马太效应，从此引发了人们对科技界马太效应问题的关注。

20年后，即1988年，默顿在著名的科学史杂志*ISIS*上发表了第二篇关于马太效应的文章，题目为“科学中的马太效应Ⅱ：积累优势与知识产权的象征”。在该文中，默顿探讨了如下问题：“积累优势（accumulation of advantage）对科学家的利弊影响，在科学机构之间及在年轻人中间积累优势对自我实现语言的影响，并探讨补偿过程的机制，以及科学中知识产权问题的符号标志。"[9]通过这两篇经典论文，默顿深刻地揭示了科技界中普遍存在的马太效应，以及它所带来的诸多影响。

马太效应是科技发展到一定阶段的自发结果，如果我们承认默顿对累积效应的分析，那么可以推出马太效应的产生与大众的社会心理有关。大众之所以认同马太效应，与优势积累的时间维度有关。毕竟优势的积累是在漫长的时间中完成的，而时间对优势积累具有两重作用：一则通过时间来检验与鉴别优势的真伪；再则，优势的累积是时间的函数，离开了时间，也就无从谈起累积优势。但是这种心理将导致科技领域资源与荣誉的高度集中，此时，从经济学意义上来说，无法回避边际效用递减的约束及效率降低的现实。

目前普遍认为[9]马太效应造成了科技界对已有相当声誉的科学家作出的贡献给予的荣誉越来越多，而对那些尚未出名的科学家则不肯承认他们的成绩的现象。对科技机构来讲也是如此，通俗地讲就是强者恒强、弱者恒弱的赢者通吃的局面。从这个意义上说，马太效应已经严重制约了科技事业的健康发展，毕竟科技资源及各类荣誉的稀缺性，势必要求打破垄断及高度集中化的现状。因此，寻找破解马太效应的措施已成为当今世界各国科技管理部门密切关注的问题。在给出具体的破解路径之前，我们还需要探讨，在马太效应控制的科学场域内，科技共同体成员的行为类型。只有把这个问题梳理清楚了，寻找破解之路才不至于沦落为一种简单的利益与荣誉之争，而是一种拯救科学事业的伟大行为。

按照结构功能主义社会学的主要观点，任何场域都是有一定结构的，而一定的结构必将影响场域内人的行为方式，对科学场域来说，马太效应的结构同样规范着共同体成员的行为类型。默顿在分析越轨行为时曾指出，"在社会和文化结构的诸要素中，有两个方面是最重要的：一是文化上的明确目标，二是社会结构所限定的达到这些目标的合法方式。为了达到这些目标，每个社会群体都把自己所期望的目标与道德容许的或传统的标准相联系"[10]。显然在马太效应主导下的科学场域内，共同体个体的目标与社会结构所限定的合法化方法之间存在背离。

在这种背景下，共同体成员的选择只有三种：接受、拒绝与提出新的目标和标准，基于这种分析，共同体成员的行为主要有以下五种类型：①遵从

(conformity，对目标与制度化手段都接受)；②创新（innovation，接受目标，拒绝手段)；③仪式主义（ritualism，拒绝目标，接受手段)；④隐退主义(retreatism，拒绝目标，也拒绝手段)；⑤反叛（rebellion，建立新目标与新手段)。这种社会结构与共同体越轨行为的结构化分析模式源自默顿在1938年开始的对文化、结构与失范关系的分析。

借用这个模型，我们来考察一下马太效应主导下的科学场域的结构对共同体行为的一些深入分析。如果说获得科学界的承认（暗含荣誉与资源的获得）是科学场域内的主要文化目标，那么，其手段就是累积优势。此时，我们可以通过观察推导出如下两种情形：遵从与退隐主义的群体相对于创新模式与仪式主义模式要少很多。遵从者往往是科学场域内的马太效应得益者，这部分人比较少，他们当然认同这种文化目标与制度化手段。而同样人数比较少的退隐主义者则是因为对科学场域内的目标与手段都不认同，曾经失败过，已经心灰意冷的一群人。他们无力改变现状，因此选择了退出。总之，这两类行为在共同体成员中都是少数。

相对来说，创新行为模式与仪式主义者却比较多，不过两者形成的原因完全相反，创新者承认科学场域内的文化目标，但不满意于通过累积优势手段来实现。所以，这群人选择了对手段进行创新的行为模式（一些政策批评者多是如此)，这也是打破马太效应的主力军。而仪式主义者则根本不认同(或者不关心科学场域内的文化目标)，他们只是接受现成的手段而已（官僚多是如此)。至于反叛行为，则是很少发生的现象，一旦发生，多出现在科学危机时期，此时原有范式出现严重危机，由范式主导的文化目标出现替换迹象，手段也随之改变。在常规科学时期，打破马太效应的行为应该集中在创新行为战胜仪式主义行为上，否则，将无法攻破马太效应的铁盾。

现在面临的一个更为深入的问题是，在科学场域内，共同体行为的微观基础是什么？众所周知，默顿理论是中层理论，那是对帕森斯理论的修正，它针对的是群体行为。那么个体行为在马太效应的结构控制下将出现怎样的变化？这种变化直接决定了打破马太效应铁盾的微观基础。

对此，我们需要借用法国社会学家布尔迪厄（Pierre Bourdieu，1930～2002）的场域、习性与资本的理论来进行分析。这是来自个体层面的意向性分析，它与结构有关系。按照布尔迪厄的观点："在这个空间里，生产、再生产或传播艺术、文学、科学的人员被安插在里面。这个空间就是跟其他空间一样的社会世界，它服从着一些或多或少有点特别的社会法则。这就是场域的概念，指的就是那种相对自主的空间，那种具有自身法则的小世界。作为一个小世界，尽管它服从于某些社会法则，但是并没有一致性。……科学场域，就是一个力量之场，一个为保存或改变这种力量之场的较量之场。一般来说，这种结构取决于科学资本在一定时期的资本分配。"[11]从布尔迪厄对科学场域的阐释中，我们应该能够感受到在场域内，个体的行为受到了严格的规训与制约，这里生产着知识，也生产着各种社会关系及资本交换的汇率。这个过程形成了个体的基于场域结构的习性，而习性反过来又建构与维护场域的再生产。从功能角度来说，科学场域生产与再生产的主要产品与资源就是文化资本。从这个意义上说，每个场域都是资本以特殊方式形成的地方。按照布尔迪厄的说法，"科学场域中存在着两种权力形式，它们与两种科学资本是一致的：一方面，是人们所称的'世俗权力'（或称政治权力），这是一种制度的或制度化的权力。这种权力与科学机构、实验室或行政部门的领导层，以及各种分委会和评审委员会等的下属机构所占据的优势位置是紧密联系在一起的。这种权力与作用于生产资料（合同、声誉、岗位等）及再生产资料（任命权和任职权）的权力也是紧密联系在一起的。另一方面，它是一种特殊的权力，一种或多或少独立于制度化的权力的个人'声望'。这种个人声望，几乎完全建立在所有同行或他们中最神圣的那一部分人认可基础之上的"[11]。如果在科学场域中存在两种资本的说法成立的话，那么可以用它来解释科学场域中的马太效应现象。

功成名就者通过自身积累起来的优势，在科学场域内处于一个有利的位置。在这里，他拥有了超额的文化资本及政治资本（资源的分配与评审权等），通过这些资本可以在科学场域内进行一定汇率下的兑换，比如文化资本按照一定的汇率兑换成经济资本，这个过程就是马太效应的实质。问题是，在一个学术规范比较严格的区域内，科学场域内各类资本的随意兑换是有难度的，那么在常规状态下，学术资本以何种面目出现？除了可见的资历与成就外，它还以另外一种方式存在，借此展示学术资本中不可见部分，这就是象征资本（symbolic capital）。布尔迪厄指出："在一种以拒绝承认经济实践之客观真实性，亦即以拒绝承认赤裸裸的利害关系和自私打算法则为特征的经济中，经济资本本身若要发挥作用，只有使自己得到承认，而要做到这一点，就要经受一种能使其真正的效率原则变得难以辨认的再适应。象征资本就是这一被否认的资本，它被承认是合法的，也就是说人们不知道，象征资本在经济资本不被承认的情况下，可能与宗教资本一起组成唯一可能的积累形式。"[12]

从这个意义上说，科学场域内的马太效应在学术规范比较健全的氛围下，多以象征资本的形式呈现，这些象征资本多以声望、荣誉、赞誉与注意等形式存在。当这些象征资本积累优势越来越大的时候，就不可避免地出现象征性暴力（symbolic violence），处于弱势者经常不得不屈服于这些象征资本，这又进一步加大了马太效应造成的群体的分裂现象。按照布尔迪厄的说法，象征性暴力比物理暴力对一个人的伤害还要大。其实，这点很好理解，物理伤害是外在的容易恢复，而象征性暴力却是内在地强加于对方，在弱势者没有改变处境前，这种强迫性是一直存在的，并构成弱势者不得不接受的环境。

至此，我们可以看出，默顿从社会学的视角描述了作为特殊社会建制的科学共同体中存在的一种痼疾：马太效应。该分析把一种被普遍忽视的现象彻底展现出来，这是默顿对科学社会学的重大贡献，但是，他没有给出形成这种现象的更为本质的原因分析。布尔迪厄则从科学场域中资本的形成与交换的角度揭示产生这种状况的原因，探讨了场域、习性与资本之间的复杂关系，以及个体在这种氛围下的处境，进而提出象征性暴力问题。这种努力让我们更为深入地了解科学场域内的运行模式，至于如何破解这个难题，默顿与布尔迪厄都没有给出满意的答案。

令人振奋的是作为科学家的王选通过亲身经历，以其深邃的思想，为解决该问题提供了一种全新的思路，即为了遏制马太效应与象征性暴力，可以分别通过三重刀锋的切割，化解科学场域内的这个困境：对马太效应形成的累积效应，可以采用时态性错置的改造加以化解；对象征资本（文化资本与经济资本的转换器），可以采用对迷信的教条主义的批判来破解；对象征性暴力，可以采用承认机制的重建来克服。至此，我们可以看到"王选之矛"的锋利程度。遗憾的是，由于王选过早去世，这柄锋利之矛尚未来得及有效打磨，而这恰恰是当代中国科技管理面临的改革、创新的历史使命。对我国这样一个学术规范尚不完善的国家来说，科学场域内存在的种种弊端就更为普遍。因此，打造好“王选之矛”对于我国科技事业的健康发展及人才的快速成长就具有更为重要的理论意义与现实意义，这是我国科技场域内急需解决的紧迫任务。

参考文献

[1] 王选．王选文集．北京：北京大学出版社，2006：170，154，169.

[2] 李醒民．关于科学与价值的几个问题．中国社会科学，1990，(5)：43-60，57.

[3] 默顿 R K. 社会研究与社会政策．林聚任，等译．北京：生活・读书・新知三联书店，2001：10.

[4] 阿克塞尔・霍耐特．为承认而斗争．曹卫东译．上海：上海世纪出版集团，2006：96.

[5] 李侠．科学冲突视角下的承认与蔑视．洛阳师范学院学报，2009，(1)：8-11，9.

[6] 尼克拉斯・卢曼．权力．翟铁鹏译．上海：上海世纪出版集团，2005：10.

[7] 佚名．Superstition. http：//en. Sikipedia. ofg/wiki/Superstition [2010-11-03].

[8] Merton R K . The Matthew effect in science：the reward and communication systems of science are considered. Science，1968，159 (3810)：56-63.

[9] Merton R K. The Matthew effect in science，Ⅱ：cumulative advantage and the symbolism of intellectual property. ISIS，1988，79：606-623.

[10] 侯钧生．西方社会学理论教程．天津：南开大学出版社，2001：159.

[11] 皮埃尔・布尔迪厄．科学的社会用途——写给科学场的临床社会学．刘成富，张艳译．南京：南京大学出版社，2005：30-31，38.

[12] 皮埃尔・布尔迪厄．实践感．蒋梓骅译．南京：译林出版社，2009：167.

2002～2008 年 *Cell* 载文、作者与被引情况*

《细胞》杂志（*Cell*）1974 年在美国麻省理工学院出版社创刊。经过短短 30 多年的发展，该刊已成为自然科学研究领域具有影响力的著名期刊之一。根据期刊引用报告（JCR）2008①，*Cell* 的影响因子已达到 31.253，与国际知名的顶尖科技期刊 *Nature*（31.434）和 *Science*（28.103）并驾齐驱[1]。

Cell 自身的宗旨定位是：报道实验生物学领域具有重大意义的研究发现，包括细胞生物学、分子生物学、神经系统科学、免疫学、微生物学、癌症、人类遗传学、系统生物学、信号传导、疾病等领域，并通过报道相关研究的观点和评论，引出读者广泛关注的问题，以推动科学的交流与发展，并对全球的热点科学研究及科技政策形成综合观察和前景展望[2]。

本文以 2002～2008 年出版的各期 *Cell* 为样本，运用文献计量学的分析方法，对其载文、作者和被引情况等进行统计和分析。

---

* 本文作者为邹聪、王大明，原载《中国科技期刊研究》，2010 年第 21 卷第 5 期。第 611～615 页。

① ISI 每年出版期刊引用报告（Journal Citation Reports，JCR）。JCR 对 6500 多种期刊之间的引用和被引用数据进行统计、运算，并针对每种期刊定义了影响因子（impact factor）等指数加以报道。

一、载　文　量

（一）载文量及其年份分布

载文量是指期刊在一定时期所刊载论文的数量，是评价学术期刊所含信息量及该期刊吸收、传递情报能力的主要指标之一[3]。*Cell* 2002～2008 年载文量按年份统计分布见表 1。

表 1　*Cell* 2002～2008 年载文年份分布

项目	2002 年	2003 年	2004 年	2005 年	2006 年	2007 年	2008 年	合计
载文量/篇	362	369	378	462	646	646	648	3511
比例/%	10.31	10.51	10.77	13.16	18.4	18.4	18.46	100

2002～2008 年的 7 年中 *Cell* 共发文 3511 篇，年均载文量 502 篇，期均载文量 19 篇。由表 1 可以看到，*Cell* 的载文量呈明显的逐年上升趋势。其中，载文量在 2006 年有一次较大幅度的提升，一方面是由于 *Cell* 在 2005 年年底（Volume123，Issue5）进行了一次改版，增加了前沿（leading edge）板块，既包括了传统的研究报告和综述类文章，又增加了评论、随笔、通信等新的文章类型，并由黑白版变为全彩版；另一方面，*Cell* 注重加大期刊的信息量，也因此赢得了更多的作者和读者。

由表 1 与表 2 的统计对比可以看出，在 2003～2008 年，*Cell* 的载文量远远超出生物化学与分子生物学领域和细胞生物学领域期刊群的平均水平，其所含信息量及情报输出能力与同类期刊相比具有明显的优势，而且这种优势呈现逐年扩大之势。

表 2　*Cell* 同领域期刊群 2002～2008 年平均载文量年份分布

（单位：篇）

领域	2002 年	2003 年	2004 年	2005 年	2006 年	2007 年	2008 年
生物化学与分子生物学	—	178	185	182	180	183	177
细胞生物学	—	115	123	123	131	136	135

注：2002 年的具体数据 JCR 未给出。

（二）文章分类

Cell 2002～2008 年的 3511 篇载文被分为不同的类别，分布在不同的栏

目之中，详细情况见表3。从表3中可以看出，*Cell* 以 article（研究性论文）形式发表的研究成果约占半数（共1906篇，占文章总数的54.29%）。

表3　*Cell* 2002～2008年载文在各栏目的分布

栏目	载文量/篇	比例/%
论文（article）	1906	54.29
编辑资料（editorial material）	808	23.01
综述（review）	378	10.77
新闻（news item）	274	7.80
订正（correction）	79	2.25
通信（letter）	33	0.94
传记（biographical-item）	17	0.48
合　计	3511	100

其中主要包括 research（研究）、resource（资源）、theory（理论）、matters arising（热点）四个栏目。research 是能引起广泛兴趣的关于生物学领域的重大进展的报告，resource 主要报道具有重大意义的技术进步成果，并且该类论文对 *Cell* 的读者有信息数据库价值。theory 的主要内容涉及通过计算或分析等方法证实某种新的理论模型，并采用通俗易懂的文字风格。在 matters arising 栏目中则可以对 *Cell* 已发表的科学成果提出有意义的质疑和挑战[4]。

在发表原创性研究论文的同时，*Cell* 也注意期刊载文类型和栏目的多样化与丰富性，引入了新的文章形式，这些形式包括 editorial material（编辑资料）、review（综述）、news item（新闻）、letter（通信）等。

其中，review 是综述性论文，属于 *Cell* 的传统栏目，包括 review（综述）和 minireview（微型综述），要求对某一主题或问题进行广泛深入的探讨。

editorial material 又分为 forum（讨论）、preview（预告）、benchmark（基准）、commentary（评论）、analysis（分析）、meeting report（会议报告）和 snapshot（快照），旨在通过动态的和交互式的评论、见解和辩论，对全球科学研究热点及科技政策形成一种综合性的观察和前景展望[5]。从2006年12月1日起（Volume127，Issue5），在 editorial material 中增加了 snapshot 栏目，此栏目每期只有一个版面，置于期刊的最后，以图片或表格的形式为读者提供交叉学科术语等方面的内容，涉及面广泛。

news item（新闻）主要对相关学科各个子领域内的前沿成果进行简略报道。在 letter（通信）栏目中，读者可以对过去 2 个月内 *Cell* 发表的任何一篇研究报告或评论性文章发表见解，成为 *Cell* 的一个反馈渠道。biographical-item（传记）栏目主要是发布刚刚去世的生物学家的讣告。对期刊中曾经出现的错误，会在 correction（订正）栏目中及时予以更正。

二、作 者 分 析

拥有一支学术水平高、不断发展壮大且相对稳定的论文作者群是办好期刊的必备条件，也是拥有丰富高质量稿源的重要保证。对作者的情况进行分析，可以了解到该学科研究队伍的建设情况和分布状况，也可以从中了解作者所在单位的基本情况和科研实力。

（一）作者的地域分布

在参与统计的 2002～2008 年 *Cell* 刊载的 3511 篇文章中，发文作者（其中非第一作者也计算在内）分别来自 50 多个国家，刊载文章数量居前 10 位的国家见下图。

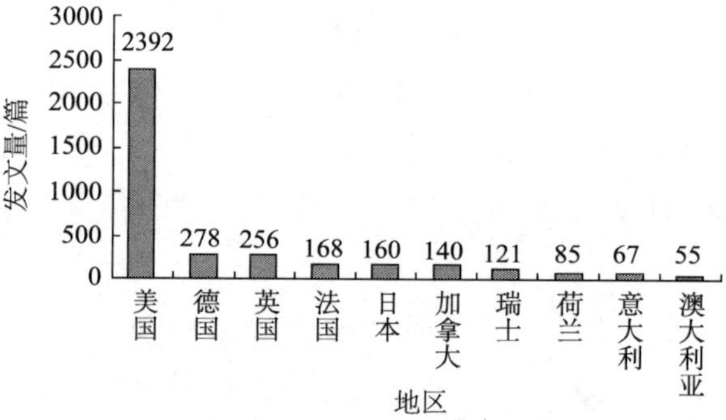

Cell 2002～2008 年作者所在地区发文量前 10 位

由上图可知，美国共发文 2392 篇，占论文总数的 68.13%，处于领先地位，充分反映了美国在细胞生物学领域的科研水平和实力。其次是德国、英国、法国、日本、加拿大和瑞士，属于 *Cell* 发文的核心国家。中国在这 7 年间的发文数量为 36 篇，排第 14 位。这些统计结果表明，*Cell* 的投稿网络和体系已覆盖于相对集中的区域，基本上客观地反映了当前世界各国生命科学领域高水平科研成果的产出情况。我国在生命科学领域整体的研究水平与美国、德国、英国等发达国家相比还有一定差距，但发文量也分别从 2002 年、2003 年、2004 年的 1 篇、1 篇、0 篇增长为 2005 年、2006 年、2007 年、2008 年的 9 篇、7 篇、8 篇、10 篇，显示出近年来我国科研人员在这一领域努力与国际科研水平接轨所取得的成就。根据 *Cell* 的统计，过去几年中国学者（包括与海外华人教授合作的研究工作）在 *Cell* 发表论文数目的年递增幅度是全球最高的，每年平均递增 19%，与此同时，美国的增速为 16%[6]。

（二）作者所在机构

Cell 2002～2008 年发文数量居前 10 位的机构分布如表 4 所示。由表 4 可知，前 10 位的机构共发文 1294 篇，占 2002～2008 年发文总量的 36.86%。其中，哈佛大学在发文量上占有明显的优势，论文篇数达到 376 篇，占载文总量的 10.71%。哈佛大学、斯坦福大学、加利福尼亚大学圣弗朗西斯科分校、德州大学、加利福尼亚大学圣迭戈分校、麻省理工学院都属于 *Cell* 发文的核心机构[7]。

表 4　*Cell* 2002～2008 年作者所在机构发文量前 10 位

所属机构	载文量/篇	比例/%
哈佛大学	376	10.71
斯坦福大学	121	3.45
加利福尼亚大学圣弗朗西斯科分校	120	3.42
德州大学	114	3.25
加利福尼亚大学圣迭戈分校	113	3.22
麻省理工学院	112	3.19
洛克菲勒大学	90	2.56
加利福尼亚大学伯克利分校	87	2.48
耶鲁大学	87	2.48
哥伦比亚大学	74	2.11

根据《世界一流大学与科研机构学科竞争力评价研究报告 2009》，科研生产力主要以发表论文数计，科研影响力主要以论文总被引次数计，科研创新力主要以热门论文数计，科研发展力主要以高被引论文占有率计。由表 5

可以看出，*Cell* 的供稿机构在世界学术竞争力排行榜中实力雄厚。以哈佛大学、斯坦福大学、麻省理工学院等学术重镇为依托，*Cell* 最大限度地集成了全球范围内高水平的科研成果。

表 5　作者机构科研竞争力基本指标排名

机构名称	科研生产力排名	科研影响力排名	科研创新力排名	科研发展力排名
哈佛大学	1	1	1	25
斯坦福大学	11	4	2	28
加利福尼亚大学圣弗朗西斯科分校	31	6	29	42
加利福尼亚大学圣迭戈分校	21	11	10	41
麻省理工学院	35	16	4	19
加利福尼亚大学伯克利分校	12	7	5	31
耶鲁大学	29	15	13	43
哥伦比亚大学	18	14	7	48

（三）核心作者

科技期刊的核心作者是指在某一刊物上发表论文达到一定数量并且影响力较大的作者。根据普赖斯定理：

$$N=0.749\ (n_{max}{}^{1/2})$$

式中，N 为核心作者的论文篇数；n_{max} 为统计时间内最高产作者的论文数。当作者发文量≥N 时，该作者即为核心作者。

本次统计中，$N=3.18$，即发文量 $N\geqslant4$ 篇的作者为 2002～2008 年 *Cell* 的核心作者。限于篇幅，表 6 仅给出论文数≥10 篇的核心作者及其国家和机构分布。

表 6　*Cell* 2002～2008 年核心作者及其国家和机构分布

作者	文章数/篇	所属国家	所属机构
Erdjument-bromage H	18	美国	纪念斯隆-凯特琳癌症中心
Tempst P	18	美国	纪念斯隆-凯特琳癌症中心
Jaenisch R	14	美国	美国怀特黑德生物医学研究所
Rosenfeld M G	14	美国	霍华德·休斯医学研究所
Kuriyan J	13	美国	霍华德·休斯医学研究所
Glass C K	12	美国	加利福尼亚大学圣迭戈分校
Kandel E R	12	美国	霍华德·休斯医学研究所
Lowe S W	11	美国	冷泉港实验室

续表

作者	文章数/篇	所属国家	所属机构
Yates J R	11	美国	美国斯克利普斯研究所
Alt F W	10	美国	霍华德·休斯医学研究所
Bartel D P	10	美国	美国怀特黑德生物医学研究所
Fuchs E	10	美国	霍华德·休斯医学研究所
Olson E N	10	美国	德州大学西南医学中心
Rose D W	10	美国	加利福尼亚大学圣迭戈分校
Shi Y G	10	美国	普林斯顿大学
Zamore P D	10	美国	马萨诸塞大学医学院
Zhang Y	10	美国	哈佛大学医学院丹那-法伯癌症研究所

由这项统计可以看出，2002～2008 年 *Cell* 入围核心作者人数达到 370 人（包括所有合著者），主要集中于美国、英国、德国等几个国家。论文的合著率、合作度非常高，其中跨国家、跨单位、跨行业的合著研究占很高的比例，科学合作的规模趋于大型化和国际化。由表 6 可知，2002～2008 年 *Cell* 发表论文数在 10 篇以上的作者全部来自美国，共 17 人。其中，有 5 名来自霍华德·休斯医学研究所，2 名来自怀特黑德生物医学研究所，1 名来自冷泉港实验室，1 名来自斯克利普斯研究所，这 4 所研究机构均跻身于美国 10 大著名生物医学研究所的行列。在 2002～2008 年的核心作者中，包括 3 名诺贝尔生物医学奖得主，分别为 Craig C. M.，Richard A. 及 Eric R. K.，他们在 2002～2008 年的发文数量分别为 4 篇、5 篇和 12 篇。7 年间曾在 *Cell* 发文的诺贝尔生物医学奖获得者达到 18 位之多，其中包括 2004 年及 2006 年诺贝尔生理医学奖、化学奖得主的获奖论文[8]。另外，2009 年生理医学奖得主 Elizabeth H. B. 也是 *Cell* 的编委成员。

三、被引用情况统计

从 1955 年加菲尔德（E. Garfield）第一次在 *Science* 提出影响因子的概念至今，被引分析已盛行 50 多年。本文将从影响因子、总被引频次、即年指标、被引半衰期四个被引分析指标对 *Cell* 进行分析。2002～2008 年 *Cell* 载文的被引情况见表 7。

表 7　*Cell* 2002～2005 年 JCR 数据统计表

年份	影响因子	总被引频次	即年指标	被引半衰期
2008	31.253	142 064	6.126	8.8
2007	29.887	136 514	6.402	8.7
2006	29.194	132 528	6.403	8.7
2005	29.431	132 371	6.238	8.4
2004	28.389	136 472	7.632	7.9
2003	26.626	137 333	6.502	7.4
2002	27.254	139 765	5.860	7.0

表 7～表 10 为 JCR 的统计数据。由表 7 的统计可知，在 2002～2008 年，*Cell* 期刊被引用情况的各项指标都呈现逐年上升的趋势，有着良好的发展势头。即年指标虽然比前两年有轻微回落，但仍远远高于领域内的平均水平。

表 8　2008 年 JCR 收录的全部期刊影响因子排名前 10 位

期刊名	影响因子	总被引频次	即年指标	被引半衰期
CA-Cancer J Clin	74.575	7 522	24.684	3.3
New Engl J Med	50.017	205 750	12.225	7.3
Annu Rev Immunol	41.059	15 519	7.625	7.1
Nat Rev Mol Cell BIO	35.423	19 628	7.238	4.0
Physiol Rev	35.000	17 865	4.300	7.8
Rev Mod Phys	33.985	24 577	7.028	>10.0
JAMA-J Am Med Assoc	31.718	114 250	7.556	7.2
Nature	31.423	443 967	8.194	8.5
Cell	31.253	142 064	6.126	8.8
Nat Rev Cancer	30.762	18 908	4.612	4.5

表 9　2008 年 JCR 收录的生物化学与分子生物学领域期刊影响因子排名前 10 位

期刊名	影响因子	总被引频次	即年指标	被引半衰期
Cell	31.253	142 064	6.126	8.8
Annu Rev Biochem	30.016	16 889	3.677	9.7
Nat Med	27.553	48 632	5.469	6.1
Annu Rev Bioph Biom	17.049	4 500	—	8.5
Nat Chem Biol	14.612	3 401	3.893	2.2
Trends Biochem Sci	14.101	14 833	1.600	7.6
Mol Cell	12.903	33 963	2.748	5.0
Plos Biol	12.683	12 186	2.184	3.1
Mol Psychiatr	12.537	9 464	4.161	4.4
Mol Syst Biol	12.243	1 741	1.815	2.2

表 10　2008 年 JCR 收录的细胞生物学领域期刊影响因子排名前 10 位

期刊名	影响因子	总被引频次	即年指标	被引半衰期
Nat Rev Mol Cell Bio	35.423	19 628	7.238	4.0
Cell	31.253	142 064	6.126	8.8
Nat Med	27.553	48 632	5.469	6.1
Annu Rev Cell Dev Bi	22.731	8 063	1.167	7.1
Nat Cell Biol	17.774	22 676	5.145	5.2
Cell Stem Cell	16.826	1 232	4.760	1.2
Cell Metab	16.107	4 463	3.653	2.5
Gene Dev	13.623	51 077	2.320	7.3
Trends Cell Biol	13.385	9 681	1.785	5.2
Mol Cell	12.903	33 963	2.748	5.0

在 JCR 所收录的全部 6598 种科技期刊中，2008 年 *Cell* 的影响因子排名第 9 位。在生物化学和分子生物学领域，2008 年 *Cell* 的各项指标都远高于其他期刊。在细胞生物学领域，2008 年 *Cell* 的影响因子排名第 2 位，排名第 1 位的 *Nature Reviews Molecular Cell Biology* 是综述性期刊，且总被引频次和被引半衰期也远不及 *Cell*。即年指标、影响因子、被引半衰期这三个指标，从时间纵向的角度，分别从即时、近期和长期三个方面全面、客观地评价了 *Cell* 期刊的质量，充分肯定了 *Cell* 在学术界的使用程度及影响力，展示了其传播学术知识的广度和深度。

四、结　　论

1）由前文的统计分析可知，*Cell* 的载文量和栏目设置都处于稳步增加的状态，缩短了论文发表的时滞。栏目的多样化吸引着科研人员从多角度参与科学信息的传播，同时也保证最新的科研成果能够以多种文体和信息方式快速更新，在保证时效性的前提下，为读者的反馈提供了通道，更为深度跟踪报道提供了平台。

2）*Cell* 在 30 多年的时间里联络、吸引和培植了一支数量庞大的作者队伍，这些作者所属的科研机构在学科竞争力各方面都处于世界领先地位。其中，在生物学与生物化学及分子生物学领域，哈佛大学、斯坦福大学、加利福尼亚大学圣弗朗西斯科分校、加利福尼亚大学圣迭戈分校、麻省理工学院、加利福尼亚大学伯克利分校、耶鲁大学、哥伦比亚大学及美国怀特黑德生物医学研究所、冷泉港实验室的学术竞争力均跻身世界前 30 强[7]。其核心作者的研究机构聚焦美国十大生物医学研究所，更有诸多包括诺贝尔奖获得者在内的生物学领域研究机构的顶尖科学家为其供稿，*Cell* 在为世界各地的科学家提供发布科学研究成果机会的同时，也不断强化了其自身领先的学术地位和影响力。

3）把 2008 年 *Cell* 的各项 JCR 统计数据与同类期刊群的平均数据进行比较可以发现，*Cell* 的影响因子 31.253 远高于生物化学与分子生物学领域的平均影响因子 2.624 和细胞生物学领域的平均影响因子 3.180；总被引频次 142 064 高于生物化学与分子生物学领域的平均被引频次 9067 和细胞生物学领域的平均被引频次 8130；即年指标 6.126 高于生物化学与分子生物学领域的累计即年指标 0.837 和细胞生物学领域的累计即年指标 1.153；被引半衰期 8.8 也高于生物化学与分子生物学领域的累计被引半衰期 6.9 和细胞生物学领域的累计被引半衰期 6.3。这四项指标均表明，*Cell* 在同类期刊群中具有明显的领先优势，体现出了真正国际一流期刊的高效率和高水准。

期刊质量是其所刊载论文学术质量的综合体现，期刊的整体质量取决于其载文、作者、被引等各项指标的综合。从上文的各个统计指标可以看出，*Cell* 期刊在短短 30 多年间，发展迅速，形成了自己独特的学术风格和办刊理念，对生物学领域的发展起了极大的推动作用，堪称科技期刊的典范。本文对 *Cell* 刊载文献进行了多方面的量化分析，希望能够拓展视野，引发思考，为我国科技期刊的发展提供一些借鉴。

参考文献

[1] ISI. Journal citation report. http：//adminapps. isiknowledge. com/JCR/JCR? RQ=LIST-SUMMARY-JOURNAL [2009-09-08].

[2] Cell. Information for authors：aims and scope. http：//www. Cell. com/authors [2009-09-21].

[3] 庞景安．科学计量研究方法论．北京：科学技术文献出版社，2002：235.

[4] Cell. Information for authors：research article formats. http：//www. Cell. com/authors [2009-09-21].

[5] 张以民，赵琪，周爱莲．《Cell》的编辑出版特色．编辑学报，2008，20（3）：280-282.

[6] Marcus E. The scientist as editor：my experiences at Cell. The second CJCP Training Conference Beijing，2006.

[7] 邱均平，杨瑞仙，丁敬达，等．世界一流大学与科研机构学科竞争力评价研究报告 2009. 北京：科学出版社，2009：62-75.

[8] 常妍，张宏翔．Cell 调查报告．中国科技期刊研究，2007，18（6）：1097-1101.

近十年我国科学学的学术群体与研究热点分析

——基于9种科学学类期刊的科学计量学研究*

科学学研究在我国创建30年来，经历了曲折复杂的学科建设和发展历程，尤其是面对改革开放背景下中国经济社会日新月异的变化，科学学及时地调整方向，紧跟时代潮流，探索出一条具有中国特色和时代特色的学科发展之路。近十年来，一方面，1997年的学科专业调整将“科学学和科学管理”并入“管理科学和工程”中，给本已处于低潮的科学学以更大的冲击[1]；另一方面，我国的经济社会发展迈入崭新的21世纪，新的时代背景给科学学研究带来了新的发展机遇。

最近十年，在中国科学学与科技政策研究会的推动下，在老一代和新一代科学学学者的共同努力下，科学学研究又有了哪些新的发展？出现了哪些新趋势和新特点？本文将尝试问答这一问题，通过对9种科学学类期刊的科学计量学分析，运用可视化的方法对科学学研究的整体面貌进行一个客观而生动的描绘，希望能对科学学的学科建设和发展提供一个有益的借鉴。

---

* 本文作者为胡志刚、李志红，原载《科学学与科学技术管理》，2009年第7期，第13～18页。

一、数据与方法

本文根据北京大学2004年发布的《中文核心期刊要目总览》中的“G3科学、科学研究类”下所列的期刊列表，选取了9种与科学学相关的期刊，分别是《科技管理研究》、《科技进步与对策》、《科学管理研究》、《科学学与科学技术管理》、《科学学研究》、《科研管理》、《研究与发展管理》、《中国软科学》和《中国科技论坛》。这9种期刊相似度高，关联性强[2]，是科学学研究领域公认的主要期刊。

通过检索的方式，我们下载了CNKI数据库中1999～2008年的10年间在这9种期刊上发表的所有论文的记录，共包括25 664篇论文（去除少数信息不全的论文或通知类文章），涉及作者22 672位，关键词30 576种。

本文采取的分析方法主要是作者合著关系分析和共词分析，运用社会网络分析软件Pajek，绘制出近十年我国科学学研究的学术群体和研究热点的网络图谱。

二、结果与分析

（一）作者分析

本文首先对科学学研究的学术群体进行了分析，选取发表文章在17篇以上的前211位作者，根据其合著关系及其所在单位绘制出作者合著网络图谱（图1），其中节点的大小表示该作者所发表的文章数，连线的粗细表示作者间的合著次数。

统计这211位作者所在单位的分布情况，可以得出作者数最多的前11个单位分别是华中科技大学（16人）、西安交通大学（14人）、清华大学（14人）、浙江大学（13人）、大连理工大学（11人）、华南理工大学（10人）、天津大学（10人）、上海交通大学（8人）、武汉理工大学（7人）、中国科学技术大学（6人）、重庆大学（6人）。这11所高校在科学学相关学科研究领域实力较为雄厚。

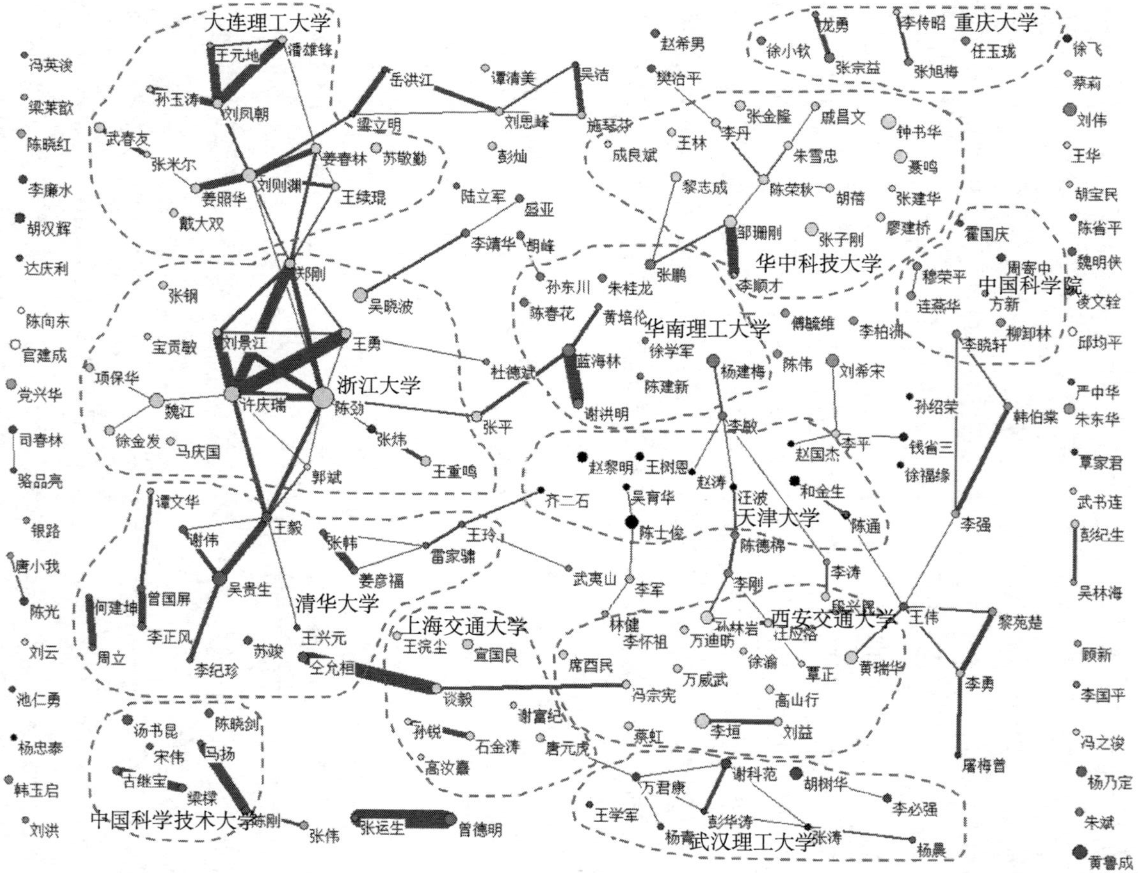

图 1　在 9 种期刊上发表文章数最多的前 211 位作者的合著网络图谱(1999～2008 年)

值得注意的是，这些高校中，除浙江大学外，其余高校基本都属于理工科院校。可以说，理工科大学的管理学院、人文学院或者其他具有文理交叉特点的研究机构是我国科学学研究的重要阵地。在科学学研究领域，理工科院校的优势在于：一方面，他们离科研最近，科研管理和技术创新的实践需要相应的理论支持；另一方面，这些院校的学者在学校浓厚的理工科氛围的浸润下，普遍认同技术创新在企业成长中的决定性作用。而与此相对的是，综合性大学尤其偏重人文学科的院校，则更加注重组织文化对企业成长的作用。因此，在管理学理论上，注重技术进步的科学主义和注重组织文化的人文主义的分野，导致了理工科院校和综合性院校的管理学研究出现了两种截然不同的基本假设和研究取向。从这个意义上说，科学学有点像是一种科学主义导向的管理学。

从作者所在高校的地理分布来看，科学学研究呈现出明显的分散格局。除武汉理工大学、华中科技大学共处武汉外，其余高校都分布在不同的城市，而且在区域位置上分布较均衡。颇有意思的是，这些高校还和我国的十大城市群[3]存在某种对应关系：清华大学、天津大学——京津冀城市群，浙江大学、上海交通大学——长三角城市群，华南理工大学——珠三角城市群，（空缺）——山东半岛城市群，大连理工大学——辽中南城市群，中国科学技术大学——中原城市群，华中科技大学、武汉理工大学——长江中游城市群，（空缺）——海峡西岸城市群，重庆大学——川渝城市群，西安交通大学——关中城市群。从上面的对照关系来看，山东省（山东半岛城市群）和福建省（海峡西岸城市群）的高校有必要弥补在管理学，尤其是科学学和科技管理领域的研究（就福建省而言，福州大学在“科学学和科技管理”学科建设方面历史上曾处在领先的位置，但是这张图谱显示，福州大学的学者只有“朱斌”一人）。

另外，从图 1 来看，各高校内部作者群之间的作者合著关系并不明显，但考虑到合著更容易发生在师生关系之间，而不是发表文章最多的作者之间，因此，这里根据合著次数重新绘制作者合著网络图谱。本文从所有作者中筛选出了合著次数在 4 次以上的作者合著关系，并列出了合著子网络大小在 7 人以上的子网络群（图 2）。从图 2 来看，大连理工大学、浙江大学、清华大学、华南理工大学、西安交通大学等高校内部的合著现象比较突出，团

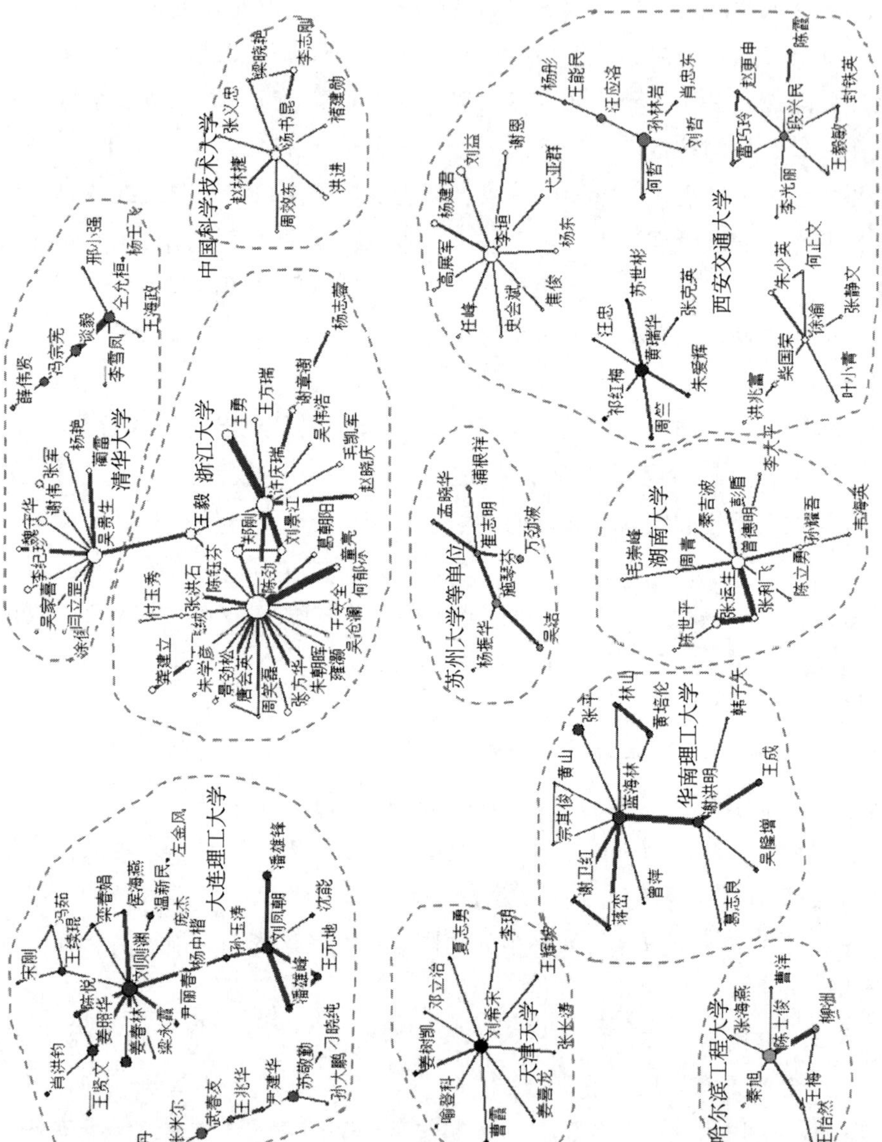

图 2　合著子网络大小在 7 人以上的合著网络图谱（1999～2008 年）

队优势比较明显。而图 1 中高产作者数量较多的华中科技大学和武汉理工大学却没有形成规模较大的作者群。适当的合著和合作关系可以提高团队的学术水平和科研能力，是推进和提升科学学研究的重要途径。在这方面，浙江大学和大连理工大学通过组建创新团队和实验室的形式，保持了各作者之间的有效沟通和深度合作，提高了团队的整体实力，成果显著。

（二）关键词分析

接下来是在微观层次上对关键词进行分析，主要利用共词分析的方法。首先，我们从总共 30 576 个关键词中选取了出现次数在 50 次以上的前 198 个高频关键词，然后根据这 198 个关键词的共现矩阵，并删去共现关系较弱（共现次数低于 7 次）的关系，最后绘制出共词网络图谱（图 3）。解读图 3，可以进行以下分析。

第一，科学学的理论体系可以分为理论研究、应用研究和方法研究三个研究层次[4]。这一结论在本研究中也得到了体现，在图 3 右侧区域，自下而上的三个核心关键词——知识管理、技术创新和指标体系，恰好对应于科学学研究的理论研究、应用研究和方法研究三个层次。下面分别对这三个研究层次和三个关键词进行分析。

科学学在理论层次上研究的重点是“知识管理”及与知识相关的一些主要概念（如知识创新、知识转移、知识共享、组织学习）。对“知识管理”的研究是对 20 世纪 90 年代中期知识经济概念关注的延续。在这一领域作出重要贡献的主要是德鲁克、野中郁次郎[5]等管理学大师，尤其是野中郁次郎，根据日本企业的相关案例，提出了符合亚洲企业管理实践的知识创造和知识转化理论，受到我国学者的广泛关注。知识管理理论打破了知识从高校到企业的单向知识链条，体现了企业在知识创造中不可替代的主体地位。我们还发现，在科学学理论研究层次上，相对于对知识管理的关注，对于更宏观也是更基本的“科学—技术—创新”三者之间的规律这个科学学理论中的重大问题[4]（见图 3 下面的“科学—技术—创新”连线），对比国外关于此问题的研究力度，我国在这方面的研究还比较薄弱，有待进一步加强。

对“技术创新”的研究是我国科学学应用层次研究乃至整个科学学研究

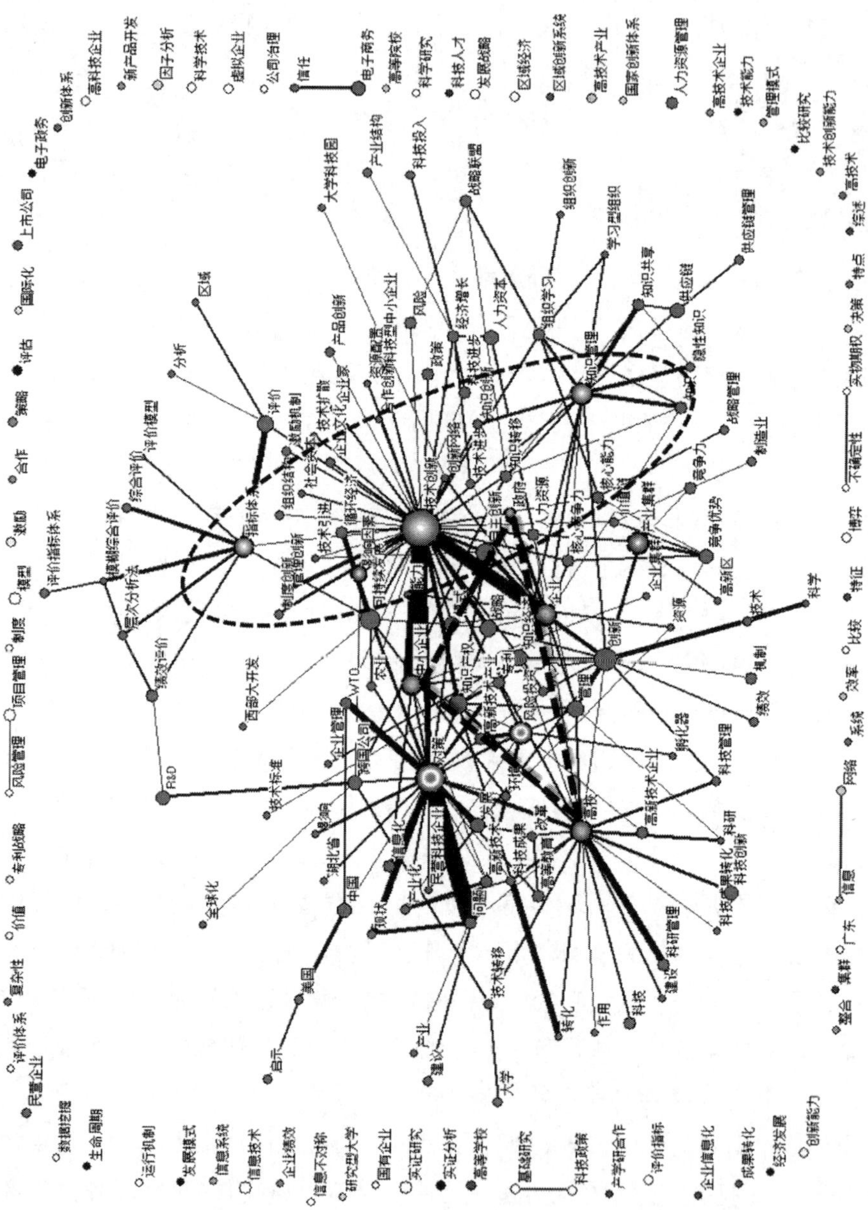

图 3 我国科学学研究领域的共词网络(1999～2008年)

的重中之重。“技术创新”近十年来一直是出现次数最多的关键词，处于共词网络的核心位置。在国内，对技术创新的研究主要有四个学派：技术哲学学派、管理学学派、经济学学派和政策学学派[6]。从图3中可以看出，在科学学领域，主要是采取管理学、经济学和政策学的研究角度，并没有更好地体现出技术哲学的特色。考虑到我国科学学生发自科技哲学的历史背景，这种缺失可算是一个遗憾。分析所有与“技术创新”共现的关键词可以发现，“制度创新”、“管理创新”、“产品创新”、“自主创新”也是被关注较多的“创新”类研究，尤其是“自主创新”更是近几年炙手可热的热点问题。另外，我们还发现，与“技术创新”共现次数最多的是“中小企业”（80次），甚至比“企业”（59次）还要多。这里其实隐含着一个技术创新的主体究竟是大企业还是中小企业的问题，即大企业还是中小企业更应该或者更有利于进行技术创新。这个被称为“两个熊彼特”之争[7]的问题，由于笔者的知识水平有限，在此不作判断，但就图3所反映出来的情况而言，似乎更倾向于后面一种结论。

“指标体系”和“评价”属于科学学方法研究层次的关键词，这类研究在我国一直是比较缺乏的。对“指标体系”和“评价”的研究在2004年以后开始大幅增加，这意味着从这一年开始，我国的科学学研究开始向定量研究迈进。这一转向对科学学研究的进一步发展将产生较为显著的影响，只是这一趋势到来得有点晚了，“当科技指标与评价的研究高潮已经过去之时，我国正在缓慢步入热潮之中”[4]。

第二，科学学研究涉及的三个主要实体机构分别是企业、高校和政府。企业（包括中小企业、高新技术企业、国有企业、民营企业、跨国公司等）受到的关注显然要远高于高校（包括高等学校、大学、研究型大学等）；而且，前者相对于后者，更接近科学学研究的核心领域（即前面提到的由知识管理、技术创新、指标体系所组成的区域），高校基本上处在一个比较边缘的位置。而相对于企业和高校的研究，政府受到的关注更少，对政府的研究是一个明显的短板。

企业是科学学研究涉及的主要对象，是科学学研究几乎一切理论的着力点。20世纪以来，随着管理学理论的发展，企业已经从经济学中一个被动的价格接受者转变成一个集知识创造、技术创新为一身的经济增长推动者。企业在整个经济社会中的地位越来越突出，对企业的研究成为整个管理学和科学学研究的主题，这一点在图 3 中得到了鲜明的体现。在最近十年，企业，尤其是中小企业、高新技术企业、民营企业受到了格外的关注，这不仅与当前的市场经济发展的要求相适应，也与我国当前大型企业数量不多、企业普遍处于学步期和追求期的企业发展格局相适应。

高校是科学学研究的另一个主要对象，高校也一直是从事科学学研究的主要学术群体。从“高校”的共现关键词来看，“科研管理”是高校研究中讨论最多的一个方向。其实从历史和期刊名称上看，科研管理在科学学上都有着十分特殊的地位，在本文所选取的 9 种期刊的刊名中，就有“科研管理”、“科技管理”、“科学管理”、“科学技术管理”、“研究与发展管理”等与科研管理相近的词汇，暗示了“科研管理”曾经的辉煌。或许，如果按照当初对科学学研究领域的设计，“科研管理”而不是“技术创新”，更应该处于科学学的核心位置。但是，随着研究对象向企业的转移，对高校关注度的降低也导致了“科研管理”研究的衰弱。另外，从图 3 中还发现，研究所作为我国科研力量的另一个主要组成部分，没有作为关键词出现在共词网络中。

政府本应该在科学学研究中占有一席之地，毕竟政府为科研活动提供资金支持，为企业发展提供环境支持。可是从图 3 来看，对政府的研究还比较少。我们认为，政府作为科研活动的第三方因素，需要和企业、高校一起，明确各自的职能，发挥应有的作用，紧密合作，共同推动技术进步和经济增长。

令人欣慰的是，方兴未艾的“产业集群”研究体现的正是一种有关“政府”职能和“政府”作用的研究视角。迈克尔·波特[8]在《国家竞争优势》一书中率先提出了产业集群的概念，认为产业集群与形成区域竞争优势、提高企业核心能力和核心竞争力息息相关。虽然波特认为，政府在产业集群中不应处于主导地位而应该致力于为企业发展创造外部环境，但是这并不意味着“产业集群”概念不是政府视角或者指向政府的。

第三，为了揭示最近 10 年研究热点的变化趋势，本文分别选取了 198 个关键词中上升最快的前 6 个关键词（图 4）和下降最快的前 6 个关键词（图 5）。这里的上升和下降趋势的测度是通过计算某关键词当年出现的次数占当年所有关键词出现总次数的比例，再计算这一比例随年份变化的线性回归方程的斜率而得到的。由图 4 和图 5 可以看出一些颇为对仗的变动关系：“技术创新”的降温伴随着“自主创新”的骤热，“知识经济”的趋冷伴随着“知识管理”“知识转移”的趋热，“可持续发展”的提法正在让位于“循环经济”，而尤其值得关注的是，“风险投资”和“产业集群”、“对策”和“影响因素”的此消彼长关系。

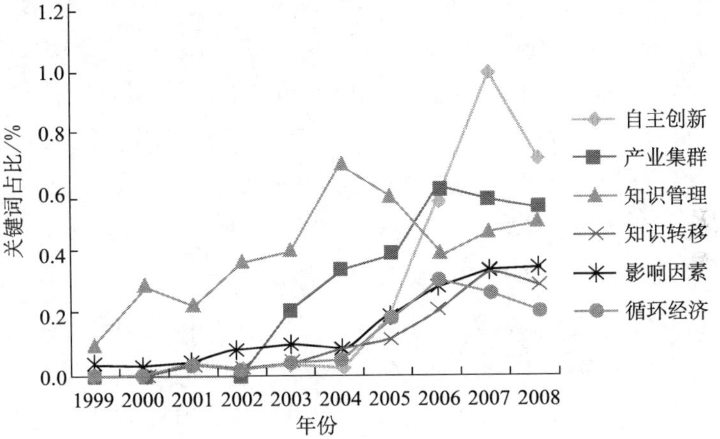

图 4　近十年来上升最快的前 6 个关键词

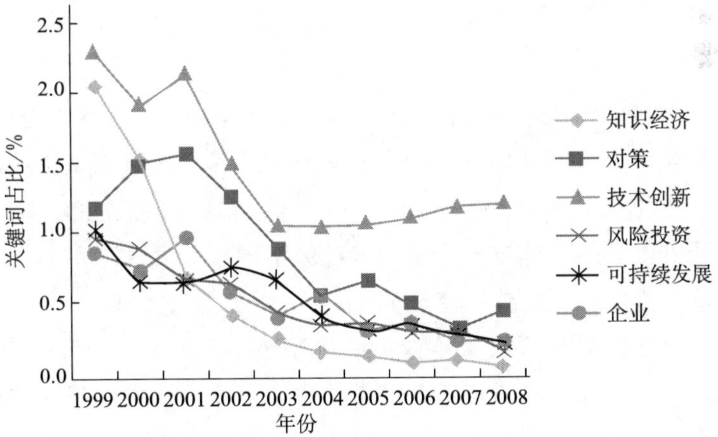

图 5　近十年来下降最快的前 6 个关键词

从经济发展的背景来看，“产业集群”研究的上升和“风险投资”研究的下降并非偶然，而是有其时代的必然性。在 20 世纪初，我国的中小企业正处在一个蓬勃发展的阶段，尤其是借助互联网浪潮的东风，崛起了一大批科技型中小企业，它们对风险投资的热望造就了当时“风险投资”研究的火热。而最近几年，中小企业经过了从无到有的阶段，开始了由小变大、由弱变强的新阶段，企业管理的理论需求发生了变化，对风险投资的关注也就随之转变成对产业集群、价值链、竞争力的关注。

“对策”和“影响因素”研究的趋势变化则反映了科学学在研究范式和研究方法上的变化。“对策”主要是指针对各类“问题”和“现状”而提出的应对之策，如为了推进“高校”科技成果转化，发展“民营科技企业”，推进我国“信息化”和“产业化”进程，实现“可持续发展”，实施“专利”保护和“知识产权”策略，以及应对加入“WTO”和“跨国公司”而提出的政策和战略。作为串联科学学研究各类研究主题的一个关键结点，“对策”研究反映了科学学研究的应用性倾向。2001 年以后，“对策”研究相对减少，而对“影响因素”的分析则逐年上升。这反映了在科学学研究的落脚点开始从解决问题向分析问题回归，科学学越来越具有学术性和科学性。对“影响因素”的关注和前面提到的对“指标体系”的研究，反映了科学学研究在方法层次上的新变化，体现了新阶段科学学研究求真务实、探微寻源的研究取向。

三、结　　论

第一，就科学学的学术群体来看，我国科学学的学术群体主要来自理工院校的管理学院、人文学院及其他具有文理交叉特点的研究单位，形成了与文科院校相区别的独特的研究取向。在地理分布上，各主要高校的布局合理，有利于科学学研究的进一步发展和在经济建设中发挥作用。但是，高校内部各作者之间的团队合作有待进一步加强。

第二，我国科学学研究已经初步形成了理论研究—知识管理、应用研究—技术创新、方法研究—指标体系三个层次和企业—技术创新、高校—科研管理、政府—产业集群三个领域的研究格局。其中，应用研究仍然是我国科学学的主要研究层次，企业是科学学的主要研究对象，技术创新是科学学的主要研究课题。

第三，科学学研究具有与时俱进的优良品质，具体表现在科学学在适应时代特点，捕捉社会热点上的灵活性和精准性。科学学在发展过程中，一方面能及时更新自身的话语体系和研究热点，另一方面又能保持自己的学术性和科学性。科学学正在外力和内力的合力推动下，走出一条既具有时代特色又符合科学规律的学科发展之路。

参考文献

[1] 张碧晖，等．科学学在中国．北京：知识产权出版社，2008：104，111.

[2] 胡志刚，侯海燕．科学技术学期刊群的可视化分析．大连理工大学学报（社会科学版），2009，30（2）：119-123.

[3] 肖金成，袁朱．中国将形成十大城市群．中国经济时报，2007-03-27（8）.

[4] 刘则渊．科学学理论体系建构的思考——基于科学计量学的中外科学学进展研究报告．北京：科学学研究，2006，24（1）：1-11.

[5] 野中郁次郎，竹内弘高．创造知识的企业．李萌，高飞译．北京：知识产权出版社，2006.

[6] 刘则渊．试论技术哲学的东北学派//刘则渊，王续琨．工程·技术·哲学——2001年技术哲学研究年鉴．大连：大连理工大学出版社，2002：134-141.

[7] 柳卸林．技术创新经济学．北京：中国经济出版社，1993：12-16.

[8] 迈克尔·波特．国家竞争优势．李明轩，邱如美译．北京：华夏出版社，2002.

我国科技奖励体制目标与功能的思考*

科技奖励体系是现代科技社会建制的基本成分，是激励科技人才不断创新、维护科技建制稳定与发展的基本制度，同时，也是依托科技进步推进经济与社会发展的基本制度。自17世纪科学革命以来，科学技术加速发展，主要国家也逐步形成专利制度与科技奖励制度，保护科学发现的优先权利与技术发明的专有权利，以肯定和激励科学技术贡献。20世纪下半叶以来，世界科学技术飞速发展，逐步成为经济社会发展的重要动力来源。在这一背景之下，发达国家和主要发展中国家逐步建立国家创新体系，完善科技社会建制与科技奖励体系。改革开放以来，我国已深深渗入世界经济、政治、军事、文化与科技变革的浪潮之中。在今天努力推进我国国家创新体系建设的过程中，更应当总结历史，分析现实，适应时代与环境的变化，明确与调整我国科技奖励体系的体制目标和功能，完善科技奖励体系。

一、创新时代科技奖励体系的体制目标

科技奖励体系的体制目标与科技的社会建制目标相一致，并为实现后者而服务。17世纪科学革命以后，科学迅速发展并与技术紧密结合，确立了科

* 本文作者为尚智丛、张真芳、杨辉，原载《中国科技奖励》，2007年第12期，第54～60页。

技社会建制。现代科学的倡导者培根曾明确提出科技社会建制的体制目标是："发展知识，造福人类。"这一目标被写进了人类历史上第一个科学技术共同体——伦敦皇家学会的会章。在这一目标的指引下，学者们积极探索自然规律，并利用各种科学发现来开发那些用于控制和改造自然的手段。这一系列的知识活动得到了史无前例的激励。自 17 世纪以来，在相当长的一段时间内，科技奖励体系就是为实现这一目标而服务的。科学社会学家默顿在深刻分析这一历史状况的基础上指出：科技奖励的体制目标是科技共同体以某种公认的形式表达对发现优先权和发明优先权的承认[1]。

（一）科技奖励的体制目标

进入 21 世纪以后，科学技术研究与科技奖励的规模日益庞大，科技奖励中的优势积累效应日趋明显。科技共同体越来越寄希望于那些已作出重要研究成果的同行，希望他们作出更为出色的贡献。针对这一情况，拉图尔等人认为科技奖励是科技共同体对某些成员科学技术研究"信用"（credit）或"信贷能力"（credibility）的肯定。这种"信用"或"信贷能力"使得科技共同体外部的投资者和科技共同体成员都相信优秀科技人员具备取得更多科技成果的能力[2]。因此，20 世纪科技奖励的体制目标不再仅仅是承认发现与发明的优先权，而且，还以特定的方式承认优秀科技人员的发现与发明能力。

20 世纪中后期，科学技术被广泛地运用于生产和社会生活的各个方面，科技发展也因此跨入一个崭新的时代，普赖斯称之为大科学[3]时代。他认为，此前的科学研究原动力是满足科学家的好奇心，是对自然奥秘的自由探索。科学家从事科学研究的主要目标是"发展知识"。这个时期，尽管科学知识被用于技术发明，但还未大规模地开发今天我们所熟知的核科学技术和信息科学技术等技术学科。生产发展的主要推动因素是资本投入和劳动力投入的增加。这个时期的科学技术是小科学。然而，此后的大科学是科学与技术紧密结合的整体，其中的代表成分就是技术科学。大科学直接服务于生产和经济社会的发展。20 世纪 70 年代以后，新知识投入和技术创新已超越资本和劳动力投入，成为美国等发达国家经济发展的最重要推动因素。大科学就是要"把科学知识应用到生产上，来改造世界"[4]。大科学的最终目标就是以技术创新为中间环节实现经济与社会的发展，因此，它是创新时代的科学技术。此时的科技社会建制目标更加突出其功利主义价值，不仅仅是“发展知识”，还包括“首先应用新知识”。这里的“首先”包含“第一个”和“创造发明”的意义[5]。这也正是培根所提倡的科技“造福人类”的目标。在这一背景之下，科技奖励体系的体制目标不可避免地要关注科学技术知识的传播与应用，除了对成果的真理价值和科学家研究能力的承认外，还强调对成果的应用价值和经济社会效益的承认。对这三项内容的承认构成了当代国际科技奖励体系的体制目标。

（二）创新时代科技奖励的特征

创新时代的科技奖励出现了前所未有的特征，那就是科技奖励被置于国家政治高度加以实施，其奖励目标带有明显的政治色彩。小科学时代，奖励还囿于同行群体——科学或技术共同体内部进行，而创新时代则超越了这一范围。这个时代，科技在经济与社会生活中的大规模运用及科技与经济社会的协调发展，都已远远超过科技共同体或单一企业所能调节的范围，因此，现代国家往往由政府牵头协调各方关系，建立国家创新体系。正是由于这个原因，20 世纪 70 年代以后发达国家和主要发展中国家出台了一些重大的国家科技奖励项目。以美国为例，目前美国以总统名义设立的联邦科技奖项有七项，如表 1 所示。其中，“费米奖”和“总统科学奖”分别设立于 1956 年和 1959 年，奖励科学发现与能源科学技术发展。“总统杰出青年学者奖”设立于 1996 年，奖励有为青年人，承认其研究能力。其余四项均为奖励科学技术传播与运用。“国家技术奖章”承认个人与组织在技术创新、商业化和管理方面作出的突出贡献，激励科学技术运用于生产与社会生活。“总统绿色化学挑战奖”的目标是发展化学并以之发展环保的化学工业。从表 1 中还可以发现，当前美国国家科技奖励的另一个重要目标是承认个人或组织在传播数学和科学技术知识方面的突出贡献，并以此激励全社会学习与运用数学和科学技术知识。事实上，充分发挥科学技术对国家经济社会发展的促进作用的一个关键因素就是数学与科学技术的传播及全社会劳动力所掌握的水平。科技的广泛传播一方面促进了经济社会发展，另一方面也为科技发展储备雄厚的人才资源。“总统杰出数学与科学教师奖”和“总统杰出科学、数学和工程教育奖”的设立显然是为达到这一目的而设立的。

表1　美国以总统名义颁发的联邦科技奖励

奖励名称	设奖时间	奖励对象	周期及数量	评选机构	奖励形式
费米奖（The Enrico Fermi Award）	1956年	奖励在能源科学技术领域取得突出成就的科学家、工程师及科技政策制定者	每年1人或多人	美国能源部	由总统和能源部长共同签署的奖状、金质奖章和37.5万美元奖金
国家科学奖章（The National Medal of Science）	1959年	授予在物理、化学、生物、工程、科学和社会科学及行为科学方面作出卓越贡献的科学家	每年不超过20人	NSF负责管理，一个由总统任命的、由12名卓越科学家组成的独立评选委员会	美国最高科学荣誉、总统颁奖、一枚国家科学奖章
国家技术奖章（The National Medal of Technology）	1980年设立，1985年首颁	授予在技术创新、商业化和管理方面作出突出贡献的个人、小组或公司	每年不超过10人（个）	美国商务部生产效率技术创新与创新项目奖励办公室	美国最高技术创新荣誉、总统颁奖、一枚国家技术奖章
总统绿色化学挑战奖（The Presidential Green Chemistry Challenge）	1996年	奖励在创建“更清洁、更便宜、更敏捷”化学工业中有重大贡献的个人和团体	每年奖励5个个人或组织	美国环境保护署、美国科学院、国家科学基金和美国化学会联合主办	资助环保项目
总统青年科学家与工程师奖（Presidential Early Career Awards for Scientists and Engineers）	1996年	奖励在科学技术研究方面取得突出成就的青年科学家与工程师	每年不超过60人	NSF负责管理，由农业部、商务部、国防部、教育部、能源部、健康与人类服务部（国家卫生研究院）、航空航天局、国家科学基金委员会、退伍军人事务部等9个部局提名受奖人	获奖者在5年内获得50万美元的研究资助

续表

奖励名称	设奖时间	奖励对象	周期及数量	评选机构	奖励形式
总统杰出数学与科学教师奖(Presidential Awards for Excellence in Mathematics and Science Teaching)	1983年	奖励在K～6和7～12年级的数学与科学教育中作出卓越贡献的教师	每年人数不等	NSF负责，根据《经济安全教育法案》(*Education for Economic Security Act*)设立，由各州及华盛顿特区提名，再经一个由杰出科学家、数学家和教育家组成的委员会审定	获奖者在3年内获得1万美元的教学资助
总统杰出科学、数学和工程教育奖(Presidential Awards for EXcellence in Science, Mathematics and Engineering Mentoring)	2004年	资助妇女、少数民族和残障人员的科学技术、数学与工程学习与研究活动	每年10个个人、10个组织	NSF负责	每位获奖者获得1万美元

资料来源：Office of Science of U. S. Department of Energy. The Enrico Fermi Award. http://science. energy. gov/fermi [2007-07-20].

科学无国界。自17世纪以来，现代科学跨越国家、种族、民族和宗教之界限，在全球范围迅速传播。与此同时，技术也在全球范围内扩张。尽管存在技术壁垒，但是，随着市场经济体制的发展，伴随资本转移的技术自由流动亦不可阻挡。20世纪50年代以来，全球科学技术发展已经逐步演变成为一个整体。世界各国科技社会建制目标及科技奖励体系的体制目标逐步趋于一致，只是各国在目标的具体内容、实现途径及不同时期的实现程度上有所差别而已。

二、创新时代科技奖励体系的功能

科技奖励既是对科技成果的独创性和真理价值的承认，也是对科学家能力的社会承认。一方面，它作为科技体制内部的重要环节，在内部运行中发挥着规范科技发展方向、推动科技进步的重要作用；另一方面，它又作为联系科技建制与外部社会的重要纽带，在科技的社会运行过程中深刻影响科技社会功能的发挥。前一方面被称为内部功能，后一方面被称为科技奖励体系的外部功能。

（一）内部功能

科技奖励体系的内部功能是指科技奖励制度在科技共同体内部所起的作用。这种作用包括激励创造、优化分层及内部控制等三种功能。

第一，激励创造就是将竞争机制引入科技活动中，激励科技人员的创造活动。科学奖励系统的竞争功能正如默顿所言："现代科学编年史因科学家们的下述情况而变得更富于刺激性：由于他们知道其他人可能会在同样的道路上走得更快而趋向更强烈的努力。"[1]正是因为奖励系统以优先权作为奖励的基础，提倡优先权至上，才使得同行科学家之间的竞争更加激烈。每一奖项的授奖成果和人数有限，而且，获奖以后科研资源的增加和声望的提高，都大大刺激了科技人员之间的竞争。科技人员要想获得荣誉和承认，就必须充分发挥创造性，抓紧时间，努力研究，把新发现的知识公有化——抢先发表出来，把新发明的成果商品化——尽快地投入应用[5]。这样，奖励系统就把竞争机制导入科学活动中了。

第二，优化分层就是通过马太效应的自动调节竞争机制，促进科技人才的成长并形成科技共同体的分层结构，优化科技资源的分配。"马太效应"这一概念起源于《新旧约全书》。在《马太福音》第二十五章中有这样一段话："有的，还要加给他，叫他有余。没有的，连他所有的，也要夺过来。"这段话后来被美国著名科学社会学家默顿借用来描述科技奖励中出现的同类现象。用默顿的话来说，科技奖励中的马太效应意味着："对于已有相当名望的科学家的特殊贡献，所给予的承认不断大大增加，而对未成名的科学家所给予的承认却显得吝啬。"[1]

马太效应客观上有利于学术权威的迅速形成。正是对科技成果的社会承认不同才构成了科技人员群体中的等级体系。此后的某些"承认"往往演变成对科技人员名望的承认，从而使有名望者在等级体系的权威结构中更居有利地位，从而带来科研经费的倾斜、科研条件的改善。这些都有利于他作出更多更好的成果，成了他担当新一轮重要角色的条件和保证。这样，在“成就一承认一成就”的循环中，科技精英就迅速脱颖而出，居于科技共同体分层结构的顶端。

科技奖励中的马太效应客观上有利于科技资源的优化配置。科技发展史表明，优秀人才在科学技术研究中起着关键作用，突破性成果和优秀人才往往出自为数不多的研究团队，也出自那些有良好研究传统、研究基础、研究条件和研究环境的基地（机构）。英国剑桥大学卡文迪许实验室、分子生物学实验室、牛顿数学研究所、量子力学发展史上的哥本哈根学派、美国贝尔实验室都是成功的例子。科技资源集中于这些科技精英及其所在的研究机构，往往能得到最好的运用，获得最大的回报。这种竞争机制尽管存在一些弊端，可能引起躲避科学规范的竞争行为，还可能造成剽窃、信息垄断、为抢先而草率发表成果等后果，但它依然是科学界的“生机”和科学家创造力的源泉。

第三，内部控制就是为科技职业活动提供最基本的指导规则，实现对科技建制的内部控制。科学技术可视为一个有机的系统，它内部蕴涵着一种自我控制的机制，以维持系统的良性运转。这种自我控制的机制就是科技奖励体系。科技系统的自我控制依赖于科技共同体成员之间的互动。在研究活动中，科技共同体举足轻重，实际上起到了仲裁者的作用。它通过科技成员参与学术交流、发表论文、颁布荣誉等方式，使科技人员的成果得到科技界的承认，强化科技人员的角色认同感，给科技人员以心理上的激励。反之，科技人员一旦出现越轨行为，将受到共同体的严厉惩罚[5]。借助这种体系，并实行严格的同行监督制度，能有效地引导科技人员自觉遵守科学规范，避免出现越轨行为，从而充分实现对科技建制的内部控制。

（二）外部功能

科技奖励体系的内部功能是其基本功能，是早期科技共同体内部形成奖励体系之时就已具备的基本功能。跨入创新时代后，科技社会建制不再是一个独立的封闭系统，与政治、经济、文化等紧密结合在一起。科技奖励的功能也不再局限于科技建制内部，而是影响到科技的社会运行的方方面面。这就使它具备了强大的外部功能，主要包括外部控制手段、知识传播与应用手段等功能。

其一，外部控制手段是说科技奖励是对科技建制进行外部控制的重要手段。奖励系统为政府制定科技政策、确定科研方向及进行科学管理，提供了可以参照的重要依据，从而使决策不断趋于合理和最优。首先，奖励系统具有引导科研行为方向的功能。这是因为奖励本身既是目标又是控制的手段，从而促使科技人员按照目标所示方向作出独创性贡献。正如我们常常看到的那样，诺贝尔科学奖获奖成果的研究方向往往成为某一学科的时代主题。在那一时代里，优秀的科技人才集聚其中。其次，科技奖励是一种简便易行且较为客观的参照指标。各国政府借助它可以了解本国科技发展状况及某些领域的科技指标，并将其作为制定科技政策的依据之一。这些指标还被用来衡量科技人员个人或科研机构的科研能力，以作为是否资助某一科研项目的参考。这些都是国家或政府利用科技奖励指标对科技实行外部控制的具体方式。各国科技发展优先领域的确定往往参考国际与本国科技奖励成果所在领域来制定，就是这个道理。

其二，科技奖励充当新知识传播与应用的手段。通过科技奖励的方式，新的科技成果在全社会范围内将得到反复的宣传与普及。一项新的优秀成果取得之后，起初只是在某个学科领域或某个科研机构内部被知晓。但如果该项成果获得了科技奖励，新闻媒介就会对其广为宣传，扩大其社会影响，此成果也会很快普及。新知识的广泛传播为其经济与社会应用做好了准备。美国政府在国家奖励中强调科技教育与传播奖励的缘故就在这里。一种新技术产品的规模生产，并非是仅仅有了技术原理就可以进行的，还需要能认识到该技术的重大实用价值与商业价值的投资者、了解该技术的工程师与技术工人，以及认识到新技术优势并能够使用它的广大消费人群。认识到这一点，也就不难理解为何在美国率先出现了“硅谷”这一高技术园区。新知识的广泛传播加速了其转化为社会生产力的进度。历史表明，随着科技知识的传播，新技术从开发到广泛应用的周期越来越短。

目前，世界各国逐步认识到科技奖励对新知识传播的重要影响，还设立了一些科学技术普及奖励，如挪威奥斯陆大学的大众化学奖就是直接以普及科研成果为目的的一种奖励，它以图书或科普文章等形式把科学研究成果介绍给大众，从而有力地推动了科学成果与民众的结合[6]。但是，应当明确，真正发挥新知识普及作用的根本途径是基础教育体系。

三、关于我国科技奖励体制目标与功能的思考

我国现代科技奖励始建于 20 世纪初期，但是直到新中国成立才得到较大的发展。鸦片战争之后的 100 多年时间里，列强入侵及断继续续发生的国内战争带给中国太多的创伤。尽管其间“洋务运动”和“南京十年”曾轰轰烈烈地发展科技，搞经济建设，但时间过于短暂，无论是科技共同体还是政府都没有充裕的时间和能力去建立完善的科技奖励体系。新中国成立后，政府积极推进科技共同体建设，建立完整的科技奖励体系。“文化大革命”的十年，科技奖励体系遭到破坏，1978 年以后得到逐步恢复、发展与完善。

（一）科技奖励的体制目标分析

目前，我国已经建立起中央政府、部门与地方政府及社会机构（包括科技共同体）举办的三级科技奖励体系。奖励覆盖各学科与技术领域。从目前的情况来看，中央政府奖励影响最大，部门与地方政府奖励局限于行业或地方，奖励适用范围有一定限度，而社会机构奖励影响偏小。造成这种情况的主要原因有两个，一是与我国的政治体制结构，即中央集权有关；二是与我国科技奖励发展的时代有关。从时间上看，我国科技奖励体系主要建立于 20 世纪 50 年代以后，特别是 1978 年改革开放以后。其间，我国积极参与到世界发展潮流之中，我国科技奖励体系的建设跨入了全球大科学时代。可以说，我国的科技奖励体系建设是在未经过小科学时代的充分发展而跨入大科学时代、创新时代的，这就使得政府奖励主导成为我国科技奖励体系的典型特征。反过来说，科技共同体内部奖励作用的相对弱小也就成为我国科技奖励体系的一个显著缺陷。

从奖励目标来看，我国科技奖励体系与国际趋势是一致的，体现对成果的真理价值和科学家研究能力的承认，体现对成果的应用价值和经济社会效益的承认。这一点可以从我国五大国家科技奖励的设置上看出来。表 2 所列是我国五大奖励的基本情况。其中，“国家最高科学技术奖”作为人物奖，奖励科技领域最为突出的个人，肯定个人的科学技术贡献与研究能力；“国家自然科学奖”是对基础研究成果的承认；“国家技术发明奖”是对技术发展的承认；“国家科技进步奖”是对新科技成果应用价值和社会经济效益的承认。这四大奖项是我国目前科技奖励的主体，覆盖了我国研究与发展、科技成果转化应用、科技服务三大类科技活动的全部内容。“中华人民共和国国际科学技术合作奖”是针对我国科技发展具体情况而设立的。在我国科技发展水平落后的情况下，需要国际援助来促进自身发展。

表 2　中国国家科学技术奖励

奖励名称	设奖时间	奖励对象	周期及数量	评选机构	奖励形式
国家最高科学技术奖	2000 年	作出如下贡献的中国公民：在当代科学技术前沿取得重大突破或者在科学技术发展中有卓越建树；在科学技术创新、科学技术成果转化和高技术产业化中，创造巨大经济效益或者社会效益	每年不超过 2 人	国家科学技术奖励委员会，在该委员会领导下建立评审委员会	由国务院颁发，获奖者获得奖励证书及奖金 500 万元
国家自然科学奖	1955 年，2000 年实施新的奖励条例	每年人数不等，与国家技术发明奖、国家科学技术进步奖合计不超过 400 项	国家科学技术奖励委员会，在该委员会领导下建立评审委员会	美国环境保护署、美国科学院、国家科学基金和美国化学会联合主办	由国务院颁发，一等奖 6 万元，二等奖 3 万元，三等奖 1.5 万元，四等奖 0.6 万元。2003 年改为特等奖、一等奖和二等奖三个等级

续表

奖励名称	设奖时间	奖励对象	周期及数量	评选机构	奖励形式
国家技术发明奖	1955年，2000年实施新的奖励条例	运用科学技术知识做出产品、工艺、材料及其系统等重大技术发明的公民	每年人数不等，与国家自然科学奖、国家科技进步奖合计不超过400项	国家科学技术奖励委员会，在该委员会领导下建立评审委员会	由国务院颁发，一等奖6万元，二等奖3万元，三等奖1.5万元，四等奖0.6万元。2003年改为特等奖、一等奖和二等奖三个等级
国家科技进步奖	1955年，2000年实施新的奖励条例	在应用推广先进科学技术成果，完成重大科学技术成果，完成重大科学技术工程、计划、项目等方面，作出突出贡献的公民和组织	每年人数不等，与国家自然科学奖、国家技术发明奖合计不超过400项	国家科学技术奖励委员会，在该委员会领导下建立评审委员会	由国务院颁发，一等奖4.5万元，二等奖3万元，三等奖1.5万元。2003年改为特等奖、一等奖和二等奖三个等级
中华人民共和国国际科学技术合作奖	2000年	对中国科学技术事业作出重要贡献的外国人或者外国组织	每年人数不等	国家科学技术奖励委员会，在该委员会领导下建立评审委员会	由国务院颁发

资料来源：姚昆仑.2007.中国科学技术奖励制度研究.中国科学技术大学博士学位论文.

与美国的国家奖励相比，我们可以发现在我国的国家奖励中缺少针对基础教育中科技教育的奖励。尽管在科学技术进步奖中设有科学技术普及奖项，但是，这种奖励是针对社会公众的普及而非针对青少年的科技素质提高，其强度远弱于后者。特别应该明确的是，全社会科学技术水平的提高，归根结底依赖基础教育。目前，我国从中央政府至各科技团体对此科技奖励体制目标都还没有清晰的认识，在国家奖励中加强科技教育奖励是必要的。

（二）科技奖励体系功能分析

内部功能是科技奖励体系的基本功能。纵观我国科技奖励体系，分析各类授奖数量、学科分布、人员结构特点，可以看出，科技奖励有力地激励了科技创新、优化了科技共同体分层、引导科技人员投入热点领域开展研究。同时，科技奖励体系也充分发挥了外部功能。技术发明奖、科技进步奖及一些部门奖励如“星火奖”等对促进科技传播与应用，促进中小企业、农村和乡镇企业科技进步，振兴国家与地方经济等都作出了贡献。对2000～2003年国家科技进步奖获奖项目中的6%进行统计分析发现，获奖前产生的效益为2205亿元，一年后的2004年年底奖后效益为3323.7亿元，累计达5667.1亿元。其中，奖后效益占了整个效益的56.4%，说明获奖后对推动项目进一步走向市场发挥了重要作用[7]。

我国的科技进步奖在科技传播方面也发挥了重要功能。例如，2005年获得国家科技进步奖的科普图书，对传播现代科学技术知识，宣传身边科学和日常科学，提高全民素质发挥了积极作用。例如，《中国儿童百科全书》，内容涵盖了30多个学科门类，有近400个知识主题，以5000幅彩图展示了2000多个知识点，知识的表现形式新颖，适合少年儿童的阅读特点和认知规律，可以激发他们求知的欲望和并可获得从中寻找知识的乐趣，对培育青少年的学科学、爱科学的热情产生了一定的影响。又如《全球变化热门话题丛书》，通过生动活泼的科普语言，不仅反映了我国多年气候变化的研究成果，也宣传了人类可持续发展的理念，对弘扬科学精神，营造创新文化氛围，促进社会主义精神文明建设发挥了积极作用[7]。

但是，也应当看到我国科技奖励体系功能发挥中的不足，即对科技成果及科技人员研究能力的承认过分依赖政府行为。如前所述，我国科技奖励体系形成于世界大科学潮流进程中。这一方面使得我国实现了一次跨越发展，另一方面造成我国短缺小科学发展积累。这表现在科技奖励上，就是众人盯着国家奖励，而科技共同体内部奖励的影响却严重不足，同时，部门与地方奖励由于行业和地方因素限制而难以得到同行的广泛承认。在针对国家科技奖励获得者的调查中，我们发现被调查者均认为国家奖励较公正，充分地肯定了科技成果的真理价值、科技人员的研究能力及成果的社会经济效益，但是，获得国家奖励实在不易，众多的科技人员及其工作难以得到肯定。被调查者甚至提出增加国家科技奖励项目的要求。然而，与美国等国家相比较，我国国家科技奖励项目数量事实上已相当多。国家级奖励在现代国家的整个科技奖励体系中发挥着象征作用，就如同诺贝尔科学奖在全球科技奖励中发挥象征作用一样。项目数不可能太多，绝大多数科技人员的贡献难以得到如此殊荣。他们的贡献需要各种各类科技共同体自身来给予肯定，也就是由各学会和技术协会给予奖励和承认。学会与协会是科技奖励体系发挥其功能的基本单位。在美国等现代科技发达国家中，尽管国家奖励的作用越来越突出，但其学会与协会仍在持续发挥其基础作用。正是依赖这种基础作用，国家奖励才能够保持其公正与代表性。

由于历史条件的限制，我国各科学学会与技术协会在科技奖励体系中的作用一直较为薄弱。调研中，一些科技人员也呼吁加强学会和协会在奖励中的作用。因此，为完善我国科技奖励体系，充分发挥其功能，加强科学学会与技术协会的奖励职能是必要的。

（三）关于完善我国科技奖励体制目标与功能的建议

综合上述分析，本文提出如下完善我国科技奖励体制目标与功能的建议。

其一，在国家级奖励中明确科技教育奖励目标，设置科技教育奖项，使之成为基础教育中的表率，以吸引更多的资源投入科技教育之中。具体措施如下：设立年度奖励项目，在公立与私立基础教育机构中从事科技教育并作出突出贡献的任何个人都可以被推荐进入评选；采取荣誉加资助的方式给予奖励，一方面使获奖者取得殊荣，另一方面使之有经费开展其教育活动。开始时，要控制规模，可每年提名 30 人，最终评选出 15 人。为避免行业内部竞争资源，此项奖励只针对个人进行提名与奖励，不针对机构进行。

其二，设立边远地区国家科技教育奖励项目，以奖励在边远地区科技人员培养中作出突出贡献的教育或研究机构。该奖励可促使受奖机构发挥表率作用，进一步吸引资源投入到边远地区的科技教育之中，从而提高边远地区科技水平，缩小与发达地区的差距，促进全国范围内的科学知识传播与技术流动，达到提高全社会生产力水平的目的。具体措施如下：设立年度奖励项目，边远地区的高等教育与研究机构均可被提名参选，每年可最终选择 10 个机构进行奖励。奖励采用荣誉加资助的形式进行，资助资金用于在获奖机构内支持青年人进行大学、研究生学习或博士后研究。

其三，加强科学学会与技术协会的科技奖励职能，使之充分发挥奖励基础作用。学会与协会奖励表达的是同行承认。通常，同行对某一科技人员所作出的真理性贡献或有社会价值的贡献，都会给予承认。这恰恰是学会奖励的基础作用，但是，这也造成学会奖励成果在整个科学技术发展中的作用千差万别。有些成果开创了崭新的研究领域，极大地提高了人类对于自然的认识，甚至其成果的技术应用还为人类带来了巨大的福利，相反，有些成果仅仅是弥补了科学知识中的微小不足。而且，学会奖励通常仅仅是荣誉，很少伴随有资金。这就造成人们对学会奖励的多重态度，甚至轻视的态度。这种情况，古今中外，莫不存在。但是，同行承认是科技人员生存于科学技术研究行业所不可缺少的，是他们生存于该行业的“硬通货”，因此，学会与协会奖励不可或缺，而且需逐步积累。这种承认，在于共同体内部的把握与控制，而不在于外部行政干预，因此，不可将荣誉与获奖者的薪资收入、职称、行政职位等强行挂钩。只有这样，才能使科技人员与全社会端正对科技奖励的认识，才能保证科技奖励健康发展。事实上，学会和协会奖励作为科技共同体内部的同行承认，它的逐步积累自然有利于科技人员竞聘更适合的职位，获得更高的收入。

参考文献

［1］Merton R K. Sociology of Science. Chicago：University of Chicago Press，1973：297，445，446.

［2］Latuor B，Woolgar S. Laboratory Life. Princeton：Princeton University Press，1986：197.

［3］Price D J. Little Science，Big Science and Beyond. New York：Columbia University Press，1986：1-2.

［4］赵红州．大科学观．北京：人民出版社，1988：290.

［5］王炎坤．科技奖励论．武汉：华中理工大学出版社，2000：74，70，30.

［6］陈发俊．科技奖励的社会功能．科研管理，1998，(1)：21.

［7］姚昆仑．中国科学技术奖励制度研究．中国科学技术大学博士学位论文，2007：174-175.

我国社会科技奖励调查分析*

奖励是科技社会运行的基本机制之一。它以特定形式承认科技人员的科学发现和技术发明，承认科技人员和社会各类人员在科技成果的产业化和社会传播方面的杰出贡献，从而激励科技人员和社会各类人员进行科技探索、传播和应用科技成果。历史上，科学学会、技术协会或行业协会、基金会、企业等机构的奖励形成较早，构成了科技奖励体系的基础部分和主体部分，被称为“社会科技奖励”。20世纪后半叶，世界主要国家推进国家创新体系建设，纷纷设立政府奖励，特别是中央政府奖励，逐步形成了“国家奖励为象征，社会奖励为主体”的局面。为完善我国科技奖励体系，基于对我国184项社会奖励的资料调查，其中28项奖励的实地研究及10位获奖人和评委的访问研究，本文详细分析了我国目前社会科技奖励的状况。

一、社会科技奖励的规模与结构

截至2008年6月，在国家科学技术奖励办公室（以下简称奖励办）登记的面向全国范围的社会奖励有184项，除3项因各种原因被注销外，181

* 本文作者为尚智丛、唐素琴、杨辉，原载《自然辩证法通讯》，2009年第31卷第5期，第50～55页。

个奖项正常开展活动[1]。奖励办社会奖励处 2007 年曾对其中 70 余项奖励进行调查。这 70 余项奖励 2006 年度的奖励项目与奖励人物总数达到了 4022 个（人），基本上相当于全国各省市一年的政府奖励数量。此外，地方社会力量设立科学技术奖也开始起步，截至 2007 年 11 月，全国有北京、河北、内蒙古、吉林、黑龙江、上海、山东、浙江、湖南、广东、广西、陕西、新疆等 12 个省（自治区、直辖市）批准登记了本地区内的科技奖励 80 余项。我国社会力量设奖已经初具规模。

然而，我国社会科技奖励的规模仍然偏小，特别是面向全国的社会科技奖励。科技奖励首先是科技共同体内部的同行承认[2]，国家奖励仅仅是象征与引导，因此，现代国家的科技奖励体系中，国家奖励少而精，社会奖励规模巨大。以美国为例，目前以总统名义颁发的国家奖励有 7 项，即能源部具体负责的费米奖[3]、商务部专利与商标办公室具体负责的总统技术与创新奖章[4]、环境保护署具体负责的总统绿色化学挑战奖[5]，以及国家科学基金会具体负责的总统科学奖章、总统杰出数学与科学教师奖、总统青年科学家与工程师奖、总统杰出科学数学和工程教育奖[6]。在社会奖励一方，美国科学促进会现设有 11 项奖励[7]，美国科学院有 30 项[8]，美国工程院有 7 项[9]，医学研究所有 1 项[10]，学院奖共计 38 项。美国科学促进会拥有全国性科学学会和技术协会 262 个，下属分会更是不计其数。据调查，全国学会设立的奖项均不下 10 项，仅美国化学会（61 项）、美国物理学会（48 项）和美国土木工程学会（46 项）三个学会设立的奖项就达 156 项。据此推测，美国全国性学会设立的奖项在 3000～4000 项[11]。这样，美国国家奖励与全国性社会奖励的比例大致在 7∶3500，即 1∶500。我国现有国家奖励 5 项，即最高科学技术奖、自然科学奖、技术发明奖、科学技术进步奖和国际科学技术合作奖。我国国家奖励与全国性社会奖励的比例是 5∶181，即 1∶36。美国是当今世界科技发达的国家，奖励体系相当成熟，具有代表性。与之比较可见，我国社会奖励规模过小。2006 年，中央提出“努力构建政府奖励为导向、社会力量奖励和用人单位奖励为主体的激励自主创新的科技奖励制度”[12]，促进我国社会科技奖励发展，完善我国科技奖励体系结构。

造成我国社会奖励规模偏小的主要原因有两个。其一，历史原因。20 世纪初，我国就出现由中国科学社等机构设立的社会奖励，民国时期增加了一些，但仍寥寥无几，能够统计在册的仅24项[11]。整个20世纪上半叶，中国大地上战乱频仍，政府与社会各界均无力发展科技。新中国成立以后，政府着力发展科学技术并对社会机构进行整合，及至后来发生“文化大革命”等政治运动，社会科技奖励基本停止。直到20世纪80年代改革开放，社会奖励才恢复并发展起来。由此而言，我国社会奖励真正发展的时间也就是最近的30年。相反，美国科技奖励自17世纪英格兰殖民时期就已开始，而今已有近400年的历史。其二，社会结构与制度原因。我国社会结构单一，长期以来政治因素在社会生活各个方面发挥主导作用，加之原有计划经济体制的长期推行，科技项目与经费、人员调配与职位晋升及奖励均由政府计划进行，造成对社会奖励的遏制。虽然历经30年改革，但原有因素与制度仍有较多影响。

从设奖主体结构上来说，我国社会科技奖励体现了多元化。奖励办登记的184项全国性奖励的设奖主体，包括全国一级学会、全国性行业协会（或技术协会）、各类基金（会）、企业及个人、科协、共青团中央、全国总工会、全国妇联等。其主体结构如下图所示。

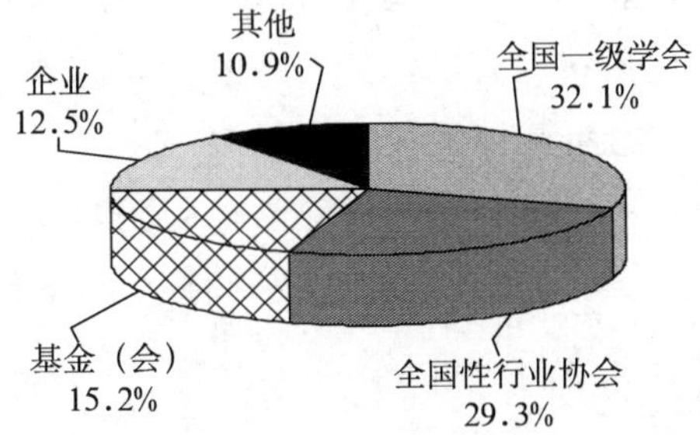

社会科技奖励设奖主体结构

从上图我们可以看出，学术性组织是我国社会奖励的主要设奖主体。代表我国某一学科和行业最高水平的全国性一级学会和行业协会，两者共设奖113项，占全国性社会奖励总数的61.4%。这与美国社会奖励结构类似。美国的各种基金会也常常与科学促进会和科学院、工程院及各学会或技术协会联合设奖。多元设奖主体结构形成了多元评审与奖励渠道，为不同领域和不同层次的科研人员提供了承认和激励的平台。学会和行业协会所设的奖项面向本学科或本技术领域，由同行专家评审，对获奖人员所取得的成果给予了最高的同行承认，大大促进了学科发展和行业科技进步。

从奖励对象结构来看，我国社会科技奖励目前仍然以奖励项目为主，但直接奖励科研人员的趋势在加大。这与美国等西方国家的情况不同。在国家奖励办登记的社会奖励中，奖励项目的奖项达 129 项，占到设奖总数的 70%。绝大部分应用性学会（包括几乎所有工科学会、医学学会和农业学会）、几乎所有工业协会及所有大型国有企业设立的奖项都是奖励项目。造成这样一种结构的根本原因是，各种社会奖励最初基本上都是以政府科技奖励为蓝本而设置的，特别是参照了国家奖励。只是根据设奖机构自身情况，社会奖励在规模、奖励范围、奖金等方面进行了适度调整。1999 年，政府奖励调整，相当数量的政府部委奖励转变成了社会奖励。由此而来的社会奖励大都沿用了原来的设置方式。

目前在奖励办登记的社会奖有 55 项以个人为奖励对象，占到总数的 30%。理科学会（如中国数学会、中国化学会等）大多数设立人物奖，28 项基金（会）设奖中有 20 项奖励都以科研人员个人为奖励对象。一些原来只奖励项目的社会团体也开始通过设立青年科技奖、杰出成就奖等奖项的方式，直接奖励科研人员。例如，中国石油和化工协会设立的青年突出贡献奖、中国林学会设立的梁希优秀学子奖、中国计算机学会设立的海外杰出贡献奖等奖项都属此类。社会团体设立的人物奖中，专门奖励青年科研人员的奖项占了较大比重。据不完全统计，目前由社会团体设立的面向全国的青年科技奖励达到 40 余项，奖励少年儿童的有 3 项。这充分体现了社会团体对后备人才培养的重视。

二、社会科技奖励的申报和评审方式

严格的规章制度和完善的机构设置，是保证社会奖励运行的前提。目前几乎所有的社会奖励都制定了详细而明确的奖励条例或奖励办法，对奖励范围、奖励周期、奖项设置（奖励对象、奖励等级等）、申报条件、奖励形式、推荐及评审程序、评审组织机构、评审委员会的组成、资金来源及奖金分配等奖励工作的各个方面都作了相应规定。很多社会奖励还借鉴国家奖的做法，制定了较为细致的实施细则，使得奖励工作更加制度化，减少了人为因素的干扰。2007 年 11 月，中华医学会修订《中华医学科技奖奖励条例》及《实施细则》时，甚至取消了对条例和细则的最终解释权。评审过程按规定进行，即使是设奖机构也只能照章办事[13]。此外，社会奖励还普遍引入回避制度，但是，受专家库建设的限制，以及学科或行业共同体规模的制约，各奖项规定的回避程度不一。一般规定凡申报当年奖项的候选人不得作为评委参加当年的评审。少数机构规定较为严格，如中华医学科技奖规定同一法人单位的评审委员不得参加本单位项目的评审[14]。绝大多数设奖机构还制定了相应的纪律条款和处罚措施，如中国钢铁工业协会《冶金科学技术奖奖励条例》规定，对于通过剽窃、作假等手段获取奖励的，一经核实，撤销奖励，追回奖金，并向社会公布[15]。中国计算机学会《创新奖奖励条例》不但制定了奖项申报人违规处罚条款，还制定了评审专家和相关工作人员约束条款。例如，规定评审委员如违反相关规定（收受被推荐人钱物、评审结果正式公布前透露有关信息、违反回避原则等），将失去评委资格，由学会理事会给予警告，并在未来 3 年内不得进入评审委员会。如果专职人员违纪，将视情形给予警告、罚款直至除名处分[16]。

在评审机构设置上，所有社会奖励都成立了相应的奖励工作办公室和评审委员会，奖励工作办公室负责奖励的评审组织工作。大多数社会奖励都对评审委员会的构成和任期作了规定，如学会奖励的评审委员会主任一般由学会理事长担任，其成员由常任委员和应届委员组成。常任委员一般是学会正、副理事长，秘书长。应届委员一般根据当年项目申报情况从学会专家库中遴选。评审委员会一般随学会理事会换届而更新，每次更新人员不得少于 1/3。部分社会奖励的评审专家选择更为严格。例如，中国计算机学会创新奖评审专家均从专家数据库中随机抽选[16]；中华医学科技奖的初评、终评专家不可重复。这些制度保证了评审的公平和公正。

在申报程序上，绝大多数社会奖励都采取了推荐方式，由机构和专家推荐奖励候选人。具有推荐资格的机构是：设奖机构的分支机构、下属专业委员会、相关项目完成单位及相关行政部门。具有推荐资格的专家包括：有高级专业技术职称的同领域科研人员、学会和协会的理事或高级会员、专业委员会委员及两院院士。可多名专家联名推荐。这种申报程序与国际科技奖励通行的提名程序类似，只是在实际操作中，我国以项目完成单位或相关行政部门对本机构人员的推荐为主。目前，少数已经形成良好声誉的奖项对推荐渠道要求比较严格，如中华医学科技奖规定只有经其认定的机构才有推荐资格，且必须按规定名额推荐；如果是个人推荐，必须是3名及以上院士联名推荐[14]。而不少新设立的奖项为了鼓励更多单位申报，一般对推荐渠道不作严格规定，只要推荐单位具备独立的法人资格即可。

在评审程序上，项目奖励一般采取二级评审模式，即由专业评审组初评、评审委员会终评。一些行业协会和工科学会还设有奖励委员会，对评审委员会的评审结果进行审定。一般程序包括：评审委员会根据当年项目申报情况，设立若干个专业评审组。专业评审组根据评审委员会所下达的指标，向评审委员会推荐本专业组建议获奖项目及等级。也有少数奖项不分专业组，而是每个项目安排2～3名同行专家进行初审，提出书面评审意见，供评审委员会参考。专业评审组初评过后，评审委员会根据初评建议召开评审会进行终评。各专业组组长需在会上介绍本组评审情况。未设专业组的，由项目主审专家介绍所评项目的情况。一般专业评审组（或项目主审专家）建议获特等奖、一等奖的项目，其主要完成人需要在评审会答辩，接受评委质询。二等奖、三等奖只进行原则性审定。最后，全体委员对建议获奖项目进行投票表决，一般一等奖和特等奖需2/3以上到会委员通过，二等奖、三等奖需1/2以上到会委员通过。人物奖的评审相对简单，一般采用一级评审机制，即不分专业组，只设立评审委员会，由其进行评审。在召开评审会前，评审委员会通常会请若干名与候选人同领域的专家对其通信评议，评审委员会结合专家意见，经过充分讨论投票产生获奖者。

社会奖励还设置了异议监督程序。一般采取奖前异议，在正式发布获奖结果之前，在设奖机构网站、所属学科或行业主要报刊和网站等相关媒介上公布拟获奖人选或机构名单，接受公众质询。异议期一般为30天。少数奖项把异议期放在初审结束后、终审开始前，如中华医学科技奖[14]、中国针灸学会科学技术奖[17]、中国通信标准化协会科学技术奖[18]等就是采取这种做法。也有个别奖项把异议期前移至形式审查之后，正式评审之前，如中国通信学会科学技术奖[19]。应该说异议期前移，能够在评审结果出来之前就将异议解决，一定程度上减少了公众对奖励评审权威性和公正性的质疑。从实质上来说，异议监督是当前我国社会奖励采取的权宜措施，用以补偿提名范围偏窄的不足。目前推荐阶段主要是项目完成单位或相关行政部门推荐本机构人员。不在这些推荐机构中从业的优秀人员可能被遗漏，而且，推荐过程中难免出现维护部门利益的情况。当提名专家足够多，且提名人选不限于同机构人员时，提名阶段就能够广泛表达同行专家对被提名者的意见，异议就已经在此阶段得到表达和处理。国际上各种奖励实行广泛的专家提名制度，意图就在于此。这一方面避免了遗漏杰出人才，另一方面也减少了委员会评审的工作量，同时，避免了事后异议损害奖励评审的权威。就评审程序来说，目前我国社会奖励需要加强专家提名相关制度与措施建设，鼓励同行专家积极参与候选人提名工作。

三、社会科技奖励的声誉

我国社会科技奖励的影响力在不断扩大，少数社会奖励已经形成较好的声誉。何梁何利奖、陈嘉庚科学奖、光华工程科技奖等一些奖励得到科技人员的广泛认可，其声誉堪比国家奖。另外，少数学会奖励在个别专业领域内也得到同行较高认可，如中国物理学会的五项物理奖、中国数学会的华罗庚奖、中国化学会的青年化学家奖、中华医学会的中华医学科技奖等。但是，调研发现科研人员认为目前大多数社会奖励的声誉并不高，对科技人员的吸引力和社会影响力有限。在访问研究过程中，课题组着力调查分析了我国社会奖励声誉偏低的原因。归纳起来，主要有如下三项。

其一，大部分社会奖励设立时间不长，还需要一个科技界与社会的认同过程。在目前运行的社会奖励中，设立最早的是 1983 年中国化学会设立的青年化学家奖，迄今也只有 25 年的历史。直至 20 世纪 80 年代末，只有为数不多的社会团体和几位老科学家设立了荣誉性的和带有少量奖金的科技奖励[20]。大部分社会奖励都是 20 世纪 90 年代以后设立的。由于缺少认同，相当数量的社会奖励申报人偏少，导致获奖比例较高。调查发现，目前社会奖励的获奖与申报比例多在 40%～50%。这就使得奖励本身的权威性和稀缺性得不到体现，对获奖人员的激励作用不足，反过来，又不利于奖励声誉的提高。

其二，科技奖励派生的人员待遇问题困扰着社会奖励，一定程度上成为社会奖励声誉提高的障碍。从理论上来说，奖励是同行承认，获奖人员当然拥有更多的机会获取研究资金和更优研究岗位及相应报酬。但是，我国自1978年逐步恢复自然科学奖、技术发明奖、科学技术进步奖等奖励以来，有关行政主管部门将政府奖励与人员待遇直接挂钩，然而社会奖励却无此待遇。1984年颁发的《中华人民共和国科学技术进步奖励条例》第十一条就规定："科学技术进步奖获得者的事迹，应记入本人档案，并作为考核、晋升、评定职称的重要依据之一。"[20] 虽然1999年国务院颁发的《国家科学技术奖励条例》取消了这一规定，但这种做法被各单位沿用至今。尽管近年来个别单位将国家奖励办登记的社会奖励也作为人员考核、晋升和职称评定的依据之一，但是总体而言，社会奖励因相对缺乏派生待遇而不能获得科技人员的充分关注，其声誉提高存在较大困难。其实，奖励的派生待遇是自然存在的，涉及科技共同体内部的奖励、任用和资助三大制度。充分利用好这种派生现象，就可以实现奖励的优势积累效应，但是，以行政权力强制规定各项奖励具有何种待遇，必然导致奖励依其颁发机构的行政权力而划分为三六九等。在这种情况下，社会奖励必然处于劣势，声誉难以提高。虽然国家条例已取消原有规定，但要各单位在具体规定和操作中清除这一做法，却有待时日。

其三，相当数量社会奖励的奖金强度有限，有些设奖机构还存在筹资与运行困难。我们按照184项社会奖励设奖机构的结构（即学会、协会、基金会、其他），抽取其中28项，调查其奖金额度，结果如下表所示。57%的奖励每届奖金总额在50万元以下，而我国社会奖励多效仿国家奖，一项奖励往往授予多人或多个项目，平均一人或一个项目的获奖金额多在万元左右。就全国层面的社会奖励而言，这种奖励强度偏弱。虽然科技奖励的本质不是物质激励，但在目前具体国情下，奖金的多少依然对奖项的彰显度和影响力有相当的影响。深入的调查发现，原部委奖撤并后形成的奖项在资金筹集上较其他奖项容易，而部分针对小专业设立的奖项存在筹资困难，如茅以升科学技术奖。调研发现，大多数社会奖励的专职工作人员在5人以下，以2～3人居多，最少的只有1人。只有少数社会奖励的专职工作人员能达到10人左右。很多设奖机构的办公用房和人员工资需要关系单位的支持才得以维系。有些机构为了节省开支，雇佣有热情的离退休人员工作，人员更换频繁。这种人员配置状况不利于开展大规模的奖励申报与评审工作，不利于奖励工作的持续发展，不利于奖励声誉的提高。

28 项社会奖励的奖金总额

每届奖金总额/万元	奖项数/个	比例/%
无奖金	2	7
30 以下	11	39
31～50	3	11
51～100	5	18
101～150	3	11
150 以上	4	14
合　计	28	100

参考文献

[1] 中华人民共和国科学技术部．社会力量设立科学技术奖登记审批名单．http：//www. most. gov. cn/bszn/new/shll/jgcx/200804/t20080428-60998. htm [2008-08-10].

[2] Merton R K. Sociology of Science. Chicago：Chicago University Press，1973：297.

[3] Office of Science of US department of energy. The Enrico Fermi award. http：//www. er. doe. gov/fermi [2007-11-12].

[4] United States Patent and Trademark Office. The national medal of technology and innovation. http：//www. uspto. gov/nmti [2008-08-10].

[5] The United States Environment Protection Agency. EPA744-F-02-001，May 2003. http：//www. epa. gov. greenchemistry/pubs/pgcc/presgcc. html [2007-11-12].

[6] NSF. Presidential and honorary awards. http：//www. nsf. gov/awards/presidential. jsp [2008-08-10].

[7] AAAS. AAAS awards. http：//www. aaas. org/aboutaaas/awards/ [2008-07-27].

[8] NAS. Awards. http：//www. nasonline. org/site/PageServer? pagename = AWARDS _ By _ Field [2008-07-27].

[9] NAE. NAE awards. http：//www. nae. edu/nae/awardscom. nsf? OpenDatabase [2008-07-27].

[10] Institute of Medicine. The Rhoda and Bernard sarnat international prize in mental health. http：//www. iom. edu/CMS/AboutIOM/5782. aspx [2008-06-20].

［11］姚昆仑．中国科学技术奖励制度研究．中国科学技术大学博士学位论文，2007：226，99-106.

［12］陈至立．在何梁何利基金 2006 年度颁奖大会上的讲话．http：//www. most. gov. cn/yw/200611/t20061124 _ 38259. htm［2008-08-27］.

［13］中华医学会．关于推荐 2008 年中华医学科技奖的通知．http：//www. cma. org. cn/ArtShowContent. asp? ArticleID=1246［2008-08-27］.

［14］中华医学会．《关于推荐 2008 年中华医学科技奖的通知》附件 2《中华医学科技奖奖励条例实施细则》第四十一条．http：//www. cma. org. cn/ArtShowContent. asp? ArticleID=1246［2008-08-27］.

［15］中国钢铁工业协会，中国金属学会．冶金科学技术奖奖励条例实施细则第六十一条．http：//www. cmsta. org. cn/ssxz. htm［2008-07-27］.

［16］中国计算机学会．创新奖评奖条例第十三条、第十四条、第十五条．http：//www. ccf. org. cn/web/assembly/action/browsePage. do? channelID = 111208904329［2008-08-27］.

［17］中国针灸学会．中国针灸学会科学技术奖奖励办法．http：//www. caam. cn/keji/xggs/200701/174. html［2008-08-28］.

［18］中国通信标准化协会．中国通信标准化协会科学技术奖励办法．http：//www. ccsa. org. cn/about-ccsa/show-regulation. php? auto _ id=12［2008-08-28］.

［19］中国通信学会．中国通信学会科学技术奖管理办法（修订）．http：//www. china-cic. org. cn/Article/1948［2008-08-28］.

［20］曲安京．中国近现代科技奖励制度．济南：山东教育出版社，2005：127-128，208.

中国科学技术协会与美国科学促进会的科技奖励比较*

从科学技术发展史上来看，科技共同体内部奖励是科技奖励的基础和主体，在承认和激励科学家创新方面发挥着根本作用。但长期以来，我国科技共同体内部奖励发展相对不足。2006 年科技部提出“以政府奖励为导向，社会力量和用人单位奖励为主体”的工作方针，大力推进我国科技共同体内部奖励的发展。中国科学技术协会（简称中国科协）和美国科学促进会（The American Association for the Advancement of Science，AAAS，简称美国科促会）分别作为中美两国科技人员的最大社会组织，在两国和国际科技奖励中发挥着至关重要的作用。本文试图对两者科技奖励的设奖规模与奖励对象、奖励方式及奖励效果等进行比较分析，以图“他山之石，可以攻玉”。

一、设奖规模与奖励对象的比较分析

中国科协现拥有 191 个全国性学会，宗旨在于促进中国科学技术的发展与普及，建设创新型国家。中国科协十大任务之一即表彰奖励优秀科学技术

* 本文作者为尚智丛、杨辉，原载《自然辩证法研究》，2009 年第 25 卷第 5 期，第 71～74 页。

人员[1]。美国科学促进会拥有 262 个学会，宗旨是“为全人类福祉，发展全球科学、工程与创新”。目前，中国科协直接发放 11 项奖励，其中单独设立 6 项，与其他机构和个人联合设立 5 项。其下属全国学会中，有 95 个设立了固定奖项，达 173 项[2]。截至 2008 年 6 月底，在国家科技奖励办公室登记设立的学会设奖达到 59 项，占全国性社会力量设立科技奖励的 32%。目前，美国科促会直接设立的奖励也有 11 项，其中单独颁发 6 项，与其他机构和个人合作颁发 5 项。其下设学会所颁发的奖励非常多，在 3000～4000 项[3]，约为美国联邦政府奖励的 300 倍。从目前总体规模来看，中国科协奖励远低于美国科促会奖励。

但是，以单项奖奖励的人数或成果数来看，中国科协奖励高于美国科促会奖励。美国科促会的奖项一般每年只奖励一个人或一个项目。而中国科协绝大部分奖项每届奖励少则数十人（项），多则上百人（项），如中国青年科技奖每届奖励一般在 100 人左右，2007 年第十届共奖励了 99 人及一个创新集体，还有 10 名特别奖。仅此一个奖项就超过了同年美国科促会所有奖项的奖励人数。出现这样的差异，有两方面的原因：①与两者设奖的奖励范围有关。中国科协设奖多为多学科、多领域的综合奖，奖励范围比较宽泛，出于平衡考虑，奖励数量不可能太少。而美国科促会设奖多为单项奖，奖励在某一科技活动领域或某一专业领域作出最突出贡献的人士。②与中美两国文化背景不同密切相关。中国具有深厚的集体主义传统，设奖往往不突出个人或单个项目，评奖时也有意保持不同学科和不同科技活动之间的“平衡”，使得奖励常常具有一些平均主义色彩；美国文化崇尚个人主义，设奖时重在突出个人的作用。

在奖励对象方面，中国科协和美国科促会及其学会都注重奖励在科学发现与技术发明方面作出突出贡献的人员，同时奖励在新科技知识传播、教育和科技共同体建设方面作出突出贡献的人员。然而，两者在奖励对象上也各有重点。尽管科技奖励也遵循科学的“普遍性”社会规范，即以科技人员所创造成果的真理价值来评价他，而不依赖于他的社会属性。“他的种族、国籍、宗教、阶级和个人品质也都与此无关”[4]，但是，中美科技资源配置上的差别却导致奖励重点不同。美国的科技资源采取了多元配置的体制，科技人员可以通过多个渠道获得肯定与资助[5]，而我国科技资源配置单一，科技人员更多地依赖科协与政府奖励的肯定。这样，从实际情况出发，中国科协在设奖时注重对弱势科技群体的奖励，以促进全国科技发展能得到均衡。我国科技人员弱势群体包括：不发达地区、女性及青年科技人员。中国科协直接颁发的11项奖励中有4项专门奖励西部、女性及青年优秀科技工作者。此外，中国科协还专门设立了一些奖励下属科技团体及其工作者的“内部奖项”，如中国科协先进工作者奖等。这是美国科促会所没有的。美国科促会奖励重心在于奖励科学技术的普及与传播。特别值得我国借鉴的是科技教育奖励。美国科促会于2006年设立高中科学教师奖（Leadership in Science Education Prize for High School Teachers），奖励那些运用创新方法开展科学教育的高中科学教师；还设立了导师奖（Mentor Award），授予在指导少数族裔及女性学生攻读博士学位、获取知识与行动能力等方面作出卓越贡献的科学家或工程师。这两项奖励中，前者意图充分发挥义务教育的功能，提高美国人民科学技术基础素质；后者促进全美科技发展的平衡。

与美国科促会相比，中国科协及其下属学会对科普及国民教育中的科技教育奖励不足。科普与科技教育是推动科技进步的重要基础性活动，前者有助于促进公众理解科学，提高全民的科学素养，从而为科技发展培育深厚的土壤；后者直接为科技发展培养后备人才。美国之所以成为当今世界头号科技强国，与其重视科普与科技教育密不可分。中国科协也应加大对科普与科技教育活动的奖励力度。

此外，就奖励对象而言，中国科协与美国科促会奖励的国际化程度存在极大差别。美国科促会直接颁发的11项奖励中有5项针对全球科技人员颁发。其下属学会的奖励也有相当部分都面向全球，如美国化学会设有34项国际奖，占其全部62项奖励的54.8%；美国物理学会设有22项国际奖，占其全部50项奖励的44.0%[6]。然而，目前中国科协设奖基本上仅面向中国内地的科技人员。其直接颁发的奖励中尚无一项国际奖，下属学会也仅有中华医学会等极个别学会设有国际合作奖。造成这一状况的根本原因是我国科技发展水平的相对落后。但是，只有融入国际科学技术潮流，才能快速提高我国科技水平。

二、奖励方式的比较分析

中国科协与美国科促会设奖均以精神奖励为主，物质奖励为辅。两者设立的奖励大部分都有一定数量的奖金，但数额都不高。美国科促会除柯利夫兰奖（Newcomb Cleveland Prize）等 3 项奖励奖金是 2.5 万美元外，其他 8 项奖金都在 5000 美元及以下，其中高中科学教师奖奖金仅 1000 美元。中国科协设奖中除中国青年女科学家奖奖金达 10 万元、求是杰出青年奖奖金达 1 万美元及中国青年科技奖奖金达 4 万元外，其他奖金都在 1 万元及以下，其中 2 项奖励没有奖金，只授予奖章和证书。与物质奖励相比，中国科协与美国科促会设奖更注重荣誉激励。这突出体现在两者都为获奖者举行隆重的颁奖典礼，彰显出对获奖者的尊重。

在申报与评审方式上，中国科协奖励与美国科促会奖励有所差异。

在申报阶段，中国科协一般采取单位限额推荐制，即由中国科协向下属单位（全国性学会、地方科协及直属单位）及有关科研院所、高校、政府部门分配名额，各推荐单位按照评选范围和条件，根据分配名额，推荐人选并上报材料。这一做法与我国国家科技奖申报方式一致。美国科促会奖励通常采用同行提名方式申报奖励。少数奖励如青年科学家奖（Science Prize for Young Life Scientists）采用个人申请方式。单位推荐制能全面反映申请者的科技成就，但被推荐者与推荐者之间的利益关联，可能导致“主观评价、自己证明”的缺陷。而同行提名制由第三方提名，尽管也存在“倾向性提名”的缺陷，但更能客观反映科技共同体对被提名者的承认[7]。

在评审阶段，中国科协大部分奖项采用多级评审方式，即在申报时按照隶属关系由地方科协和全国性学会两大系统逐级上报。在专家评审委员会评审环节，由于中国科协大部分奖励为综合奖，覆盖众多学科专业，往往还需要再细分为“专业—学科—评审委员会”三级评审，如中国青年科技奖就采用三级评审[2]。美国科促会奖励一般采取一级评审方式，即提名者在规定时间将提名材料提交至美国科促会下属相应机构，再由美国科促会指定的评审专家组成评审委员会评审。只有青年科学家奖等少数奖励采用了地区—全球两级评审方式。

在评审标准方面，中国科协与美国科促会奖励都制定了严格的评审标准并公布实施。但是，由于综合性奖励涉及不同学科，评审标准规定的贡献内容不够清晰。这使得综合奖励较多的中国科协奖稍显宽泛，如中国青年女科学家奖规定，获奖者应该在“自然科学研究领域取得重大发现、重大成果或提出重要的创新学术思想”或“在工程技术方面取得重大发明创造，在促进科技成果转化中取得突出成绩，产生显著的社会效益和经济效益”[9]。在实际评审中，不同学科之间存在较大差异，候选人需要花费很多精力准备详细的证明材料，评审专家也具有较大的自由裁量权。

三、奖励效果的比较分析

美国科促会及其学会的许多奖项的设立远早于中国科协及其学会，学术及社会影响也较大。例如，柯利夫兰奖于 1923 年首次颁发，历年获奖者不但在当时就作出了杰出贡献，而且在后来的职业生涯中，表现更为出色。1923～1974 年的 60 名获奖者中有 2 人后来获得诺贝尔奖，分别是：H. J. 缪勒（Hermann Joseph Muller，1927 年获柯利夫兰奖，1946 年获诺贝尔生理学或医学奖）、W. M. 斯坦利（Wendell M. Stanley，1936 年获柯利夫兰奖，1946 年获诺贝尔化学奖）。另外，1924 年柯利夫兰奖获得者 E. P. 胡博（Edwin P. Hubble）被称为“遥远行星研究先驱”，1953 年突然辞世，但被诺贝尔委员会认为其有资格获得当年物理学奖。1975～2006 年 47 名获奖者中有 5 人后来又获得诺贝尔科学奖，约占获奖者总数的 10.6%。考虑到诺贝尔科学奖是针对全球科学家的奖励，这一比例相当高。这充分说明了柯利夫兰奖在发现人才、激励科技创新方面的积极作用。这些获奖者是：T. R. 切赫（Thomas R. Cech，1986 年获柯利夫兰奖，1989 年获诺贝尔化学奖）、M. 莫林（Mario Molina，1987 年获柯利夫兰奖、1995 年获诺贝尔化学奖）、C. E. 威依迈和 E. A. 科纳尔（Carl E. Wieman 和 EricA. Cornell，1995 年获柯利夫兰奖，2001 年获诺贝尔物理学奖）、R. 麦金农（Roderick MacKinnon，1997 年获柯利夫兰奖，2003 年获诺贝尔化学奖）（以上数据根据 AAAS 数据[10]和诺贝尔委员会公布的数据[11]统计）。美国科促会下属学会的有些奖励影响更大，如美国化学会在物理化学领域的彼得·德拜奖（Peter Debye Award in Physical

Chemistry）是国际公认的准诺贝尔奖。该奖设立于 1960 年，由 DuPont 公司赞助，奖金为 5000 美元。截至 2002 年，已有 36 人获该奖，其中 60% 的人在日后又获诺贝尔奖[12]。

中国科协未设立类似柯利夫兰奖的奖项，但其下属化学会的青年化学奖是目前中国化学界影响最大的奖项，在激励我国科技创新方面发挥了积极作用。从 1983 年设立至今，已有 218 位科学家获奖，其中，杨玉良（1985 年）、冯守华（1987 年）、白春礼（1988 年）等人当选为中国科学院院士；来鲁华（1989 年）、施剑林（1989 年）等人成为国家“973”项目首席科学家；湛昌国（1990 年）、陈接胜（1990 年）、霍启升（1991 年）等 20 多人获得国家杰出青年基金；多人获得国内外重大奖励。例如，范伟强（1985 年）是 2002 年度唯一的国家自然科学奖一等奖项目主要完成人之一，蒋勉（1991 年）是国际理论与应用化学联合会第三届 R. Belcher 分析化学纪念奖的唯一获奖者。

中国科协与美国科促会奖励都有效地激励了青年人才的成长。中国青年科技奖始设于 1987 年，至今共奖励了 988 人，其中 80% 已成为各个学科领域的学术带头人，为推动我国科技创新与发展作出了积极贡献。据统计，目前已有 22 名获奖者当选两院院士，100 名获奖者承担着“863”、“973”等国家重大科研项目，200 名获奖者担任大学校长和研究（院）所（院）所长等职务，50 多名获奖者担任国家重点骨干企业负责人[13]。还有一些获奖者又先后获得国际性奖项，在国际学术舞台上崭露头角，如 1994 年获奖者李灿于 2004 年获得国际催化学会理事会颁发的国际催化奖。美国科促会青年科学家奖（The G E & Science Prize for Young Life Scientists）设立较晚，始于 1995 年，主要奖励目前最活跃的分子生物学领域内优秀的博士论文研究工作，为国际奖励。至今，美国科促会青年科学家奖获得者共 13 人，其中美国人 5 名，其余来自中国、日本、瑞士、土耳其、伊朗等国家。该奖有力地促进了国际科学前沿领域内青年人才的成长。

基于各自的宗旨、任务、文化传统、科技传统及发展历史的差异，中国科协与美国科促会及其学会奖励各有特点。在未来发展中，中国科协应坚持其优点，借鉴美国科促会之相关做法。通过上述三方面的比较，我们认为可借鉴如下几点：①增设专业细化或目标明确的奖项，而减少每一奖项的授奖人数；②强化义务教育中的科技教育奖励；③推广提名制；④加强国际化，只有融入国际科技潮流，才能快速发展我国科学技术。

参考文献

[1] 中国科学技术协会．中国科学技术协会简介．http：//www. cast. org. cn/n35081/n37592/10181819. html [2009-02-10].

[2] 陈广仁，齐志红，朱宇，等．从中国数学会三大奖谈中国科协所属学会科技奖励．科技导报，2007，(22)：20.

[3] 姚昆仑．中国科学技术奖励制度研究．中国科学技术大学博士学位论文，2007：226.

[4] 默顿 R K. 科学社会学．鲁旭东，林聚任译．北京：商务印书馆，2003：365-366.

[5] Gaston J. The Reward System in British and American Science. Hoboken：John Wiley and Sons Inc，1978：64.

[6] 陈海东，柯资能，丁兆君．中美社会力量设立科学技术奖比较研究．科技导报，2007，(12)：64.

[7] 钟书华，袁建湘．完善国家科技奖励体系，推进自主创新．科学学与科学技术管理，2008，(8)：8.

[8] 中国科学技术协会．第十届中国青年科技奖评审办法．http：//www. cast. org. cn/n435777/n435799/n1349800/n1349925/50505. html [2009-02-10].

[9] 中国科学技术协会．中国青年女科学家奖条例（试行）. http：//baike. baidu. com/view/1229474. htm [2009-02-10].

[10] AAAS. AAAS Newcomb Cleveland prize. http：//nob elprize. org/nobel _ prizes [2009-02-10].

[11] Nobelprize. org. The Nobel prize. http：//ww. aaos. org/abortaaas/aw ards/now comb/ind exd. shtml [2009-02-10].

[12] 刘岩．美国化学会颁发的国际性奖励．化学通报，2002，(7)：498.

[13] 延宏．80%中国青年科技奖获得者成为学科带头人. http：//www. stdaily. com/gb/stdaily/2007-12/25/con tent _ 758243. htm [2009-02-10].

第四部
科学技术与国家

从工具合理性到商谈合理性

——关于科学与民主关系的深层问题研究*

一、启蒙的分裂

两三个世纪以前，在欧洲兴起了一场广泛而有力的思想解放运动，这就是著名的“启蒙运动”（Enlightenment）。康德在《什么是启蒙运动》一文中说：“启蒙运动就是人类脱离自己所加之于自己的不成熟状态。不成熟状态就是不经别人的引导，就对运用自己的理智无能为力。当其原因不在于缺乏理智，而在于不经别人的引导就缺乏勇气与决心去加以运用时，那么这种不成熟状态就是自己所加之于自己的了。Sapere aude！要有勇气运用你自己的理智！这就是启蒙运动的口号。”[1]理性成为启蒙运动的旗帜。启蒙学者把洛克的经验论和牛顿力学奉为理性的模板，他们要让理性的光芒照耀世界，一切都要放在“理性的法庭”上接受最无情的审判。这一理性——现代理性的开启，宣告现代性的进程由此起步。

众所周知，启蒙运动贯穿了两大主题，同时也是现代性的两大主题：一是科学精神，启蒙学者大多对人的理性力量和科学进展抱乐观主义态度，科

* 本文作者为邱慧，原载《自然辩证法研究》，2008年第24卷第7期，第108～112页。

学总能无往而不利地解决所有能够及应该解决的问题；二是提倡自由、平等的民主思想。

作为主题之一的科学精神在启蒙之后得到了更多的强调，原因当然在于科学所带来的巨大的看得见的实力和实利。自笛卡儿之后的近代科学早已走上了一条与希腊科学完全不同的道路。正如培根所说："今天，我们用我们的观念去把握自然，却又不得不受到自然的束缚；倘若我们能够在发明中顺从自然，我们就能在实践中支配自然。"[2]近代科学旨在改造、利用和支配自然，使它听自己的话，按照自己的意图办事。而要支配自然，必先顺从自然；要顺从自然，必先认识自然。科学知识尤为重要。因此，启蒙的纲领就是"要唤醒世界，祛除神话，并用知识替代幻想"[3]。在绝大多数启蒙学者心目中，知识（科学）与理性、进步、文明同盟。

然而，卢梭是个例外。在其他启蒙学者为文明、科学和进步高唱赞歌的时候，卢梭却敏锐地觉察到其中隐含的危险的弊端。在他看来，社会的不平等之根源恰恰是文明。文明进程的出现和发展使得原本生而自由的人在进入社会之后偏偏丧失了自由。这就是他在《社会契约论》一开始提出"人是生而自由的，但却无往不在枷锁之中"[4]的原因。

卢梭发出了不同的声音，是对人类文明的反省。他看到，人类征服自然的自由并没有带来人的自由，技能的进步也并没有伴随着道德的进步。真正的自由只有靠另一种方式获得：民主。卢梭为民主提出了一个不同于"文明"的辩护理据，即商谈、契约和共识。人们只有在自由的前提下，通过协商，订立契约，才能达到真正的平等。

我们看到，启蒙的两大主题从其诞生之日起便各自诉诸不同的辩护理据。这就导致了 19 世纪以来启蒙的分裂，即自由与必然、科学与人文、解放与技术官僚统治等的分裂。在启蒙之后的两个世纪中，由于科学的长足发展及其所带来的重大物质变革和思想变革，以客观的自然法则为辩护理据的前一主题得到了一再的宣扬。然而，20 世纪之后，越来越多的哲学家对以科学、理性为基础的现代性作出了反省，卢梭所开创的第二个主题也越来越多地受到众多哲学家的关注。本文试图阐述科学和民主这两条不同进路所导致的不同合理性模式及其存在的问题。

二、科学的进路：工具合理性

启蒙理性或者说现代理性在各个领域的扩张，早已受到很多睿智的哲学家的关注和批判。康德虽然是德国启蒙运动的代表人物，是理性主义的坚决守卫者，但他同时也是最早对启蒙理性进行反思的人。自从他提出“什么是启蒙”这个问题以来，众多哲学家一直在反思启蒙理性的得失。20 世纪以来，比较突出的批判是以霍克海默和阿道尔诺为代表的法兰克福学派，他们从对纳粹制度根源的追寻走向了对启蒙理性的批判。其著作《启蒙辩证法》一书的开篇中这样写道：“就进步思想的最一般意义而言，启蒙的根本目标就是要使人们摆脱恐惧，树立自主。但是，被彻底启蒙的世界却笼罩在一片因胜利而招致的灾难之中。”[3]

法兰克福学派对启蒙理性的批判很大程度上针对的是以客观的自然法则为理据的科学主题。启蒙运动以来，特别是 19 世纪以后，现代化、工业化的进程随着科学技术的高速发展而加速，并愈演愈烈。在科学与理性结盟的过程中，科学的技术化和理性的工具化相伴而行。人对自然的开发越来越借助科学的进步，从而越来越有效；社会事业的科学管理和科学分工则极大地提高了各部门的工作效率。有效性本身开始突现出来，成为最高的价值。科学技术和工具理性本身反而被看成是中立的，价值无涉的。只有对自然规律的探索才是合理的，价值成为主观的东西。可以看到，科学在进一步强化了理性的地位的同时，也使理性越来越抛弃了实质的、内容的合理性方面，走向以计算、度量、规范、驯服自然为目标的、形式的、程序化的工具合理性。法兰克福学派的另一重要学者马尔库塞对此有过详细的论述。他不无忧虑地指出，理性，尤其在自然科学领域，其概念已经越来越受到技术进步的支配，技术不仅成为统治自然的工具，而且成为人统治人的工具。于是理性逐步丧失了批判性，而为工具性所取代，并且向社会生活的各个领域扩张。

以科学为主题的启蒙反映了一种对权力的追求。培根说“知识就是力量(knowledge is power)”，这里的 power 既是力量，又是权力。其原因有二：其一，认为存在一个至高无上的自然法则、客观规律、普遍真理，正是我们对它的顶礼膜拜，产生了一种自上而下的权力；其二，知识除了向人们展示真理外，还要是可操作的，能够“行之有效地解决问题”，“知识的真正目的、范围和职责，并不在于任何貌似有理的、令人愉悦的、充满敬畏的和让人钦慕的言论，或某些能够带来启发的论证，而是在于实践和劳动，在于对人类从未揭示过的特殊事物的发现，以此更好地服务和造福于人类生活”[5]。马克思也是在此意义上理解权力的，即把权力看成是通过主体的感性力量对自然与社会的形塑，实质地改造世界。

然而，“随着支配自然的力量一步步地增长，制度支配人的权力也在同步增长”[3]。依照自然科学的模式塑造人和社会生活已成为当代理性主义的趋势。旨在征服自然和使人们从世界的魔镜中摆脱出来的启蒙精神，追求的是对自然加以统治的知识形式。然而，这种追求逐步发展成为对一切进行支配和征服的企图，即以各种知识的形式把主体的力量（权力）既施加于自然界，也施加于人类社会。它追求的是知识的普遍性和统一性，消除了事物质的差异，而把一切都归到了纯粹的量。数字成了启蒙的规则，思维与数学被混淆，而知识自身所具有的意义被剥离。

19 世纪中期以来的实证主义哲学，正是科学的权威在哲学中的突出体现。它使人们只相信一种合理性，并说它就是科学认识或道德认识的抽象前提。这一权威的力量还使人们试图从科学的进路来贯通启蒙的两大主题，即从工具合理性角度来理解民主：民主作为一种公共权力，它的合法性来源于其产生程序的合理性，以及在行使过程中以行之有效为目标的决策合理性。以这种方式来理解民主权力，不考虑产生民主的程序本身的内容合理性，而是着眼于人们通过对程序的遵循所能达到的有效性。正如哈贝马斯所说：“由于理性萎缩成了形式合理性，因此，内容合理性变成了结果有效性。而这种有效性又取决于人们解决问题所遵守的操作程序的合理性。”[6]其结果，正如哈贝马斯所说：“随着认识由实质合理性变为程序合理性，形而上学也陷入了尴尬境地。19 世纪中叶以来，经验科学的权威迫使哲学接受同化。从此以后，此起彼伏地要求回归形而上学的呼声被打上了反动的烙印。然而，竭力把哲学和自然科学及精神科学，或者说竭力把哲学和逻辑学及数学相同化，只会带来新的问题。”[6]

从工具合理性出发，世界都被理解为工具，即把其构成要素看成达到目的的手段或器械，并以实用性、有效性为目标。正因为如此，工具合理性分离了事实和价值，所关心的是人们如何去做，而不是应该做什么，从而丧失了对所做之事的反思性，也就丧失了批判性。由于理性和思维都成为一种物或工具，这种丧失了批判性而成为抽象性的工具合理性便会扩展到社会生活的方方面面，从而使拜物主义盛行。

另外，由于通过诉诸客观的自然法则为其辩护的科学本身包含了对权力的诉求，这种权力的诉求如果得不到反思和批判，也会导致各种问题：一方面，由于对普遍的客观真理的顶礼膜拜，部分科学精英和社会精英得以以真理代言人的面目出现，从而导致极权主义；另一方面，由于强调其有效性和操作性，强调主体力量对客观世界的改造，主体与生活世界处于一种割裂、对立的状态，而这种对立恰恰使以自由为目的的科学因摆脱了价值而丧失了解放的功能。

因而，马尔库塞在《理性和革命》一书中指出，这种工具合理性在自然科学中越是得势，人在社会生活中就越是不自由。启蒙想要通过自然法则的追求进而达到自由、公正、平等的目标，结果却是导致对人性本身的压抑和扭曲，甚至为了效力于现存制度而疯狂欺骗群众。

三、民主的进路：商谈合理性

启蒙的另一大主题“民主”有着不同于前者的辩护理据，即商谈、契约和共识。这一进路是由卢梭给出的。在西方，从文艺复兴到启蒙运动，传统的以血缘身份纽带为基础的社会关系被人与人的自由契约关系所取代，从而摆脱了中世纪的人身依附关系。这一改变的理论基础正是来自卢梭的《社会契约论》。

在《社会契约论》中，卢梭提出了自由和平等的理想。达到这一理想既无法通过回到自然状态的方式，也无法通过暴力的方式——因为暴力无法产生合法的权利，在暴力面前既无义务，也无权力。唯一的途径是通过商谈和契约方式。卢梭说：“既然任何人对自己的同类都没有任何天然的权威，既然强力并不能产生任何权利，于是便只剩下约定才可以成为人间一切合法权威的基础。”[4]

契约无疑是一种共识，这种共识如何达到？①共识的达成应在平等的条件下才能成立，即磋商的双方在地位上是平等的，无任何特权可言。②作为社会契约的共识，其核心在于权利的转让，即一切人将各自的权利转让给一切人，从而产生一种集强制的权力和自由的权利于一身的“公意”，即公共权力。以这种方式所达成的公共权力并未使每一个人丧失平等和自由，而是从天然自由转变为约定自由，并获得更多的权利。因为“每个人既然是向全体奉献出自己，他就并没有向任何人奉献出自己；而且既然从任何一个结合者那里，人们都可以获得自己本身所渡让给他的同样的权利，所以人们就得到了自己所丧失的一切东西的等价物及更大的力量来保全自己的所有”[4]。③达成共识的手段是商谈，而共识仅仅是商谈的结果，而非前提。也就是说，商谈可能达成共识，也可能无法达成共识。但是共识只有通过商谈才能达到，而不是在此之前已经存在。

通过商谈的手段达成的共识当然也是合理的，只是它不同于以客观法则为辩护理据的工具合理性，哈贝马斯称其为商谈合理性。商谈合理性与工具合理性的区别在于以下几点。

第一，在对待客观真理问题上，工具合理性认为在先地存在一个客观真理，主体对其加以认识之后便可以获得有效处置事物的能力；相反，商谈合理性则将客观真理（共识）作为合理协商的结果。

第二，在工具合理性那里，权力来源于知识先天的力量，客观的自然法则本身就具有至高无上的权力，而一旦人们掌握了知识，它所表现出来的对自然世界加以改造的有效性更使权力通过主体的意志得到了充分的体现。而对商谈合理性来说，权力并非先天具有的，而是通过商谈达成共识的结果。

第三，与工具合理性不同，商谈活动本身就具有反思的功能。我们不仅能就某事进行商谈，一旦商谈出现问题时，还能就商谈本身进行商谈。就商谈本身的合法性问题所进行的商谈称为论辩（argument）或“元商谈”。元商谈既可以是奠基性的，即对规则本身进行商谈；也可以是经验性的，正如维特根斯坦所说的那样，我们在玩游戏的同时，也在一边修改着它的规则。

第四，由于商谈活动必须有两个以上的个体参加，因而它是一种主体间性的活动，其有效性也是通过主体间的认同而获得的。这就克服了工具合理性将主体与对象完全割裂开来的二元对立。

四、科学中的商谈合理性

商谈合理性的原则无疑是适用于人文社会科学领域的，但在自然科学领域是否也具有这样的合理性呢？哈贝马斯认为，工具合理性或技术理性的问题并不在于其本身，而在于它的普遍化，在于将一切都还原为技术，将工具合理性扩大到一切生活领域，从而丧失了其他广泛的理性概念。因此，他试图用商谈合理性取代工具合理性，作为最基本的合理性模式来建构合理社会，以避免科技系统对生活世界的殖民化。让技术旨趣与解放（或自由，但不是工具主义意义上的形式的自由）旨趣在各自的领域里各司其职。

从库恩到社会建构论，都试图赋予科技精英在价值抉择中的主导权。在他们看来，科学活动并非仅仅是一种工具理性，实质上也是一种价值抉择。让科学受制于磋商、契约机制，同样也是合理的，只是不同于启蒙给定的科学合理性（工具合理性）。然而，库恩在这个问题上处于一种矛盾摇摆的态度。一方面，他意识到，新旧科学范式的转变只能通过商谈、劝导与说服（商谈合理性）来达到；另一方面，他又将范式的转变诉诸科学在解决问题方面的有效性（工具合理性）[7]。

建构论者在此问题上的态度要更为彻底。拉图尔认为，启蒙对科学与民主、自然与社会（契约共同体）之间的划分本身就是成问题的。科学同样是用商谈的理据来辩护的。其原因在于以下几个方面。首先，科学并非是个人的“独白”，而是一项公共的事业。要使自己的想法变成一项普遍接受的事业，科学家就需要通过商谈的方式对科学共同体的成员进行劝导和说服。当然，这并非是一种个人权利的转让，而是像上文所说的，是一种论辩，持据而辩。科学家引用各种资源为自己作出辩护是很平常的事，只要我们想想那些铺天盖地的科学论文、不可计数的文献资料就明白了。在科学争论中，持不同观点的人经常引经据典，旁征博引，摆事实、讲道理，甚至列出一大堆数据、资料和文献，以达到说服对方的目的。正如拉图尔所描述的：“当我们从‘日常生活’进入科学行为，从街上的行人到实验室人员，从政治学到专家意见，我们不是从嘈杂走向安宁，从激情走向理性，从热烈走向冷静，我们是从争论走向了更为激烈的争论。”[8]在社会学层面，对科学知识的认证也有一种制度性原则，即同行评议（peer review），这同样也是建立在商谈的理据之上的。另外，即使在科学家与公众之间，也仍然存在商谈的问题。科学家要想使自己的研究成果为公众所接受，一样需要对他们进行说服；反过来，公众的反应也会影响对科学家的研究方向及研究成果的认同。

其次，拉图尔认为，任何一项正确的科学成果（真理）都是科学争论（商谈）的结果，而不是引起科学争论的原因。因此，我们不应诉诸其“内在的特征”，而应该寻找它们“后来”是如何变化的[8]。只要科学研究仍在持续着，客观自然绝不会作为最终的裁判者，因为我们无法直接面对自然界，自然在我们介入之前是杂乱无章的，没有人知道它是什么，说什么。任何人都无法援引自然来为自己的知识主张辩护。我们对客观世界的表象是通过争论的解决而达成的。

正因为如此，科学知识（真理）并不具有先天的权力。其权力的获得来自科学共同体商谈之后的认同（契约），也包括科学家试图说服的公众的认同。只有这样获得的权力才具有合法性和正当性。从而，科学知识与其他一切人类知识一样，具有同等的地位。

最后，当我们用商谈的理据贯通于科学时，就可以更好地解释科学的可错性问题。自然界无法使我们一劳永逸地结束争论，商谈总是各方力量的一种妥协，其共识的达成是主体间的认同。因此，当各方力量重新组合时，争论又会再度兴起。我们可以从科学史上看到无数对已被看成真理的知识进行“翻案”的案例：日心说取代地心说、牛顿力学取代亚里士多德力学等。这恰恰体现了商谈本身所具有的批判性，商谈并不是一次性的活动，相反，它是一个不断奠基的过程。由于所处情境的改变，由于商谈各方对某些共识的重新判断，可以开始新的商谈。甚至可以就商谈本身，即商谈的规则进行商谈，这在库恩所说的新旧范式转变的科学革命期间是十分常见的事。从这里开始理解科学，我们就不会丧失掉科学最基本的东西：批判性。正如联合国世界科学大会在《科学和利用科学知识宣言》中所指出的：“科学依赖于民主社会中最基本的东西，即批判的和自由的思考。”[9]

参考文献

[1] 康德．历史理性批判文集．何兆武译．北京：商务印书馆，1990：22.

[2] Bacon F. In Praise of Knowledge//Basil M. The Works of Francis Bacon. London: William Pickering，1825，1：255.

[3] 马克斯·霍克海默，西奥多·阿道尔诺．启蒙辩证法．渠敬东，曹卫东译．上海：上海人民出版社，2003：36.

[4] 卢梭．社会契约论．何兆武译．北京：商务印书馆，1982：8，14，24.

[5] Bacon F. On the Interpretation of Nature//Basil Montagu. The Works of Francis Bacon. London: William Pickering，1825，1：281.

[6] 于尔根·哈贝马斯．后形而上学思想．曹卫东，付德根译．上海：译林出版社，2001：34，5-36.

[7] 托马斯·库恩．科学革命的结构．金吾伦，胡新和译．北京：北京大学出版社，2002.

[8] Latour B. Science in Action. Milton Keynes: Open University Press，1987：30，58.

[9] 联合国世界科学大会．联合国世界科学大会宣言：科学和利用科学知识宣言：第31条//美国科学工程与公共政策委员会．怎样当一名科学家．刘华杰译．北京：北京理工大学出版社，2004：71.

科技政策咨询的产生、本质和作用*

科技政策咨询是公共决策咨询的特殊类别。由于科技知识的专门化程度越来越高，科技政策咨询中专家的作用也就越显重要。知识经济时代，科学技术成为第一生产力，科技竞争已成为世界各国的竞争焦点。在这一背景下，制定正确的、符合国情的科技政策成为提升国家综合竞争力的首要战略需求。这就要求在科技政策制定过程中开展广泛咨询，征求各界专家建议，并通过他们征询公众意见，以保障公共决策的科学与民主。这是社会进步、政治民主的必然趋势。尽管公共决策咨询早已有之，但科技政策咨询仅仅是第二次世界大战之后发展起来的新兴领域。本文阐述科技政策咨询的产生、本质与作用。

一、科技政策咨询的产生背景与历史过程

咨询是自人类文明产生以来就有的一种智力活动，旨在出谋划策、帮助解决疑难问题，它与“决策”有着密切联系。“咨询”连用成词，最早见于东汉王逸所著的《楚辞章句》，书中有“力载驱兮高驰，将咨询兮皇羲”的

---

* 本文作者为尚智丛、张真芳，原载《自然辩证法研究》，2008年第24卷第3期，第84～87页。

句子。科技政策咨询，是指在科技政策的制定过程中广泛开展咨询，从而保证政策出台的科学性、民主性和前瞻性。科技政策制定的主体，此处限定为政府。科技政策咨询产生于现代决策咨询制度发展成熟的基础之上。

公共决策咨询制度的发展经历了三个历史阶段：衍生和发展阶段（17 世纪中叶至 20 世纪初）、创始阶段（20 世纪初至 20 世纪 40 年代末）、发展与完善阶段（20 世纪 40 年代末至今）[1]。一般而言，人们把第二次世界大战以后的咨询活动认为是现代咨询活动[1]。

17 世纪中叶至 20 世纪初，封建社会向资本主义社会过渡，决策权从帝王手中逐渐向资本家手中转移，出现了 H. A. 西蒙所说的“决策工作的专门化”趋势。社会条件和制度条件的成熟催生了“准现代”的决策咨询制度。第一次世界大战到第二次世界大战前，是决策咨询制度的发展阶段。为解决内部危机和对外扩张的需要，发达国家先后建立了一些政府性的研究机构，如“胡佛战争与和平研究所”、“布鲁金斯学会”、“全国经济委员会”等。正是在这一时期，人们开始用 brainstrust（脑库）称呼参与决策制定的人，后来演变为智囊团（brain trust）。到第二次世界大战前，决策咨询机构还处于始创阶段，其表现为：数量不多，内部还没有建立起一整套组织体系和规范程序；咨询活动尚未法制化、制度化；决策咨询的重要性还没有为社会和政界认可[1]。

第二次世界大战对决策咨询的发展起到了巨大推动作用，促成了咨询与决策的分离，同时也促生了科技政策咨询。英国科学家与科学社会学家 D. J. 贝尔纳曾讲过：“战争，而且只有战争才能使各国政府痛感科学研究在现代经济中的极大重要性。”[2] 二战时期，盟国对科学技术发展进行重要决策调整，一大批科学家由此进入反法西斯的主战场，拉开了科技政策咨询的序幕。

1939 年 8 月 2 日，应 L. 西拉德和尤金·威格纳的请求，爱因斯坦写信给罗斯福总统，建议美国研制原子弹以防御纳粹德国。这是一项高技术性的研制活动，在征求多位著名科学家的意见后，同时鉴于爱因斯坦等人的科学威望，罗斯福作出了制造原子弹的决定。“曼哈顿工程”先后动用了 18 万科技人员，如此宏大的工程一举成功，没有决策咨询和众多专家的参与简直难以想象。20 世纪 40 年代的美国还没有专门的咨询渠道和机构，通过私下问询的方式，一大批科学界著名人士有机会参与制定国家科技政策的活动，这在美国历史上是第一次。战争中的科技政策成就尤其是原子弹的研制成功，使政府和企业界相当多的人士相信，科学家在科技事务上自己能作出最好的决策。

就在军方加紧实施“曼哈顿工程”的同时，一些有远见的科学家、工程师开始对原子弹的未来表示担忧。玻尔指出，苏联获得原子武器的资料并不难，罗斯福总统对此十分惊讶。西拉德提醒政府，美国抵御原子武器攻击的能力很脆弱，不宜率先使用原子弹。爱因斯坦也希望政治家与科学家加强沟通。因担心引发核报复，科学家采取多方行动，但未能阻止政府对日使用原子弹。科学家还为国内管理原子能而奔走努力。在著名的《1945 年 6 月致作战部长报告》里，科学家呼吁通过管制原子能的方法来防止原子武器竞赛。他们组成原子能科学家联盟，期望用法律规范原子能的研究与发展。在他们的游说下，以“文官委员会管理”为核心的“麦克马洪”议案在国会通过，成为建立原子能委员会的法律基础。1946 年，原子能委员会成立，科学家们进而为国际控制原子能的计划而努力。自 20 世纪 40 年代以来，科学家们为争取一个和平的环境不懈奋斗了 10 余年。正是他们的一系列活动，促使美国政府和国会不得不重新估量科学家在确定国家科学政策上的地位和作用，也使科学家意识到自身在为之奋斗的科学事业中所应尽的双重职责：研究和决策。所有这些，都对第二次世界大战后世界科技政策咨询的发展产生了积极的作用。可以说，以罗斯福总统下令研制原子弹为分水岭，咨询最终从决策中被分离，科技政策咨询开始进入政治家的视野。

科技政策咨询正式登上政治舞台，是第二次世界大战之后的事情。这一切与万尼瓦尔·布什关系密切。而具有前瞻性的科技政策的实施，也使得美国成为 20 世纪的世界霸主。

布什于 1940 年出任国家航空顾问委员会主席，经过对国家航空顾问委员会的计划和分析，认为联邦政府对备战准备不足，没有认识到科学技术对备战所具有的重要意义。于是，他组织成立一个战时的科学决策机构——国家防务研究委员会，成员包括康普顿（时任麻省理工学院院长）、朱厄特（时任美国国家科学院院长）、康南特（时任哈佛大学校长）和科乌（时任美国专利局局长）等，以此来克服美国的困难。战时的另一个临时机构——科研发展总局，成为实际上的美国最高战时科学决策机构。它创立的合同拨款制度后来成为美国科学技术研究拨款的一种主要方式，并为战后的科研体系提供了一种参考模式，对美国的科技发展影响重大。正如罗斯福总统评价的那样：“科研发展总局是在战争至上原则下协调科学研究，以及在应用现有科学知识以解决技术问题方面，进行集体研究和协作的独一无二的实验。”[3]

1944 年二战胜利前夕，罗斯福总统写信给布什，咨询如何把战时经验用于和平环境。1945 年 7 月，布什提交《科学——没有止境的前沿》，提出科学进步、首创精神、民主制度是国家繁荣富强的三大要素。历史显示，《科学——没有止境的前沿》成为美国制定科技政策的经典著作，而万尼瓦尔·布什是美国第一位实际上的总统科学顾问，是一流的科技政策决策人。在他 40 多年从事科学决策的生涯中，制定过许多有重大价值的科技发展政策，在科学和政治之间，在政界、军界和科学家之间建起了畅通渠道。科技政策咨询由此盛行于美国的政治舞台，它的影响逐渐扩散到世界各国。

二、科技政策咨询的本质

所谓科技政策，是指“政府为促进科学技术发展及利用科学技术为国家目标（国防、经济增长、社会发展、环境和健康）服务而采取的集中性的和协调性的措施，是科学技术与国家发展的有机整合”①[4]。科技政策咨询的本质是依靠专家制定政策并联系公众。

政府制定科技政策离不开专家咨询系统，这与科技政策自身的特点密切相关。第一，科技政策具有高度的综合性；第二，科技政策具有明显的预见性；第三，科技政策具有相对的连续性[5]。这些特点决定了科技政策的制定是一项综合性极强的决策过程。科技政策的开拓者之一、曾担任经济合作与发展组织科技政策部主任的法国学者萨洛蒙曾指出，在科技政策的确定和实施过程中，一个难题是科技政策的功能不仅影响到科学的发展，而且涉及应用研究和技术。这势必覆盖非常广的领域（工业、大学和政府实验室），因

① 此处“科技政策”定义采用了樊春良根据让·雅克·萨洛蒙的定义而作的扩展，见参考文献［5］。

此需要有一个涵盖所有相关领域的开阔的视野[6]。可见，政府的科技决策所涉及的范围、规模、复杂性均达到了前所未有的程度，这项工作已经远非政治家个人经验和智慧所能胜任，领导者需要来自各个领域的专家、学者充当“外脑”，帮助自己思考，科技政策咨询成为必然。因此，我们说科技政策咨询的本质是依靠专家制定政策并联系公众。

政府依靠专家制定政策逐渐在各国成为习惯。在澳大利亚，科技咨询已经成为一种不言而喻的传统。遇到重大问题，总理意见需提交内阁会议讨论，涉及重大立法和拨款事宜，内阁必须通过议会，议会决策时又必须听取其常设委员会的意见。澳大利亚国家科学技术委员会主席 Badger 教授说：“我们的建议被采纳的比例很高……总的来说，政府发现我们是很有用的。”政府也对专家的咨询工作给予高度肯定：“科学技术在这里有着充满活力的作用，为此，政府最关心从这些领域得到的最好的政策咨询，以便我们能够回答未来的挑战。”[7] 1992 年大选后，英国科学部为发表科学技术白皮书，科学部长写信征求 3000 位科技界、工业界、金融界的知名人士的意见，就国家科学技术的发展达成共识，并加强了工业界、科学界和政策界之间的联系。在美国更是有这样一个形象的描述：“美国的脑库研究报告，决定着美国人从出生到死亡的一生。”可见思想库对美国社会生活影响力之大。

科学技术作为一种庞大的社会建制，动用了大量的社会资源。作为纳税人，公众有权知道这些资源的使用情况。在科技政策制定过程中，专家不仅担负着为政府提供咨询的重任，还起着沟通政府和公众的桥梁作用。科技政策作为公共政策的子系统，因其知识的专业性而显得格外特殊。在政策的制定过程中，公众因为缺少相关的知识，可能被实质性地排除在决策过程之外。科学家的重要职责是发现和传播知识，也借助各种媒介形式对国家政策进行解读，实际上起了知识普及的作用。一旦民众接受这些关于科技的基本知识及争论，明晰政策的利弊及后果，公众的政治参与能力也会随之提高。另外，专家也可能是独立于政府的政策利益相关者，是公众的一分子。他们的咨询意见同时也是他们的利益表达，一定程度上代表公众的利益诉求。而且，科学家要花纳税人的钱搞科研，他们也有义务用简明的语言向政府和公众清楚地解释自己所从事和将要从事的科学研究工作的意义和价值，以及这些工作对公众有什么潜在的影响，争取公众的理解和支持。因此，他们在提供咨询意见的同时，自然会把公众的利益和需求考虑在内。公众的意愿通过科学家传达给决策者，最后，公众以一种间接的方式参与了政策制定过程。

不仅是科学家，政府更有义务倾听公众的“诉说”。政府的任务是开辟畅通的渠道，让公众意愿得到更充分的表达。冷战结束后，各国政府大幅度开放了科技政策制定过程，给人们以更多的机会从政策制定时起就能表达对科学技术的关心。例如，政府组织听证会或者通过互联网，让更多的公众了解和参与到科技决策中来。总的来说，现在的公众参与还多是间接参与及政府主导下的公众参与。在扩大民主，让民众更充分了解、参与国家科技政策制定方面，政府和科学家还在进一步努力。

三、科技政策咨询的作用

在国家科技决策中，科技政策咨询发挥了积极的作用，主要体现在三个方面。

第一，为决策者提供科学合理的建议，确保决策的科学性。当代科学技术的研究和服务已经渗透到一切领域和部门，科技决策成为融合众多系统的综合性决策。同时，一项科技政策的出台，需要从战略到技术，从宏观到微观，从全部到局部，从经济价值到社会效益，进行周密的论证。同时，还要把握其动态系统的发展方向。在这一背景之下，公共决策必需依赖科技专家的咨询。科技专家是拥有科学和技术专门知识的群体，由他们充当政府的“外脑”，用集体智慧为决策者服务，能够有效保证决策的科学性。如今，以科技专家为主体提供的科技咨询意见已成为发达国家科技政策决策的重要依据。科技专家将科技咨询的目标设置为致力于为科技政策制定和实施提供充分且可依赖的知识和专业意见。这恰恰满足了政府的需求。

第二，保证科技决策的民主。从决策的民主化来看，任何一项政策的制定过程，实质上是利益的重新分配和调整的过程。提供决策咨询，就是要保证政策制定过程中充分考虑各方利益，不致造成利益过分扭曲，维护社会的团结和稳定。这样，科技政策的制定，就需要考虑利益相关方——各公众群体——的价值，体现他们的利益诉求。现今很多国家已经采取不同开放度的公众参与形式，这样有助于决策者根据公众的价值和关心作出恰当反应，也能使政策更好地得到公众的理解和支持。公众参与决策，既提高了公民的政治参与水平，也利于培养全体公民的权利意识和民主意识，同时，这也是社会公平和正义的体现与保证，是社会民主化的必然趋势。

第三，开展技术预见，保证科技决策的前瞻性。20 世纪 90 年代以来，各国普遍认识到，新兴通用技术可能会对工业、经济、自然环境和社会生活产生革命性的影响。如果能在技术发展的早期就确定其重要性，政府和其他机构就会在这个战略领域积聚资源，促进其快速和有效地发展。20 世纪后期发展起来的技术预见手段为此提供了可能。技术预见的核心是专家，通过反复的学习和相互咨询，不同的利益群体相互交流，从而集中意见，达成一致，获得对未来的知识。在此基础上，监测发展趋势，对未来出现的机会和趋势提供早期预警，最后，将之变成“自我实现的预言”。社会学家莱尔森[8]和默顿[9]都认为社会现象存在着如下规律：如果人们把情形定义为真实，结果它们成为真实。技术预见通过把以前很少有联系或相互缺乏理解的不同行为者带到一起，在预见过程中建立和发展新的关系，不仅共同获得应对未来挑战的新知识，而且创造了应对未来发展的网络机制，为长远规划创造了条件。在此基础上进行的科技决策便具有了战略意义。

进入 21 世纪，科学技术比以往任何时候都更深刻地影响着社会进程和人们的观念，也正因此，科技政策的制定被各国列为重要的战略日程。科技政策咨询有助于政策制定的科学化、民主化，保证其前瞻性。在这个新的世纪里，科技政策咨询更为各国政府所重视，并使之逐步法制化，这是社会进步的必然趋势。

参考文献

[1] 杨诚虎，李文才．发达国家决策咨询制度．北京：时事出版社，2001：8，17.

[2] 贝尔纳 D J. 科学的社会功能．陈林芳译．北京：商务印书馆，1982：252.

[3] 周寄中．美国科技大趋势——科技大国的决策走向．北京：科学出版社，1991：19-20.

[4] 樊春良．全球化时代的科技政策．北京：北京理工大学出版社，2005：2-3.

[5] 蔡孝葳．科技进步与经济发展．天津：天津人民出版社，1996：354-355.

[6] Salomon J J. Science policy studies and the development of science policy//Spegel-

Rosing I，Price D J D. Science，Technology and Society：A Cross-Disciplinary Presective. Beverly Hills：Sage，1977：50.

［7］上海铁道学院管理科学，武汉大学经济管理系．决策与咨询：经济管理知识丛书之七．上海：上海交通大学出版社，1985：72.

［8］斯坦因·U. 莱尔森．社会科学理论与方法．任晓，等译．上海：上海人民出版社，2002：113-125.

［9］默顿 R K. 社会研究与社会政策．林聚任，等译．北京：生活·读书·新知三联书店，2001：117-119.

国家目标引导下的大科学工程
——以北京正负电子对撞机为例*

大科学工程是实现国家重要科技目标的大型设施。它面向国际科学技术前沿，能够为国家经济建设、国防建设和社会发展作出战略性、基础性和前瞻性贡献。改革开放以来，以北京正负电子对撞机（BEPC）为代表，我国大科学工程蓬勃发展，极大地推动了我国基础研究和战略高技术的发展，促进了我国经济、国防和社会事业的发展，为实现国家目标作出了重大贡献。本文以北京正负电子对撞机为例，分析我国大科学工程与国家目标的关系。

一、大科学工程是科学技术与国家目标相结合的平台

科学指认识自然现象，揭示自然规律，获取新知识、新原理、新方法的研究活动。科学研究主要包括科学家的自由探索和针对国家战略任务的定向性研究，以及对基础科学数据、资料和相关信息进行的采集、鉴定、分析、

* 本文作者为尚智丛、张伟娜，原载《工程研究——跨学科视野中的工程》，2009 年第 1 卷第 2 期，第 143～151 页。

综合等工作[1]。技术则是关于产品制造、工艺流程实施的系统知识。现代技术往往依赖科学知识发展出来。所谓国家目标，一般理解为事关国家利益的宏观战略指向[2]。20 世纪 50 年代以来，发达国家和主要发展中国家均以科学技术为国际竞争的制高点，以科学技术为实现国家总体目标的重要途径，并据此在国家总体目标之下设置科学技术规划目标和基础研究目标。

例如，美国科学、工程和公共政策委员会在 1993 年发布科技政策报告——《科学技术和联邦政府：新时代的国家目标》，其中明确提出，“科学技术和国家宏观目标之间在工业运行、卫生保健、环境保护和军事安全等领域的关系越来越密切。为了从这种密切的关系中充分获得利益，国家应该采纳明确的关于科学和技术的国家目标”[3]。1994 年 8 月，美国克林顿政府发布名为“科学与国家利益”的科学政策白皮书，明确提出，“要增进基础研究与国家目标之间的联系”，“我们承认基础研究、应用研究和技术之间的密切关联及它们的相互依赖性……所有的活动都对我们的国家战略目标作出了实质性贡献”[4]。

国家目标的确立为科学技术研究提供了方向，同时，国家目标的每一核心要素也都要求对科学研究和技术发展给予强有力的保证。新的发展目标更像一个导向图，它指导科学服务于拓展了的国家目标体系，把科学与国家目标及国家未来的安康联系起来。从另外一个角度看，新的科学发展目标也是保证科学共同体获得诸多成就的基本价值准则。它既与追求社会繁荣、人民安康的国家目标相匹配，又保证了对基础研究领域的支持和投资。正因为基础研究的重要性，像美国这类发达国家坚持长期的、多样化的投资战略，并且相信，对科学的投资将继续产生出非常高的回报率。因为“从过去的经验中知道，基础研究不断地导致惊人的对于人类有价值的成果”[4]。有学者认为，“基础研究必然渗透着国家目标的价值取向，在国家层面上，世界各国越加关注基础研究和应用目标的关联，渗透国家目标的基础研究在政府政策中的位置越来越突出”[5]。周光召先生则明确提出，“基础研究与国家目标相结合就会催生国家重点基础研究发展规划的制定。科学前沿研究瞄准经济、社会发展的重大需求，就会导致重点基础研究提出满足这一类重大需求的解决方案，导致一系列新的重要科学理论的形成和关键技术的获取，最后实现社会的可持续发展”[6]。

可见，基础研究对实现国家目标、国家利益的重要性，已成为共识。然而，如何实现基础研究与国家目标的对接呢？换言之，寻求何种途径使基础科学技术研究契合国家目标与国家利益呢？

应当说，在不同的历史时期，不同的国情之下，科技规划目标与基础研究目标有所变化，相应地，科学技术实现国家目标的方式亦有所不同。在20世纪七八十年代，我国开始探索具有自己特色的实现国家目标与基础研究相结合的方式——大科学工程。1980年以后，随着大科学工程建设的出现，大科学工程成为科学技术与国家目标紧密结合的平台，尤其是基础研究，借此平台找到了与国家目标紧密结合的有效途径。BEPC的建设就是一个例证。由此，大科学工程开始成为我国国家目标与科学技术相结合的重要平台。

二、20世纪80年代我国国家目标与BEPC的建设

新中国成立以来，中央政府非常关注现代科学技术的发展。根据国家科学技术发展的需要，1973年成立了中国科学院高能物理研究所，并由张文裕同志担任所长。从国际比较来看，我国的现代科学技术起步较晚，至1980年年初，仍相当落后。国民经济建设中不少关键性的科学技术问题长期得不到解决，新兴科学技术没有得到应有的发展和广泛的应用，自然科学的理论研究停滞不前。因此，国家对作为全国自然科学研究综合中心的中国科学院提出了主要任务，要求其研究和发展自然科学的新理论新技术，配合有关部门解决国民经济建设中综合性的重大的科学技术问题。侧重基础研究的任务落在了中国科学院的肩膀上。《1978～1985年全国科学技术发展规划纲要（草案）》就提出，要在五年内建成能量为300亿～500亿电子伏的质子加速器，十年内建成4000亿电子伏左右的质子加速器[7]。1977年11月，中央批准代号为“八七工程”的高能加速器的建造任务，成立了指挥部，张文裕为加速器总设计师。建造一台能量为50吉电子伏的质子同步加速器是“八七工程”的主要任务。这一建设任务的提出，建立在经费充裕的基础之上，并未经过严谨的、科学的可行性论证。当时，李政道教授提出了“八七工程”不符合中国实际国情的看法，再加上1980年年底国民经济调整，基础建设收缩，中央遂决定“八七工程”下马。

改革开放迎来了我国经济社会快速发展的历史新时期。其时，百废待兴，首要的社会目标是经济发展。1981 年，我国开始执行《中华人民共和国国民经济和社会发展第六个五年计划》(简称“六五”计划)，其总体目标与基本任务是：继续贯彻执行调整、改革、整顿、提高的方针，进一步解决过去遗留下来的阻碍经济发展的各种问题，争取财政经济状况根本好转，实现财政收支基本平衡，并为“七五”计划期间国民经济和社会发展奠定更好的基础，创造更好的条件。在这一总要求下，确定科技发展目标为统一组织全国的科技力量，进行科技攻关和科技成果的推广应用[8]。正是在这一背景下，高能物理研究与大科学工程 BEPC 建设被选为科技攻关突破口。

1981 年，在关于中国高能加速器调整方案的讨论会上，美国斯坦福直线加速器中心（SLAC）所长潘诺夫斯基教授提出了建造 2.2 吉电子伏正负电子对撞机的建议。国内外专家充分考虑当时世界高能物理研究的主要目标和世界上已有高能加速器的状况，认为在 2×2.2 吉电子伏正负电子对撞的能区，有许多很有意义的物理实验工作可做，而且，高速运转的电子和正电子在轨道转弯时发出同步辐射光，在物理、化学、生物、天文、医学、半导体等许多方面有广泛的应用。正负电子对撞机可以达到“一机两用”，比其他能区的加速器更具优势。综合考虑当时中国在财力、科技和工业制造方面的实力，经过专家反复的研究和论证，1983 年年初，中国科学院慎重选择了建造 2×2.2 吉电子伏的正负电子对撞机的方案。邓小平在听取了关于这个方案的汇报后，给予了肯定。1983 年 4 月，国务院批准了这个计划。同年 12 月，党中央、国务院将北京正负电子对撞机列入国家重点工程，要求在 5 年内建成，总投资 2.4 亿元，并成立了以中国科学院顾问谷羽为组长的工程领导小组，直接对中央负责，组织领导整个工程的建造实施。北京正负电子对撞机的建设由此正式开始。

国家和领导人对北京正负电子对撞机的高度重视使得工程的建设得到了财力和人力上的极大支持。国务院决定将北京正负电子对撞机主要设备的研制和生产，列入国务院重大技术装备领导小组的工作范围，以确保其进度和质量。1984 年 8 月 15 日，邓小平在北京正负电子对撞机工程简报上批示：“我们的加速器必须保证如期甚至提前完成。”[9] 1984 年 10 月 7 日，中国第一台高能加速器——BEPC 的建设工程在北京西郊八宝山东麓破土动工。

1986年《中华人民共和国国民经济和社会发展第七个五年计划》提出发展目标：基本上奠定有中国特色的新型社会主义经济体制的基础；保持经济的持续稳定增长，大力加强重点建设、技术改造和智力开发；在发展生产和提高经济效益的基础上，继续改善城乡人民生活。科技发展目标具体确定为一头是大力开发和普遍推广效益好、见效快的科技成果，积极帮助广大企业包括乡镇企业加速实现技术进步。另一头是围绕经济建设和社会发展中提出的关键性技术课题，认真开展科技攻关，同时，争取在新技术和高技术领域的研究和开发中取得较大的成果，大力采用新技术改造传统产业，并继续加强应用研究和基础研究，特别强调，努力掌握当代的新技术和高技术[10]。在此背景下，在"六五"计划期间的酝酿和建造的基础上，BEPC在"七五"计划期间得以建成并投入运行。

1988年10月，BEPC工程按期建成。建成的BEPC由注入器、输运线、储存环、北京谱仪和同步辐射装置等几部分组成，主要科学目标是开展τ轻子与粲物理和同步辐射研究。为此，BEPC有两种运行模式：兼用模式优化于高能物理对撞实验，同时也提供同步辐射光；专用模式专用于同步辐射研究。BEPC在投入运行后迅速达到设计指标，完成了小平同志提出的"我们的加速器必须保证如期甚至提前完成"的目标。BEPC的运行在深入推进高能物理研究的同时，结合国家需求，也参与发展高技术与新技术。正是BEPC的建成和运行，使我国的高能物理研究取得了举世瞩目的成就，并在τ-粲物理的实验研究领域处于国际领先地位，在高能物理领域作出了突出的成绩。时至今日，BEPC在实现我国科学技术发展目标、推进国家目标实现方面，作出了重要贡献。

BEPC的建设，时值改革开放的初期，由于国情所限，遇到了较多的问题。例如，在选择技术路线时，必须考虑器件是否能够得到供应，这就要求除了考虑纯技术因素之外，还要考虑国内工业的水平与产品的质量，或考虑从国外进口的可能性。为了推动BEPC的建造，中央批准成立了工程领导小组。这一决策使得BEPC的一些关键部件（八大件）的制造可以通过国务院重大装备办公室直接安排工业生产。这样无论是产品质量还是经费调拨等都得到了充分的保障。这是BEPC得以顺利建成的关键性举措。

三、BEPC的科学研究成就

自1988年BEPC建成运行以来，无论是在揭示物质微观结构的高能物理研究方面，还是利用辐射光进行多学科研究方面，BEPC都取得了突出的科学成就。这首先体现在它引发了高能物理的新的热门研究领域。

BEPC是国际上唯一工作在τ-粲能区的高亮度正负电子对撞机和先进探测器，运行后陆续得到一批在国际高能物理界有影响的研究成果。例如，“τ轻子质量的精确测量”、“J/ψ粒子共振参数的精确测量”、“DS粒子衰变常数的首次与模型无关的直接测量”、“2～5吉电子伏能区R值精确测量”、“发现可能的新共振态”等重要成果。这些成果对国际高能物理的发展影响巨大，开拓了τ-粲物理研究新领域。受此影响，美国康奈尔大学于2001年年初计划将对撞机CESR的能量降到τ-粲能区，研究τ-粲物理。它的设计亮度与BEPC改造工程的单环设计方案大体相当。俄罗斯新西伯利亚的VEPP-4M也计划将能量降至τ-粲能区。BEPC和北京谱仪的成功建造及所取得的物理成果，使中国成为世界重要的高能物理实验基地之一。

依托BEPC，中国科学院高能物理研究所在加速器物理、射频技术、电源技术、电磁场技术、真空技术、计算机及控制技术等物理技术方向[11]，以及相对论重离子碰撞和QGP、顶夸克物理、北京谱仪新物理和粒子宇宙学等重大问题研究等方面[12]，取得重大突破；在微波、真空、磁铁、电源、超导、束测、控制、核探测器、快电子学、大规模数据获取与处理等学科上，形成了优势。自1988年以来，依托BEPC产生了众多科学研究成果，高能物理研究所发表的索引论文数量与被引篇次快速攀升。从表1可见，1993～2007年，高能物理所每年SCI论文发表量均居于全球同领域机构排名前15名，被引篇次居于前19名。

表1　中国科学院高能物理研究所科技论文统计（1993～2007年）

年份	SCI/篇	位次	SCI被引/篇	位次	EI/篇	位次	国际会议/篇	位次	国内/篇	位次
1993	57	8	51	11	—	—	28	6	105	20
1994	62	7	53	10	—	—	23	4	111	17
1995	64	7	66	9	—	—	36	7	108	21
1996	70	6	62	11	—	—	28	1	130	19

续表

年份	SCI/篇	位次	SCI被引/篇	位次	EI/篇	位次	国际会议/篇	位次	国内/篇	位次
1997	85	7	89	9	—	—	11	23	118	21
1998	108	5	109	8	—	—	34	4	143	16
1999	143	8	168	9	—	—	46	3	123	30
2000	133	10	122	9	—	—	24	10	123	36
2001	167	10	149	10	—	—	27	12	146	29
2002	172	11	185	8	45	16	30	16	151	27
2003	203	10	197	12	22	47	24	23	162	24
2004	213	13	138	19	20	57	22	22	194	23
2005	272	11	370	9	41	51	50	15	176	30
2006	292	8	295	15	70	35	56	12	165	36
2007	215	15	345	15	55	—	55	—	176	—

资料来源：中国科学院高能物理研究所. 2009. 高能物理研究所2007年发表科技论文统计结果. http://www.ihep.ac.cn/news/news2008/081216.htm [2009-07-20].

BEPC的建造及众多依托BEPC所完成的科学成果获得了科学技术奖励。仅中国科学院高能物理研究所自1978年以来就获得国家和中国科学院科技进步奖、自然科学奖200余项，见表2。其中包括BEPC工程（1990年国家科技进步特等奖)、北京35MeV质子直线加速器工程（1991年国家科技进步一等奖)、τ轻子质量的精确测量（1995年国家自然科学二等奖)、北京自由电子激光装置（1995年国家科技进步二等奖)，“ADS研究”（2008年国家科技进步二等奖）等。

表2　中国科学院高能物理研究所获奖情况统计（1978～2005年）

等级	国家奖			中国科学院奖				其他	总计
	自然科学奖	科技进步奖	技术发明奖	自然科学奖	科技进步奖	重大成果奖	科技成就奖		
特等奖	0	1	0	0	2	0	0	0	3
一等奖	1	1	0	5	8	0	0	4	19
二等奖	4	5	1	7	26	5	0	8	55
三等奖	3	2	0	5	23	29	0	1	63
四等奖	1	0	0	0	0	15	0	0	16
无等级	0	21	0	0	0	23	1	2	47
总计	9	30	1	17	59	72	1	15	204

资料来源：中国科学院高能物理研究所. 2009. 高能所科学技术获奖项目汇编. http://www.ihep.ac.cn/xuemi/jiang/index.htm [2009-07-20].

在高能物理领域取得重大突破的同时，依托BEPC建成北京同步辐射装置（BSRF)，为其他科学领域的研究提供了实验平台。目前，已开展的研究工作涉及物理、化学和化工、生命科学、医学、材料、地矿、考古、环境科学、微电子和微机械、国防等多个领域。其中许多课题来自国家重大科研项目和国防科研项目。在2003年正式投入使用的我国第一条生物大分子晶体学光束线实验站上，首次获得了SARS病毒蛋白酶大分子结构、菠菜捕光膜蛋白晶体结构等。此外，还完成多波长异常衍射实验（MAD），实验结果达到国际先进水平。目前，生物大分子实验站已成为我国蛋白质结构研究的重要实验平台。

四、20世纪90年代我国国家目标的提升与依托BEPC的高新技术发展

1991年年底七届全国人大批准的《国民经济和社会发展十年规划和“八五”计划纲要》，提出今后十年的国家目标：在大力提高经济效益和优化经济结构的基础上，国民生产总值按不变价格计算，到本世纪末比1980年翻两番；全国人民的生活从温饱达到小康水平；发展教育事业，推动科技进步，改善经济管理，调整经济结构，加强重点建设，为下世纪初叶我国经济和社会的持续发展奠定物质技术基础；初步建立适应以公有制为基础的社会主义有计划商品经济发展的、计划经济与市场调节相结合的经济体制和运行机制；社会主义精神文明建设达到新的水平，社会主义民主和法制进一步健全。为此，提出科学技术的发展目标是：今后十年，我国的科学技术工作要以经济、社会发展的目标和部署为依据，并根据科技发展自身的规律，重点面向国民经济建设主战场，为国民经济再翻一番服务；大力发展高技术及其产业；持续稳定发展基础性研究，统一规划，合理配置力量，形成纵深格局，推动我国科学技术事业的全面发展[13]。这一科学规划目标对正在运行中的BEPC大科学工程产生了直接的导向作用。在深入推进高能物理等科学领域研究的同时，BEPC服务于国家战略高技术与新技术发展[14]。

自1991年起，在同步辐射装置上重点开展了凝聚态物理和材料科学、生物和医学、环境科学等交叉学科领域的应用研究，还充分发挥同步辐射实验方法的优势，重点支持那些使用常规实验方法难以开展的、属于国际研究前沿、在国内已具有相当研究基础并具有独到设想的研究课题。从1991年到2001年上半年，同步辐射装置共向用户提供了9775小时的同步辐射专用

运行机时，为 130 多个用户的 1085 个课题提供了实验用光。这些课题大多是国家自然基金项目、国家“九五”攻关项目、国家高技术“863”项目，部分是中国科学院及各部委的重点项目，研究领域涉及众多学科。

在材料科学领域，南京大学“新型人工晶体畴结构与相变的同步辐射研究”在晶体畴结构、畴的动力学行为、铁性相变机制及畴结构与物理性能的关系等方面进行了系统的研究，取得了一系列在国际上具有创新意义的结果，为研制新型功能晶体材料提供了丰富的实验依据和理论指导。

在纳米材料方面，光电子能谱站和 XAFS 站对三氧化二铁、二氧化铈、金红石结构和瑞钛矿结构的二氧化钛等化合物的体相和纳米相、镍（Ni）金属纳米棒和新近发现的高温超导化合物二硼化物系列等进行了近边吸收精细结构的研究。同时，还在温和条件下制备出毫米量级的纳米镍（Ni）金属棒并对其结构进行分析。这在国际上属于首创。

在医学研究方面，广西医科大学、中国科学院广西分析测试研究中心在同步辐射装置荧光分析实验站上，完成了围产期微量元素与围产儿发育关系的动态观察研究。

据不完全统计，在同步辐射装置上开展的研究项目中，有 11 个项目获得国家及省部委的各种奖项。其中，国家科技进步二等奖 1 项；省部委科技进步一等奖 3 项、二等奖 4 项、三等奖 3 项。截至 2000 年，以同步辐射装置为主发表论文 172 篇，其中，在国外刊物上发表 59 篇，国内核心刊物上发表 90 篇。

“高能物理实验装置涉及最先进的科学技术，必然对其他学科的发展产生影响，并向国民经济技术领域转移，产生巨大的经济和社会效益。”[15] BEPC 在推动我国相关工业与研制技术的提高和发展方面起到了积极的推动作用。BEPC 工程的建设不仅发展了高能物理电子学技术，推动了我国微波和高频技术的发展，使我国真空技术提高到了新的水平，而且，还将我国高精度电磁铁和大功率稳定度电源制造技术提高到了国际水平，为同步辐射光学工程技术的发展奠定了基础，对低能加速器的发展产生了积极影响。依托 BEPC 产生了众多技术成果，仅中国科学院高能物理研究所 1985～2005 年就申请专利 52 项，其中发明专利申请 32 项，占专利申请总数的 62%；实用新型专利 19 项；外观设计专利 1 项；共获得授权专利 21 项。2007 年申请专利

6 项，授权发明 2 项。

截至目前，依托 BEPC 已形成粒子加速器设计及研制、粒子探测器研制、辐射防护及监测、计算机应用软件开发等高新技术，生产出纳米电子辐照加速器、10 兆电子伏/4～15 千瓦电子辐照加速器、工业 CT、电子帘、正电子断层扫描机 PET、医用加速器等高技术产品。加速器及各种加速器部件已开辟国内市场并远销欧洲、亚洲、美洲的十多个国家和地区，取得了可观的经济效益。同时，正电子断层扫描机 PET、医用加速器、透皮缓释新药、“网威”杀毒软件等技术已成功转移到生产企业，纳入产业化轨道。自 20 世纪 90 年代以来，BEPC 面向国民经济建设和国家需求，在深入推进基础研究的同时，极大地提升了我国高技术开发能力，促进了高新技术产品的产业化发展。

五、我国创新型国家建设与 BEPC 工程

2001 年《关于国民经济和社会发展第十个五年计划纲要》提出“十五”计划目标：国民经济保持较快发展速度，社会主义市场经济体制逐步完善，人民物质文化生活有较大改善，科技、教育加快发展。在这一总目标下，科技发展目标确定为：深化科技体制改革，初步建立适应社会主义市场经济体制和科技自身发展规律的国家创新体系；加速提高我国产业的国际竞争力，促进国民经济可持续发展，提高人民生活质量，增强综合国力和保障国家安全；大幅度提高我国科技的总体水平和自主创新能力；全面提高全民族的科技素质[16]。创新型国家建设的目标就此确立下来。根据这一目标，《国民经济和社会发展第十个五年计划科技教育发展专项规划》提出：基础研究和战略高技术研究有所突破。集中力量在对我国经济、社会发展和国家安全具有关键作用及具有优势的重要领域取得重大突破，到 2005 年，力争在若干重要科学领域和战略高技术领域接近或达到世界前沿，取得一批有重大国际影响的开创性科研成果，为我国经济社会的长期发展奠定坚实的科技基础[17]。2006 年《国家“十一五”基础研究发展规划》中针对我国物理学领域的研究，明确提出要注重粒子物理、核物理、凝聚态物理、纳米科学等各学科的均衡发展。加强物理学和其他学科的交叉与结合，促进新兴学科发展[18]。

在这一背景下，BEPC 面临提升国家科技创新能力的重任。在稳定、高效地运行了 15 年后，BEPC 于 2003 年圆满完成了预定的科学使命。一方面，针对国家科技规划目标中提出的基础研究要面向国家需求和国际科学前沿的要求；另一方面，为了适应世界高能物理的发展，继续保持 BEPC 在科学上的竞争力，经国家有关部门批准，中国科学院高能物理研究所决定对 BEPC 的加速器和探测器进行重大改造，即实施 BEPCⅡ工程。

工程的立项基于两个前提条件。首先，是国家对物理领域原始性创新的重视，提出 BEPC 性能改进及 τ-粲物理研究优先发展的任务；其次，是来自国际竞争的压力。国际上的大型高能物理加速器在完成它的主要科学目标后，一般会根据世界高能物理研究的最新发展的要求，以较小的投入，对加速器和探测器进行重大改造，保持其在科学上的竞争力，继续在国际高能物理研究的最前沿发挥重大作用。例如，美国斯坦福大学直线加速器中心、日本高能加速器研究机构 KEK 和意大利 FRASCATI 国家实验室先后将它们的正负电子对撞机改造成了双环正负电子对撞机，大幅度提高其性能，在国际高能物理的精确测量前沿进行相应能区的物理研究，并且取得了许多重大的成果。在 BEPC 取得 τ-粲物理研究重大成果之后，τ-粲物理成为国际高能物理实验研究的热点之一。为保持我国在 τ-粲物理研究领域的领先地位，使我国在国际高能物理前沿占有一席之地，采用新技术对现有的北京正负电子对撞机进行重大改造是非常必要和紧迫的。

经过多次论证和严格的国家重大科学工程立项程序，2004 年 4 月 30 日，总投资 6.4 亿元、建设期 5 年的 BEPCⅡ工程进入全面实施阶段。BEPCⅡ工程分三阶段进行：直线加速器改造、储存环改造、探测器改造。2008 年 7 月 19 日 BEPCⅡ加速器与北京谱仪联合调试对撞成功，圆满完成建设任务。2009 年 7 月 17 日，BEPCⅡ顺利通过国家验收。经过半年多的试运行，目前，BEPCⅡ已成为粲物理能区国际领先的对撞机和高性能的兼用同步辐射装置，成为国际同类装置建设中的一个成功范例。

在改造过程中，BEPCⅡ工程采用了大量国际上的顶尖技术。面向国家需求，其中多项技术已经转化为高技术产品。尽管工程建设和调束的时间十分紧张，中国科学院高能物理研究所仍然坚持以国家需求为导向，为了保证国内广大同步辐射用户研究工作的需要，在工程建设的每个阶段都插入同步辐射运行。BEPCⅡ创造性地采用“内外桥”连接两个正负电子外半环形成同步辐射环和大交叉角正负电子双环的“三环方案”，实现了“一机两用”，并保持原有光束线出口基本不变，在改造过程中最大限度地利用了BEPC原有的设施。

无论在科学研究与高级人才培养方面，还是实现国家目标方面，BEPCⅡ的建成都具有重大意义。在科学研究方面，预期每年能获取80亿J/ψ事例或20亿ψ（2S）事例，为τ-粲物理实验研究提供高统计量的数据和小系统误差的精确测量，探索新的物理现象。预计投入运行后3～5年，将在τ-粲物理前沿领域取得多项具有世界领先水平的创新性研究成果。同时，在BEPCⅡ工程建造和运行取数的过程中将会培育出新一代的具有国际水平的高能物理学家、高能加速器专家、科技拔尖人才和战略科学家，形成有经验的技术专家队伍和重大工程的管理队伍。在实现国家目标方面，BEPCⅡ的建成及其在τ-粲物理研究中取得的重大成果，将保证中国高能物理研究在世界上占据一席之地，为我国在今后相当长时期内继续保持τ-粲物理研究的国际领先地位，建设创新型国家，奠定了基础。

BEPCⅡ工程产生于国家“十五”计划实施期间，成长于“十一五”计划实施期间。BEPCⅡ大科学工程的成功建设和运行表明，对BEPC的改造和升级是充分发挥原有大科学装置优势，适应物理学进展，占领学科发展全球前沿，积极实现国家科技目标的正确决策。

六、结论与建议

大科学工程是适应现代科学技术发展的要求而出现的，已成为现代科学技术研究的必要条件。大科学工程的建设不是一个局部的科学技术问题，而是一个全面影响国家科学技术创新能力、影响国家发展的战略性问题。国家目标在大科学工程的建设过程中发挥着引导作用。改革开放30年来，我国的科技规划目标随着国家经济发展的需要而调整。以BEPC为代表的大科学工程建设紧紧围绕国家目标而展开，并为之服务。国家通过立项与投资控制，使得国家目标渗透在大科学工程之中，通过大科学工程引导科学技术重点学科领域的发展，激励科学技术原始创新与高新技术产业化，为实现国家目标服务。

在不同的历史时期，国家目标有所改变，国家科技发展的思路相应调整。BEPC 的立项、建设、运行及改造，见证了我国改革开放 30 年大科学工程的大发展。每十年上一个台阶，国家目标对科技发展的引导作用日益增强。随着我国经济和科技实力的提升及国际竞争的加剧，国家对科技发展的政策引导日益成熟。国家科技目标从提高国家科技实力的单一目标转变为实现科技成果转化和应用、提高原始性创新能力、建设创新型国家的多层次目标。

同时，BEPC 的历史发展也充分说明，大科学工程对实现国家目标具有重要意义。这主要体现在如下几个方面。其一，大科学工程是现代科学技术研究的必要条件，可以为现代科学研究提供必要的实验和分析平台，同时，也可以为国家战略高技术提供开发设施。其二，大科学工程是加强国际合作、建设具有强大科学研究能力的大型综合科研基地的依托平台。这些综合科研基地集中了来自世界各地的优秀科学家，具有科研任务集中、投资集中、科研成果丰硕、学科多样、学科交叉的特点，拥有发展新型科学和交叉科学及突破重大新技术的强大能力，是国家科技发展的核心力量。其三，大科学工程是提供社会发展所需科学技术保障的基础设施。现代国家的社会生活越来越表现出关联复杂且规模庞大的特征。对大规模社会生活的有效而积极的控制与调节，依赖于大规模的基础数据和基础信息，大科学工程则是提供大规模基础数据与基础信息的最为有效的科学技术手段。

在未来我国大科学工程的发展过程中，进一步加强国家目标引导是非常必要而有益的。对此，我们基于 BEPC 的建设经验提出如下建议。

一是要合理布局、重点发展、加强合作。我国是一个发展中大国，科技投入相对偏低。这就要求大科学工程建设必须合理布局，既要整体提高我国科学技术基础设施的水平，又能保持并提高原有的学科与领域优势，同时，在推进我国技术发展与经济社会进步方面发挥积极作用。

二是要长远规划，集中建设，为多用户服务。大科学工程投资巨大，是服务于国家科技发展与经济社会进步的综合设施，因此，必须以国家发展目标为指导，长远规划，集中建设。大科学工程需要众多专业技术人员操作、运行，且服务于众多科技项目与社会公益项目，因此，建立严格规范的管理制度非常重要。此外，管理中必须贯彻“为多用户服务”的宗旨，大科学工程要以开放的态度为多学科、多领域的人员服务，提高其使用效益。在这些方面，BEPC的运行实践可提供有益的借鉴。

参考文献

[1] 中华人民共和国科技部．国家“十一五”科学技术发展规划．http：//www.most.gov.cn/kjgh/kjfzgh/200708/t20070824_52690.htm [2009-04-17].

[2] 马佰莲，欧阳志远．责任自由：国家目标和研究自由的统一．自然辩证法研究，2006，(11)：81.

[3] 科学、工程与公共政策委员会．科学技术和联邦政府：新时代的国家目标．张京京译．北京：科学技术文献出版社，1999：7.

[4] 克林顿，戈尔．科学与国家利益．曾国屏，王蒲生译．北京：科学技术文献出版社，1999：26-27，13.

[5] 谭文华，曾国屏．关于基础研究及其与国家目标关系的再思考．科学学与科学技术管理，2004，(4)：21-22.

[6] 周光召．基础研究与国家目标．中国基础科学，2005，(3)：4.

[7] 中华人民共和国科技部．1978～1985年全国科学技术发展规划纲要（草案）．http：//www.most.gov.cn/ztzl/gjzcqgy/zcqgylshg/t20050831_24438.htm [2009-04-31].

[8] 新华网．第六个五年计划（1980～1985）．http：//news.xinhuanet.com/misc/2005-10/07/content_3590244.htm [2009-04-25].

[9] 柳怀祖．北京正负电子对撞机．北京：科学出版社，1994：70.

[10] 赵紫阳．关于第七个五年计划的报告．人民日报，1986-04-14（1).

[11] 中科院高能物理研究所加速器中心．课题设置．http：//www.ihep.ac.cn/ac/index.htm [2009-04-20].

[12] 中科院高能物理研究所理论物理研究室．课题设置．http：//www.ihep.ac.cn/div4/keti/ketishezhi.htm [2009-04-20].

[13] 中华人民共和国科技部．中华人民共和国科学技术发展十年规划和“八五”计划纲要．http：//www.most.gov.cn/ztzl/gjzcqgy/zcqgylshg/t20050831_24436.htm [2009-03-30].

[14] 中国科学院．BEPC一机两用交叉学科前沿研究取得丰硕成果．http：//www.cas.ac.cn/html/Dir/2001/10/10/0999.htm [2009-04-16].

[15] 北京正负电子对撞机国家实验室．北京正负电子对撞机工程社会与经济效益调

研报告．北京：中国科学院高能物理研究所，1996.

［16］中华人民共和国国务院．关于国民经济和社会发展第十个五年计划纲要．http：//www. people. com. cn/GB/shizheng/20010318/419582. html［2009-03-30］.

［17］中华人民共和国科技部．国民经济和社会发展第十个五年计划科技教育发展专项规划（科技发展规划）. http：//www. most. gov. cn/ztzl/gjzcqgy/zcqgylshg/t20050831_24434. htm［2009-03-30］.

［18］中华人民共和国科技部．国家“十一五”基础研究发展规划．http：//www. 973. gov. cn/mana/contfile/web/352/20073141059247a. doc［2009-04-28］.

大科学装置成果转化模式探析
——以北京正负电子对撞机为例*

北京正负电子对撞机（BEPC）是世界八大高能加速器之一。它是我国第一台高能加速器，是高能物理研究的重要大科学装置，是世界上唯一在τ轻子和粲粒子产生阈附近研究τ粲物理的大型正负电子对撞实验装置，也是该能区迄今为止亮度最高的对撞机。北京谱仪（BES）则是该能区内性能最好的谱仪。多年来，BEPC已取得良好的科技及经济社会效益，科技成果转化也实现了一定的突破。本文拟对BEPC科技成果转化模式及面临的问题进行分析，试图得出大科学装置科技成果转化的一般模式与途径，为加速高技术产业化进程，破解科技与经济“两张皮”的现实困局提供参考。

一、基于高能物理发展趋势的BEPC科研产出分析

(一) 国际高能物理最新发展趋势

当今，“高能物理处在科学发现的新时代”[1]。物理学的新突破，在很大程度上依赖高能物理的新突破：高能物理研究在带动其他基本物理研究和推

* 本文作者为尚智丛、赵凯，原载《科技进步与对策》，2011年第28卷第19期，第6～10页。

动高科技发展等方面起了重要作用。2004 年，美国国家研究理事会下设的物理学调查综合委员会对近 10 年来世界范围内的物理学发展状况进行了历时两年的广泛调查，认为物理学的发展已进入新时代，其对科学技术和国家经济的发展有着日益重要的影响，并确定了 6 个具有挑战性的重点研究领域：发展量子技术、创造新材料、了解复杂系统、统一自然力、探索宇宙，以及物理学在生物学中的应用。

国际未来加速器委员会在 2003 年 1 月的一份报告中指出，粒子物理的发展目标是探索物质、能量、空间和时间的前沿，在今后的 20 几年，粒子物理将向 4 个目标发展[2]：研究大统一理论（ultimate unification）；寻找隐藏维，即在已知的四维时空之外探寻是否存在超维（extra dimensions），实施大型直线对撞机计划有可能寻找到这样的新维度；研究宇宙间的联系；了解基本粒子物理与决定宇宙结构的天体物理之间的深层联系。

高能物理的发展，诱发了一系列高新技术，如加速器技术、射线技术、同步辐射技术、核能技术、核探测技术、对撞机技术、新能源技术等，其中有些技术已经转化成产品投入市场，并取得了良好的经济效益。

（二）BEPC 论文与专利产出分析

BEPC 运行以来，进行了多方面的科学研究，在核探测技术、粒子物理和核物理理论、高亮度正负电子对撞机和相关加速器技术、同步辐射及其应用等方面开展了大量工作，在国际一流期刊上发表了大量论文，仅 2008 年就在国际一流期刊发表 BESII 物理文章 17 篇，其中，*Physical Review Letters* 文章 3 篇。表 1 反映了 1988～2007 年的科研论文发表情况。

表 1　科研论文发表情况[3]

年份	SCI 收录论文				SCI 收录论文	
	发表论文		引用情况			
	排序	论文	排序	论文	排序	论文
1988	4	99	/	/	10	103
1989	6	69	4	55	8	112
1990	6	65	7	55	18	99
1991	9	57	10	30	23	103
1992	6	66	8	48	10	123
1993	8	57	11	51	20	105

续表

年份	SCI 收录论文				SCI 收录论文	
	发表论文		引用情况			
	排序	论文	排序	论文	排序	论文
1994	7	62	10	53	17	111
1995	7	64	9	66	21	108
1996	6	70	11	62	19	130
1997	7	85	9	89	21	118
1998	5	108	8	109	16	143
1999	8	143	9	168	30	123
2000	10	133	9	122	36	123
2001	10	167	10	149	29	146
2002	11	172	8	185	27	151
2003	10	203	12	197	24	162
2004	13	213	19	138	23	194
2005	11	272	9	370	30	176
2006	8	292	15	295	36	165
2007	15	215	15	345	/	176

依托 BEPC 还产生了众多技术成果，仅中国科学院高能物理研究所 1985～2005 年就申请专利 52 项，其中，发明专利 32 项，占专利申请总数的 62%；实用新型专利 19 项；外观设计专利 1 项[4]，共获得授权专利 21 项。

（三）BEPC 科研获奖情况

1990 年至今，依托 BEPC 开展的科学研究获得国家和中国科学院奖项 17 个。其中，“北京正负电子对撞机”获 1989 年中国科学院科技进步特等奖、1990 年国家科技进步特等奖；“北京正负电子对撞机上实验束的研制”获 1991 年中国科学院科技进步二等奖；“北京谱仪 τ 轻子质量的精确测量”获 1993 年中国科学院自然科学一等奖、1995 年国家自然科学二等奖；“同步辐射软 X 射线多层膜反射率计装置及其应用”获 1998 年中国科学院科技进步二等奖、2000 年国家技术发明二等奖[5]。

1987～2005 年，中国科学院高能物理研究所共获奖 200 余项，其中国家自然科学二等奖和科技进步二等奖以上共 13 项，具体如表 2 所示。这 13 项重大奖项中有 10 项与 BEPC 直接相关。

表 2　1978～2005 年高能所获奖情况统计[5]

项目	国家奖			中国科学院奖				其他	总计
	自然科学奖	科技进步奖	技术发明奖	自然科学奖	科技进步奖	重大成果奖	科技成就奖		
特等奖		1			2				3
一等奖	1	1		5	8			4	19
二等奖	4	5	1	7	26	5		8	56
三等奖	3	2		5	23	29		1	63
四等奖	1					15			16
五等奖		21				23	1	2	47
总计	9	30	1	17	59	72	1	15	204

（四）BEPC 科研成果转化及新技术与产品开发

BEPC 主要用于粲夸克和 τ 轻子物理的研究，同时又可作为同步辐射光源提供真空紫外至硬 X 光，为凝聚态物理、材料科学、生物和医学、化学化工、环境科学、高压物理、地球科学、剂量学、地质资源和考古、软 X 光学、微电技术等交叉学科领域的应用研究提供了先进的实验平台，实现了“一机两用”。表 3 反映了 2008 年用户课题的学科领域分布，从中可以看出，BEPC 在各学科领域已得到广泛应用。

表 3　2008 年 BEPC 用户课题学科领域分布[3]

用户课题学科分布	半导体	表面科学	材料	地球科学	广谱计量	光学	光学元件	化学
课题数量	3	7	101	3	9	10	2	31
用户课题学科分布	环境科学	基础研究	能源	凝聚态物理	生命科学	微电子	物理	原子与分子物理
课题数量	14	7	6	22	15	7	12	12

大型探测器——BES 在 τ 粲物理的实验研究领域获得了一系列重要的研究成果，如 τ 轻子质量的精确测量、20 亿～50 亿电子伏能区正负电子对撞强子反应截面（R 值）的精确测量、发现“质子-反质子”质量阈值处新共振态、发现 X 新粒子（1835 年）等，引起了国内外高能物理界的广泛关注。中国科学院高能物理研究所已成为世界八大高能物理实验研究中心之一。

北京同步辐射装置（BSRF）拥有 4 个插入件、14 条光束线和 14 个实验站，每年有百余个研究单位和大学的 300～400 个课题利用北京同步辐射装置开展实验研究，用户数高达 3000 人次，不断获得重要应用成果。图 1 显示了1999～2008 年依托 BSRF 开展研究课题的数量变化。在这些研究中，有些取得了丰硕成果。例如，在我国的第一条生物大分子光束线站上，中国科学院生物物理研究所的研究人员完成了“菠菜主要捕光复合物（LHC-II）2. 72A 分辨率的晶体结构”的测定，清华大学研究人员完成了有关 SARS3CL 蛋白晶体结构测定等在国际上具有重要影响的工作；成功完成了多波长异常衍射实验，实验结果达到国际先进水平；高温高压试验平台的指标达到国际先进水平，成为国际上第三个向用户开放的同步辐射激光加温高压实验系统。在纳米材料方面，光电子能谱站和 XAFS 站对三氧化二铁、二氧化铈、金红石结构和瑞钛矿结构的二氧化钛等化合物的体相和纳米相、镍（Ni）金属纳米棒和新近发现的高温超导化合物二硼化物系列等进行了近边吸收精细结构的研究。同时，还在温和条件下制备出毫米量级的纳米镍（Ni）金属棒，并对其结构进行了分析。这在国际上属于首创。在医学研究方面，广西医科大学、中国科学院广西分析测试研究中心在同步辐射装置荧光分析实验站上，完成了围产期微量元素与围产儿发育关系的动态观察研究。

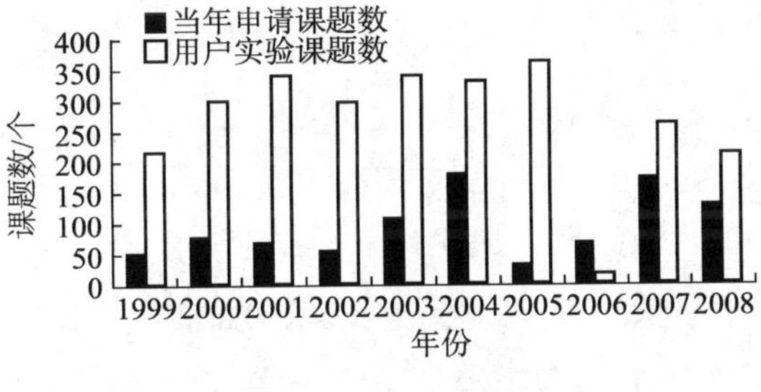

图 1　用户实验课题数[3]

BEPC 的建造，推动、促进了有关工业和技术的提高与发展，向国际先进水平迈进了一大步。加速器技术是促进、提高、发展工业部门各项高技术的主要推动力之一，因为它是核技术（包括电物理技术、核电子学技术等）、电子技术、雷达技术、广播技术、超高真空技术、大型精密电机技术、快速高精度电磁测量技术、精密加工和特种加工技术、计算机技术、毫微秒级束流测量技术、计算机自动控制技术和精密工程测量技术等的转移、发展和综合。对撞机的建设，带动并促进了我国相关工业与研制技术的提高和发展，使我国在某些技术领域达到和接近国际先进水平，在另一些领域则大大缩短了差距或填补了空白。

中国科学院高能物理研究所生产的加速器及各种加速器部件已开辟国内市场，并远销欧洲、亚洲、美洲等 10 多个国家和地区，一些前沿高技术已成功转移到生产企业。已研发的高技术产品有地那米电子辐照加速器、10 兆电子伏/4～15 千瓦电子辐照加速器、工业 CT、电子帘、正电子断层扫描机 PET、医用加速器、医用加速管、各类加速器部件、环境中子监测器、环境 γ 监测器、“网威”杀毒软件等。

二、BEPC 科技成果转化的基本模式

作为 BEPC 的管理机构，中国科学院高能物理研究所坚持面向国家战略需求，以市场为导向，以推动我国高新技术及产业化发展为宗旨，以全面社会化合作为模式，努力把 BEPC 运行中发展的高新技术成果迅速转移到我国经济建设的第一线。通过对中国科学院高能物理研究所的资料研究，作者将其模式总结为以下 3 种。

（一）开展社会化合作

中国科学院高能物理研究所围绕优势技术，主打成熟项目，重点突破，先后推出了 10 兆电子伏/4～15 千瓦电子辐照加速器、人体 PET、射线安检、网络安全等技术项目，并与多家公司签订技术合作协议。为对一些专利项目进行深层次的跟踪开发，与山东蓝孚公司共建电子辐照技术联合研发中心，与苏州林华公司共建核应用技术和网络安全技术研究中心。积极参与北京市的高新技术创新体系建设，作为中国科学院牵头单位，完成了与北京市科学技术研究院共建中心的筹建及理事会、学术委员会的成立，组织了项目讨论和申报。建立了由中关村科技园区筹划和资助、针对企业的高新技术开放实验室，为园区 10 多个合作项目进行服务，取得了良好的经济和社会效益，并取得了较大的产业化成就。与北京科技大学建立了长期合作关系，并联合国家纳米科学中心与天津医科大学附属肿瘤医院，成立了肿瘤纳米科学技术

研究中心，构建了以肿瘤诊断、肿瘤治疗及肿瘤基础研究为核心的多个科研平台。

（二）承接研制任务，参与国际合作

拥有世界一流水平的BEPC不仅在国内对社会开放，同时也积极参与国际合作，承接相关领域的科研项目。这样既与国际同行交流了技术，同时也能获得较高的经济收益。

以与美国的合作为例，2002年4月，历时两年半、提前一个月完成了美国SLACSpear3磁铁研制项目。该项目是中美高能会谈商定的项目，由中国科学院高能物理研究所为美国斯坦福直线加速器中心（SLAC）研制用于其SPEAR3储存环的二极、四极、六极和校正磁铁共4种磁铁样机，然后批量制造这4种磁铁全部9种长度、20种规格，共计292块磁铁，并完成全部机械、电性能和磁性能测量。296块磁铁全部一次性通过了美方验收，SLAC的SPEAR3项目副经理罗伯特·黑特尔博士向美国能源部汇报时表示："中国科学院高能物理研究所的磁铁产品的物理性能达到或超出了我们的期望。"该项目在2003年度召开的中美高能合作委员会第22次会议上得到了双方代表的一致赞扬，被誉为"中美科技合作的成功例子"。项目全部收入为3200余万元人民币。

2001～2003年，中国科学院高能物理研究所分别为美国阿贡国家实验室（ANL）的APS加速器的能量升级（3吉电子伏）制造了两根3米的S波段加速管和两台能量倍增器，并为其实验项目研制了一根1.6米长加速管。2006年与美国SLAC达成磁铁研制合作协议[6]。

此外，BEPC与日本、意大利、韩国等多个国家都有项目合作，包括日本KEK的J-PARC项目50吉电子伏质子加速器研制校正磁铁项目、意大利INFN研究所SPARC项目、韩国PAL60兆电子伏直线加速器设备研制项目等。

（三）参股高新技术企业

目前，中国科学院高能物理研究所参股的主要高技术企业有9个，这9

家公司都集中在高能所的主流技术和与高能所科研工作紧密相关的技术领域，如北京高能大恒加速器技术公司、深圳万维公司、北京中科网威公司。这些企业由于有中国科学院高能物理研究所强大的技术支持，在各自的产业内都有着比较重要的地位。以北京中科网威公司为例，它是一家主要从事计算机信息网络安全技术及相关领域产品生产、销售和服务的专业厂商。早在1996年，北京中科网威公司的前身中国科学院高能物理研究所"网威安全工作室"就开始进行网络安全技术的研究和开发，目前拥有国内一流的网络安全产品线体系，主要网络安全产品包括"网威"防火墙、"网威"网络安全评估分析系统、"网威"入侵侦测系统、"网威"风险管理平台、"网威"安全管理平台等。尤其值得强调的是，北京中科网威公司在2007～2008年负责起草国家标准《信息系统安全管理平台产品技术要求和测试评价方法》。可以说，没有突出的行业地位，是不可能获得这份殊荣的。

三、当前BEPC科技成果转化面临的主要问题

加速科技成果推广应用是推动科技与经济结合的关键环节。我国高校、科研院所在科技成果转化过程中存在一些问题，面临很多困难，使得科技成果转化率非常低。BEPC也不例外，其科技成果转化模式也存在一些问题，总结如下。

1）成果立项缺少市场引导，产品开发目标不明确，研发过程与产业及市场脱节[7]。BEPC成果的立项很多是基于技术概念或产品创意的，立项之前很少进行充分的市场调研，导致其科研成果大多数还处于产品概念阶段，仅有少量能够形成样机或产品。成果的共同问题是研发过程与产业实际脱节，缺少对市场的了解，很少与实际用户进行有效沟通，最终导致成果与市场所需要的产品之间存在较大差距。在产品结构、功能、元器件选用、工作可靠性、安装使用及成本控制上还存在大量需要改进的问题。

2）由于制度及观念等因素，研究人员对成果转化工作不够重视，对成果转化及产业化工作不够积极。教学与科研压力使管理者无暇顾及成果转化与产业化工作，更有人担心研究人员过多参与成果转化工作会对正常的教学科研工作产生冲击。高能所现在还没有把成果转化工作纳入对研究人员的考

核体系，导致大家对成果转化工作不重视[8]。

3）复合型人才紧缺形成对成果转化的制约[9]。大多数科研人员擅长科学实验和理论分析，缺乏科技成果宣传、推销及经营的经验和能力，且不重视科技成果的推广。而科研管理部门对科技成果中的核心技术了解甚少，在工作中侧重于对项目的日常管理。这些都无法满足企业对技术深入了解的需求。缺乏既懂专业又擅长经营和管理的复合型人才，导致成果推不出去，资金引不进来，使具有市场前景的科技成果多数停留在理论和实验阶段，难以成熟和投入应用[10]，成熟的技术又难以直接转化为生产力，迅速抢占国内、国际市场。

4）科技投入缺乏社会化的投资主体和渠道，尤其是缺乏企业的有效介入，科技投入主要依靠政府[11]。科技成果转化是一项高风险、高投入、高收益且周期长的活动，这就决定了难以从常规的商业渠道获得足够的资金支持。政府大力扶持的基础研究领域可能并不是商业看重的转化机遇，这就造成了科技成果转化的脱节，导致耗费巨资产生的研究成果不能很好地转化成产品，进而进入市场，参与竞争。

四、BEPC 科技成果转化的对策建议

提高 BEPC 科技成果转化率，不仅能够带动相关产业的发展，更能达到服务国家目标的目的，使基础科学研究在国家经济发展中的作用得到具体体现。因此，解决 BEPC 科技成果转化中存在的问题显得更加重要与急迫。针对以上问题，BEPC 应该从以下几个方面加大科技成果转化的力度。

1）加强渠道建设。加大与企业合作研发的力度，改变“闭门造车”的科研现状。建设开放式的成果转化通路，加强 BEPC 科研与相关产业的关联。加强渠道建设一方面是通过与企业的合作，加强对市场脉搏的把握，提升科技成果转化成功率，使转化形成的产品能更好地被市场认同；另一方面，也有助于解决科技投融资问题，可以借助企业等平台进行融资，使得科技投入资金多元化，这样对提高科技成果转化率也大有裨益。

2）提高认识，完善机制。BEPC 应从根本上认识到其科技成果转化对经济社会发展的重要意义，以及对教学科研的积极促进作用。同时，应加强成

果转化与产业化制度建设，完善激励机制，将成果转化工作作为 BEPC 工作的重要内容之一，将工作成果与相关管理人员、研究人员的考核联系起来。

3）设立科技成果推广基金。设立科技成果推广基金，弥补推广经费和推广人员素质、能力的不足。BEPC 可以每年从科技活动经费或其他经费中提取一定比例的资金作为推广基金，用于重点项目的成果推广。如果内部人员的素质、能力不能满足成果推广的要求，可以利用此基金从外部挑选优秀的专业人员实施科技成果推广。

参考文献

［1］Calder N. Physics leaders contemplate “new era of discovery” at SLAC meetings. Stanford Report，2002（3）：20.

［2］The linear collider report of the worldwide physics and detector study group. Understanding matter，energy，space and time. The Case for the e+e-Linear Collider February，2003.

［3］中国科学院．中国科学院重大科学装置 2008 年年报．http：//www. lssf. cas. cn/nianbao/201002/P020100204562878873987. pdf［2010-10-13］.

［4］尚智丛，张伟娜．国家目标引导下的大科学工程——以北京正负电子对撞机为例．工程研究——跨学科视野中的工程，2009，（3）：19-24.

［5］中国科学院高能物理研究所．高能所科学技术获奖项目汇编．http：//www. ihep. ac. cn/xuemi/jiang/index. htm［2009-07-20］.

［6］中国科学院高能物理研究所．中国科学院高能物理研究所 2007 年年报．内部资料．2008.

［7］郑志．高校科技成果转化中存在的问题及应对措施．黑龙江科技信息，2009，（6）：98.

［8］杨杰．加强高校科技成果转化应把握的几个问题．中国教育研究论丛，2006，（1）：80-82.

［9］王爱民．以东北林业大学为例浅析高校科技成果转化的制约因素及促进措施．中国高校科技与产业化，2009，（9）：68-69.

［10］武士俊．科技成果转化模式研究．太原科技，2009，（5）：15-18.

［11］徐国兴．要为科技成果转化营造良好环境．北京：国家行政学院，2009.

国家大科学工程“中国地壳运动观测网络”管理与运行模式分析*

“中国地壳运动观测网络”旨在以服务地震预测预报为主，兼顾国家大地测量和国防建设的需要，同时服务于气象预报、电离层监测、海平面监测和全球定位系统（GPS）导航等领域。对这一大科学工程，国家共投资13 500万元人民币，其中7000万元是国债资金。1998年，国家计划经济委员会批准“中国地壳运动观测网络”项目可行性研究报告并开工建设，工程建设期为四年（1998～2001年）。在实际建设中，“中国地壳运动观测网络”提前建设完成，于2000年12月通过了国家验收，并正式投入运行。

一、“中国地壳运动观测网络”管理与运行模式的经验与特色

（一）构建了科学、合理的管理组织体系

第一，成立了协调机构，建立了协调机制。“中国地壳运动观测网络”是由中国地震局、中国科学院、总参测绘局、国家测绘局等四部委共建，这

* 本文作者为肖显静、陆群峰，原载《中国科技论坛》，2008年第2期，第27～31页，34页。

是该工程的一个显著特点。多单位参建，可以充分整合各自的有效资源，实现优势互补，从而组织起整个工程建设的最佳阵容；但是如果管理体制建立不当的话，势必会造成各部门扯皮，管理上出现混乱，各部门的分工、职责不明等一系列的问题，这样的话，就难以保证工程高效率、高质量地完成。

因此，一个大科学项目无论是由某一个政府部门主导发起，还是由国际组织发起，一般都要建立一个总的协调机构，负责整个项目的分工与协调，并在各参与主体之间起到桥梁作用，形成与项目有关的团体和组织之间的接触界面[1]。也就是说，协调工作做好了，才能使各部门的工程执行人员及其他人员做到思想观念上的统一，行动上的一致，才能保证工程执行的同步与和谐，才能提高工作效率，减少或杜绝人力、物力、财力、时间等方面的浪费[2]。

在“中国地壳运动观测网络”工程的建设期间，国家计委和科技部组建了国家项目协调领导小组，组长是科技部副部长邓楠。成立了总的协调机构——工程执行委员会（简称执委会），以便保证对工程的具体协调和统一领导。执委会由参建各方主要领导组成，其职责是：向国家主管部门和参建各方负责；负责工程整体领导与决策；负责参建各方的协调，并签订国家数据共享协议；签订分部门承建协议[3]。执委会负责整个工程的协调与分工。因此，在一般情况下，各部门之间的矛盾、分歧，执委会就可以解决了，而一旦执委会解决不了，那么就需要提请项目协调领导小组来解决。这样，就建立起了整个工程的协调、合作机制，从而减少了各种扯皮、不和谐现象的出现，保证了工程的顺利进行。

第二，组建项目独立法人，实行法人管理制。中国地震局、总参测绘局、中国科学院、国家测绘局等四部委联合组建了“中国地壳运动观测网络”项目独立法人——地壳运动监测工程研究中心（简称地壳工程中心）。地壳工程中心是整个网络工程项目的日常管理机构，负责网络工程的项目建设和项目运行管理工作，参建各方派驻业务司处领导以独立身份参加管理，整个工程建设实行法人管理制。

第三，建立了“三师”负责制。在“中国地壳运动观测网络”执委会下面，建立了项目科学技术专家委员会和项目执行专家委员会。在这两个委员会中，分别设立了首席科学家（代行总设计师职责）和总工程师、总会计师，从而建立了首席科学家设计负责制、总工程师技术负责制和总会计师财务负责制的“三师”负责制。

整个网络工程的管理组织体系，可以用下图来表示。科学、合理的管理组织体系的构建，为网络工程的顺利进行提供了组织保证。

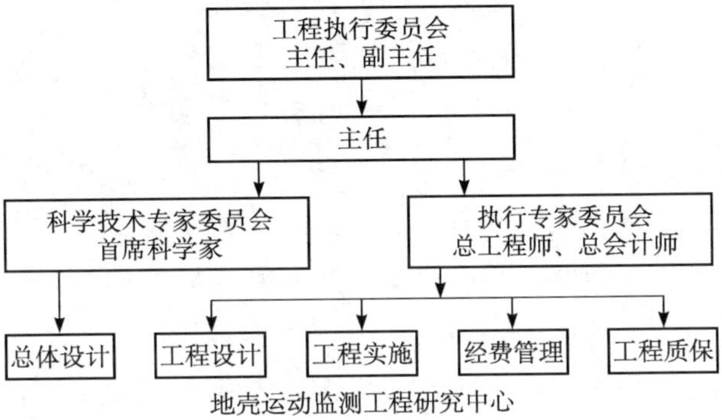

管理组织体系[4]

（二）建立了合理的项目管理模式

第一，建立了合理的项目组织结构。大科学工程不同于一般的纯工程项目，这就要求建立起符合其特点的项目组织结构。项目的组织结构就是项目系统内的各组成部分及其相互间关系的框架[5]。“中国地壳运动观测网络”的项目管理，根据其有四个部委共同建设这一特点，建立了四个项目组，每个参与部委构成一个项目组，分别负责工程项目的一部分。中国地震局的地壳工程中心、地震预测研究所、地壳运动观测网络数据中心是这一大科学工程项目的主要承担单位，中国科学院上海天文台负责组织、协调中国科学院承担的工程项目，总参测绘局西安测绘研究所负责组织、协调总参测绘局承担的工程项目，国家测绘局第一测绘大队负责组织、协调国家测绘局承担的工程项目。这四个项目组和相关领导、协调机构共同构成了这个大科学工程的项目组织结构。

由参与网络工程建设的相关部委的职能机构来组成项目组主体的这种组织结构模式，对大科学工程的管理与运行是非常有利的。在这种模式下，职能机构的负责人同时又是项目组的负责人，职能机构的员工同时就是项目组的成员。比如，总参测绘局西安测绘研究所整体构成了项目组的主体，测绘所的负责人就是项目组的负责人，这就使项目管理更加方便和有效。因为“一个职能部门整体构成一个项目组，这样就把项目组的项目行为转化成了职能部门的日常职能行为，大大降低了管理难度，使项目组的工作更加卓有成效”[6]。如此，管理项目组的行为就可以简化为管理原职能机构的行为，可以更好地调配资源和行使权力，也有利于项目组内部的协调和分工。而对项目组成员来说，参与工程建设的热情会更高，责任心会更强。这是因为：他们会把自己的工作看做既是项目组的任务，同时也是自己所在的职能机构的日常工作；由于大科学工程既是一个工程项目，同时也是一个科研项目，大科学工程的运行是长期的，因此参与工程建设所得到的收益也是长期的，这对参与者今后的科研是很有利的；在项目结束后，他们可以继续留在职能机构工作，不用担心随着项目的完成而失去工作，可以使研究人员在工作时保持稳定的心理状态。需要指明的是，在这种模式下，某个职能机构只是构成了某个项目组的主体，并不是全部，在具体的操作过程中，由于技术或设施方面的原因，需要从别的部门抽调一些人员加入这个项目组来完成某些工作。比如，中国科学院承担的网络工程项目的组织和协调者是上海天文台，但一些工作是由中国科学院其他的所来完成的。因此，我们说，由一个职能机构来构成一个项目组主体的这种组织结构模式，不是刚性的，而是具有灵活性的。这种模式既具有职能型组织结构的优点，又具有项目型组织结构的优点，同时又克服了矩阵型组织结构的双重领导和权利不易平衡的缺点。项目组由一个独立的职能部门构成，可以保证项目组利益的完整性并便于协调和统一[7]。

第二，建立了合理的项目组织行为。建立科学、合理的项目组织结构和组织行为是大科学工程项目顺利建设的一个重要保障。在项目组织行为方面，“中国地壳运动观测网络”工程建立了部门负责的合同制项目管理模式。网络工程项目全部实行合同化管理，参建各方分别指定一个所属事业法人单位与地壳工程中心签订项目总承建合同，在工程的具体实施过程中，严格执行合同规定的技术指标与进度计划。各个项目组的具体分工通过合同的形式确立下来，这样就把工程建设纳入规范化、法制化的轨道，从而使各单位职责明确，事事有章可循。在实际运行中，参加工程建设的四家单位，都能严格执行合同的规定，并相互协调、配合，确保了工程计划的顺利推进。此外，“中国地壳运动观测网络”工程对所有基建项目实行招投标管理体制，以便保证工程项目建设的市场化运作，使工程的管理过程更加民主、开放、透明。

（三）建立了有效的两级监理制度

在工程建设方面，我国自 1989 年开始，借鉴西方国家成功的经验，实行了工程监理制度。“中国地壳运动观测网络”这一大科学工程也是一个工程项目，因此为了保证其按计划实施，实现预定的工程目标，对它实行有效的监理是非常必要的。通过监理可以发现工程执行中的各种偏差并及时加以纠正，从而保证工程高效、高质量地完成。

“中国地壳运动观测网络”工程建立了一级检查、两级监理制度。由四部委联合组建的“中国地壳运动观测网络”项目独立法人——地壳工程中心，对参建各方按总承包合同承担的分项目进行一级施工监理。承担分项目的四个部门，对其实施合同的下属部门实行第二级施工监理。各施工单位在施工过程中设定专人进行 100% 检查[8]。这样的监理体系是比较完备的，既有内部监理，又有逐级监理。其监理的内容主要包括工程进度、工程质量、工程财务等。实行工程进度监理是为了保证工程项目如期竣工交付使用这一目标的实现。实行工程质量监理是为了保证工程的质量能符合国家有关的规范和标准，达到合同中规定的质量目标。实行工程财务监理，一方面，是为了保证工程项目的造价控制在目标额度之内以节约投资，保证工程建设的经济性；另一方面，是为了保证各建设单位资金使用的科学性、合理性，杜绝挪用和不恰当分配建设资金等各种不良现象的出现。

（四）建立了科学的质量管理体系

1. 设立了质量管理机构

在总工程师下面设立工程质检部，对“中国地壳运动观测网络”工程的实施进行质量管理。特别是对网络工程建设项目的基建任务、重大技术环节、主要技术指标及工程数据资料等实行质量跟踪管理。这样，对“中国地壳运动观测网络”工程项目的质量管理就保证了统一规程、统一管理。

2. 建立了质量评估、验收体系

“中国地壳运动观测网络”工程的质量评估、验收分为中期评估和最终评估、验收两个层次。

1）对“中国地壳运动观测网络”工程的中期评估的目标是为了考查工程建设中的质量状况，看它是否严格按照质量规则操作，是否达到了质量规定。评估的标准是按照工程质检部所制定的指标体系。评估的对象主要是网络基本建设质量和网络调测资料质量。

2）对“中国地壳运动观测网络”工程要进行最终评估、验收。2000 年 12 月 25 日，国家计委副主任张国宝作为验收委员会主任、国家自然科学基金委员会主任陈佳洱院士作为专家组组长主持了该项目的验收，来自国务院有关部门的负责人、十几位院士和专家参加了验收会议。在这一会议上，“中国地壳运动观测网络”正式通过了国家验收，开始投入使用。并且，验收组对“中国地壳运动观测网络”的作用给予了很高的评价：“它是世界上高精度、连续观测、覆盖面积最大的地壳运动观测网络，它的竣工验收标志我国在大陆地震研究领域进入了世界领先水平，将大大提高我国的地震科学研究和预报水平，提高我国的防震减灾能力和地球科学的研究能力。”[9]

（五）建立了数据共享约定机制

“中国地壳运动观测网络”工程是由四家单位合作建设的，这是此项目的一大特色，在我国大科学工程建设史上具有开创性，同时这也是一大优势，可以实现强强联合。而这一优势要发挥出来，很关键的一点就是，要实现四家单位的数据资源共享。如果没有这样的共享，各家搞各家的，各自的数据封闭起来，就发挥不出团队效应，显示不出联合优势。在我国目前的科研体制下，科研资源得不到整合，科研单位缺少合作，科研效率低下等情况是司空见惯的，同时这也是制约科研水平提升的一大顽症。因此摆在“中国地壳运动观测网络”工程面前的一个很重要的问题是，如何来保证数据资源的共享。

一个好的机制往往会产生好的结果。“中国地壳运动观测网络”工程为了在尽可能大的范围内实现资源共享，提高网络工程数据的利用效率，使工程产生广泛的科学和社会效益，在项目协调领导小组的领导和监督下，建立了数据共享约定机制。这一机制，要求参建的四家单位都应该为实现网络工程的数据共享创造良好的基础条件和运行条件，共同遵守四方协商制定的数据共享约定条款，并对四方的权利和义务作了明确的规定。这些制度性的规定是数据共享约定机制能够真正建立起来，并持续发挥作用的一个重要保障因素。数据共享约定机制的建立，确保了数据共享的规范化、制度化，减少了数据共享的随意性和人为因素的干扰。

二、“中国地壳运动观测网络”管理与运行模式存在的问题

（一）运行费和科研费的安排方面

在“中国地壳运动观测网络”这一大科学工程的立项中没有对科研费作安排，以至于“当我们建成这一网络，不断地获得大量宝贵的数据时，却没有一笔相应的经费对数据进行处理分析，并直接用于地震预测预报及地球动力学研究。而科研费用的投入相对建设费用而言不到10%，但它却能够使这一科学工程的投资效益大幅度增值，并使其成为集科学工程建设和研究于一身的系统工程”[8]。

在“中国地壳运动观测网络”这一大科学工程的立项中也没有对运行费作安排，这就使得网络工程在运行过程中，所需设备的维护费要重新申请，这就增加了网络工程运行管理的难度。下表列举的是总参测绘局西安测绘研究所管理的GPS站点在2003年设备更换情况及所需费用。这样的费用支出需要再申请，而一旦申请滞后或申请不下来的话，就会直接影响着GPS站点的正常运行。因此可以说，如果后续资金投入得不到有力保障，如基准站的人员管理费用、基础设施的更新与维护费用及相关的科研费用难以得到落

实，那么工程项目建成以后，就难以根据既定的科研目标，制订和实施系统的科研计划，“中国地壳运动观测网络”这一大科学工程就不能充分地发挥其效应。

西安测绘研究所需更换的设备及价格（2003年）[10]

仪器设备名称	主要技术指标	价格/元
显示器	15″彩色	2000
计算机	PIII、128Mb、20Gb	15 000
调制解调器	外置式，54kbps	500
计算机网卡	联卫通	500
APC不间断电源	220V，1000VA，8小时在线式	2500
免维护蓄电池组	铅酸密封；12V，60AH×6	6000

（二）GPS站的维护与管理方面

“中国地壳运动观测网络”的基准网有25个GPS连续观测站，基本网有56个定期复测的GPS站，区域网有1000个不定期复测的GPS站，这些站都分布在全国各地，而且有些站在偏远地区，因此维护和管理工作很有难度。而这些GPS站是“中国地壳运动观测网络”数据的来源地，有效地维护和管理好这些GPS站对网络工程的正常运行至关重要。但是，在实际中，一些基准站的管理存在着一定的问题。比如，永兴岛站2001年数据中心统计其无数据天数为352天。该站建成后经常不能正常运转，为此西安测绘研究所的技术人员在两年里到该站去过5次解决出现的问题，但不久该站又不能正常观测。究其原因，主要是由于该站的管理人员素质较差，且人员变动频繁，对该站疏于管理和维护，导致该站经常不能正常观测。此外，西安测绘研究所负责的一些GPS站分布于交通和通信不便的边远地区，这些站是由边防部队负责日常观测管理，由于经验不足，加之操作人员业务水平较低，因此故障频发[10]。

（三）数据共享方面

“中国地壳运动观测网络”工程开创了我国地学数据共享之先河，为电离层研究、气象预报研究、科研教学提供了数据服务，但当前数据共享主要局限于参加网络工程建设的四部委内部，数据还没有向社会实现全面的开放，还没有使全社会共享这一大科学工程带来的成果（可喜的是，网络工程数据中心正在朝这方面努力，不久前为北京大学、同济大学、北京师范大学提供了科研教学服务）。

（四）社会应用方面

"中国地壳运动观测网络"工程建成、运行以来，在提高地震预报预测的理论研究和实际水平、推动地球动力学的研究、促进大地测量学的发展等方面的科学效益是显而易见的。虽说它已在经济、军事等方面有所应用，其社会效益正在凸显出来，但是，它的很多社会效益是潜在性的，其社会应用的程度还很不够，尤其在经济方面，一些很有市场前景的项目还亟待挖掘，比如 GPS 产业的发展。美国在 GPS 产业上的收入一年可达到 7 亿美元。

三、关于完善"中国地壳运动观测网络"管理与运行模式的政策建议

（一）保障运行费和科研费的投入

一般来讲，大科学工程的建成并不表示工程效益的实现，大科学工程的建成只是为科学研究提供了一个平台，大科学工程的效益需要在后续的运行中显现出来。因此，可以说，大科学工程建成后的运行状况直接影响着大科学工程的效益。而要使大科学工程良好地运行，很关键的一点，就是需要有经费保障。"大科学工程竣工后投入运行一般都需要足够的后续投资来支撑，以保障大科学工程的正常运行和研究目标的实现。后续投资是保证实现重大科学工程目标的必要条件。"[11]

后续投资主要包括运行费和科研费。大科学装置建成后的不断改进是必要的，按国际惯例，大科学工程年运行费是工程总投资的 1/10。而在我国，一些大科学工程由于缺少运行费的投入，其运行存在着很大的安全隐患，比如兰州重子加速器年运行费 1000 万元，由于运行费投入不足，不少电缆老化，随时可能出现险情，但也只能维持现状[12]。可见，保证大科学工程的运行费是很重要的。为此，我们建议给"中国地壳运动观测网络"工程设立专

项的运行费，运行费主要用于工程的日常运行、维护、改进等。

如果大科学工程运行期间的科研费缺乏明确的财务安排，那么相关的科学研究活动就会缺乏稳定的、足够的资金支持。这就会导致科研工作者难以根据既定的科研目标，制订和实施系统的科研计划，那么，就势必会影响大科学工程的科技资源的充分发挥。因此，在保证“中国地壳运动观测网络”运行费的同时，也要为其科研经费提供较为稳定和明确的支持渠道。有学者提出，可以考虑在国家自然科学基金委设立大科学装置科研专项基金，专门受理大科学装置运行单位的科研经费申请和其他科研机构或高等院校利用装置开展科学研究的申请[13]。

（二）加强 GPS 站的维护与管理

加强对“中国地壳运动观测网络”GPS 站的管理和维护工作是至关重要的，因为这些站点的运行状况直接影响着数据中心的数据收集状况，也就决定着网络工程的效益状况。因此这就需要：第一，各个 GPS 站的日常维护、管理工作要责任到人，要对相关人员进行培训，提高其业务水平，使其能熟练掌握管理 GPS 站的技术，并具有处理一般问题的能力；第二，相关技术部门要加强对其负责的各个站点的技术指导，帮助他们解决各种技术难题；第三，要及时更换或维修不能正常使用的设备。从而确保各 GPS 站点能高效、稳定地运行，数据中心能接收到及时、准确的数据。

（三）提高社会开放程度

随着“中国地壳运动观测网络”观测数据的增多，数据中心一方面需要做好数据的整理、分析工作，要保存、保密好数据，另一方面要建立起数据的用户系统和使用机制，使尽可能多的数据向社会开放。数据使用的用户系统应包括：高校、科研单位，主要用于教学和科研；各相关公司，主要用于经济活动；政府部门，主要为相关规划和决策提供依据。数据的使用机制可以有两种形式，一是免费使用，二是收费使用，这要根据所使用的数据类型和其使用目的来定。如果“中国地壳运动观测网络”的数据真正做到了向全社会开放，那么就会发挥出更大的科学、经济、社会效益。

(四) 推进经济、军事和社会方面的应用

“中国地壳运动观测网络”已经取得了很好的科学效益，现在的任务是要推进其在经济、军事和社会方面的实际应用。这就需要，第一，应该致力于中国卫星导航定位技术的产业化发展，建设中国导航与精密定位参考网；建设数据传播网络系统、数据监控服务中心、用户系统，建成中国领域内卫星导航定位服务体系[8]。这不但可以服务于社会减灾和空间信息基础设施的建设，还可以为交通工具做导航和定位，以及为有关部门的规划、军事部署和武器发展提供相关数据依据。第二，要加强与军队、政府部门及企业的联系，推进成果的转化，使其潜在的价值转化为现实的价值。

参考文献

[1] 肖昂．大科学创新的机理、主体及其组织方式．东南大学硕士学位论文，2000：27.

[2] 陈振明．政策科学——公共政策分析导论．北京：中国人民大学出版社，2003：265.

[3] 地壳运动监测工程研究中心．“中国地壳运动观测网络”项目立项书．内部资料．1998.

[4] 地壳运动监测工程研究中心．“中国地壳运动观测网络”建设人员——管理体系．http：//www.neis.gov.cn/item/2/team/index.jsp [2007-07-28].

[5] 余志峰，胡文发，等．项目组织．北京：清华大学出版社，2001.

[6] 梁晔．大科学创新的组织管理．江苏科技信息，2005，(12)：44.

[7] 肖昂，谭贤楚．大科学项目的组织分析．技术与创新管理，2004，(1)：28.

[8] 牛之俊，马宗晋，陈鑫连，等．中国地壳运动观测网络．大地测量与地球动力学，2002，22 (3)：92-93.

[9] 张翼．中国地壳运动观测网络投入使用．光明日报（电子版），2000-12-26.

[10] 肖显静．总参测绘局西安测绘研究所访谈．2007.

[11] 戴国庆．我国大科学工程财务管理的现状以及对国际合作的影响分析．中国科技论坛，2005，(1)：26.

[12] 张厚英．大科学工程管理亟待规范和改革．中国科学院院刊，2001，(3)：207.

[13] 中国科学院综合计划局，基础科学局．我国大科学装置建设的思路与举措．中国科学院院刊，2004，(5)：365.

我国大科学工程预制研究的特点及几点思考*

一、大科学工程预制研究的含义和特点

（一）大科学工程预制研究的含义

“大科学工程”又称“大科学装置建设工程”，是科研项目的特殊表现形式。它是指经过较大规模的投入和工程建设，目的在于建成一种能够长期稳定运行并能持续进行科学技术活动的设施，从而实现重要科学技术目标的大型基础设施建设工程。

大科学工程的“预制研究”简称“预研”或者“预研制”，是“预制”和“研究”的合成词。《现代汉语词典》没有专门规定“预制”，与“预制”一词相联系的词语是“预制构件”：按照预先的设计提前在工厂或现场完成的构件。目前，学术界对“预制研究”的名称及含义的界定并不一致。在英语中，并没有与“预制研究”完全对应的概念。一般认为，国外大科学工程中的“预制研究”用“R&D”表示。在我国，“R&D”一般翻译为“研究和开发”，该词语在我国企业发展及项目管理中广泛使用。可见，“R&D”并不

* 本文作者为唐素琴、李志红，原载《自然辩证法研究》，2008年第24卷第1期，第62～67页。

都代表着“预制研究”。但是，随着我国大科学工程数量的增加及相关研究的加强，现有大科学工程的文献资料及相关论文中已经多次出现“预制研究”[1,2]，“预制研究”一词已经逐渐被接受。

预制研究不是纯粹的研究，它的研究内容涉及软件和硬件两方面。它是通过实物研制、安装和调试来切实掌握工程建设的关键技术，它是一个实践的过程，这是大科学工程预制研究与概念研究的区别。预制研究也不是纯粹的机器制造，样机研制及少量非标设备加工制造的过程就是不断对技术进行创新和改进的过程，是一个不断探索和研究的过程。这是大科学工程与基本建设工程的根本区别。因而，预制研究是集预制和研究于一体的特殊项目进行阶段。预制研究的概念及对预制研究范围的界定都是一个不断发展变化的历史过程，也是一个需要经过实践不断完善的过程。不仅不同类别的大科学工程的预制研究内容有重大差异，同样是公共实验平台类的大科学工程的预制研究也不一样。这不仅取决于具体项目的技术水平，也与资金投入等因素密切相关。

预制研究的目的和任务是通过预先研制对工程质量和进度有重大影响的部分非标设备，切实掌握工程建设的重大关键技术，在此基础上完成工程的初步设计。预制研究的内容主要是对装置的关键技术、样机研制及少量非标加工设备等问题进行预先制造和研究。通俗地讲，预制研究实际上是对工程建设的初步“演习”，它基本上要对工程建设中涉及的所有关键技术和关键设备进行攻克和加工，以达到最大程度降低工程风险并确保工程进展顺利的目的。因此，大科学工程的预制研究不仅仅是对一国科研队伍能力的检验，也是对一国机器加工能力的检验。大科学工程的预制研究是大科学工程建设的核心环节，这一阶段的有无及质量好坏，直接关系到大科学工程的成败。

（二）我国大科学工程预制研究的主要模式及特点

近年来，我国已经建成的大科学工程有“北京正负电子对撞机”、“合肥国家同步辐射实验室”、“兰州重离子加速器”、“神光系列高功率激光装置”、“H1-13 串列式静电加速器”、“托卡马克核聚变实验装置（EAST）”、“中国地壳运动观测网络”等项目，还有正在建设的“大天区面积多目标光纤光谱天文望远镜”、“国家农作物基因资源工程”、“上海光源”等项目。这些大科学工程中，一部分项目在建设中包含了预制研究，如“北京正负电子对撞机”、“合肥国家同步辐射实验室”、“兰州重离子加速器”等工程，但有些项目没有或者没有系统的预制研究，如“大天区面积多目标光纤光谱天文望远镜”等工程。

在已有的大科学工程中，笔者选取“北京正负电子对撞机”、“合肥国家同步辐射实验室”、“上海光源（SSRF）”三个项目作为大科学工程预制研究的考察目标，虽然这三个大科学工程并不能涵盖我国大科学工程预制研究的全貌，但这三个项目代表了我国不同历史阶段的大科学工程，又同属于公共实验平台型大科学工程，具有一定的典型性。笔者在此将它们的预制研究归纳为如下三种模式进行分析。

1. 模式之一：北京高能加速器的预制研究

20 世纪 70 年代，在北京高能加速器建设中已经率先使用了“预制研究”一词。我国有资料记载最早记录“预制研究”内容的大科学工程应该是 1972 年开始的“七五三工程”[3]。该工程经过多次变动，直到 1981 年 9 月 22～25 日，中国科学院数理学部在北京召开“2.2GeV 正负电子对撞机预制研究方案论证会”。会议对高能所提出的注入器、储存环和探测器的预制研究项目进行了讨论，决定开展对撞机工程预制研究。北京正负电子对撞机工程总投资 2.8 亿元（含预制研究 4000 万元），预研经费约占工程总投资的 14.3%。北京正负电子对撞机工程研制了 8 个关键部件，对该工程的顺利建设发挥了重大的作用。

这种模式具有以下特点：在高能加速器的研制过程中，多次强调“预制研究”，并且对预制研究单列了一定比例的经费，这是我国大科学工程预制研究的开始。但是，该工程的预研并不是一个独立阶段，而是在立项前不进行独立的预制研究，在工程批准立项后及建设过程中进行预制研究。预制研究与正式建设之间并没有明显的阶段划分，预制研究是工程建设的必要组成部分，基本上是边研究边建设。

2. 模式之二：合肥国家同步辐射工程的预制研究

合肥同步辐射装置是我国最早的用于同步辐射的专用设施。它的建造分为一期和二期两个工程阶段，一期工程又称为“8348 工程”，1978～1981 年是预制研究阶段。该项目是以科学院科研课题的方式下达的重点科研项目，中国科学院决定拨款约 200 万元搞同步辐射加速器的预制研究。研制组经过三年多的努力，完成了预研制项目和物理设计工作。1981 年 10 月 24～28 日，由中国科学院主持在合肥召开了“合肥同步辐射装置预研制及物理设计审定会”[4]。会议对四项预制研究任务进行了测试和评定。由于预研制和物理设计取得了较好成果，该项目获得了中国科学院 1981 年重大科技成果一等奖。1983 年 4 月 8 日工程立项后，又投入经费对其他项目进行了预制研究。

这种模式具有以下特点：合肥同步辐射装置是我国最早进行预制研究的大科学装置。合肥同步辐射一期工程虽然有相对独立的预制研究阶段，但国家没有以工程形式专门对该项目立项，它是以科学院科研课题的方式下达的科研项目。在经费方面，对合肥一期预研制国家计委没有专门的经费支持，仅以中国科学院课题经费支持，所以在立项前只预制研究了最关键的部件和技术，在工程立项后及建设过程中仍有一定比例的预制研究。立项前的预制研究与后来的预制研究没有明显的分别。立项前进行的预制研究和立项后及建设过程中的预制研究应该如何衔接和划分，是需要探讨的问题。

3. 模式之三：上海同步辐射装置的预制研究[5]

上海同步辐射装置简称 SSRF。1997 年 6 月 25 日，国家科技领导小组第三次会议审议并原则上同意国家计委《关于实施国家重大科学工程情况的汇报》。其中明确，SSRF 预制研究工作作为国家重大科学工程预制研究项目安排，按照有关规定报批立项。国家计委〔1998〕289 号文件是对《关于开展上海同步辐射装置预制研究的请示》（科发计字〔1997〕0522 号）的正式批复，批复同意由上海原子能研究所承担 SSRF 的预制研究工作。该项预制研究工作在两年内完成，2000 年进行工作评审鉴定。

1997 年 6 月，国家科技领导小组批准开展 SSRF 预制研究，国家计委于 1998 年 3 月下达了 SSRF 预制研究项目，总经费 8000 万元人民币，其中国家投入 2000 万元，上海市政府投入 6000 万元。SSRF 工程总投资为 12 亿元人民币（含预制研究的 8000 万元）。预研经费约占工程总投资的 6.7%。这是我国大科学工程项目中第一个主要由地方政府出资的预制研究项目。

这种模式具有以下特点：SSRF 是第一个由国家正式批准独立进行预制研究立项的大科学工程，SSRF 是第一个由国家和地方政府专门投资支持预制研究的大科学工程，SSRF 预制研究分为一期和二期两个阶段。SSRF 模式下的预制研究是在立项前由国家专门立项并有独立经费支持而进行的具有较大规模预制研究的大科学工程。SSRF 的预制研究在我国大科学工程建设中具有突出的特点，它的独立立项、独立的经费支持及严格的组织管理和质量保证体系开我国大科学工程建设的先河，它的预研内容和研制过程中积累的经验为我国大科学工程的建设提供了有益的参考。

归纳以上三种大科学工程预制研究的模式，笔者认为，虽然在三个工程中都出现了“预制”的字样，但预制研究的含义及范围并不完全一样。

首先，中国科学院高能物理研究所高能加速器的预制研究与 SSRF 的预制研究在时间阶段、经费及评估上是不一样的。其一，表现在“预”的时间阶段上，中国科学院高能物理研究所的预制研究与 SSRF 的预研相比不是一个独立阶段，在立项前并没有进行独立的预制研究，而是在工程批准立项后及建设过程中进行预制研究。其二，在预制研究的经费上，中国科学院高能物理研究所高能加速器对预制研究单列了一定比例的经费，但经费的下拨方式是边建设边与其他建设费用一并下拨。其三，预制研究并没有进行单独的评估，而是将预制研究的结果适时地应用到工程建设中，作为工程建设的必要组成部分进行验收。

其次，合肥同步辐射装置预制研究与 SSRF 预制研究相比也有较大区别。合肥同步辐射装置一期工程虽然有相对独立的预制研究阶段，但该项目是以科学院科研课题的方式下达的科研项目，国家没有以工程形式专门立项。合肥一期预制研究国家计委没有专门的经费支持，仅以科学院课题经费支持。因为经费支持强度不同，所以在立项前的预制研究只研究了最关键的部件和技术。合肥预制研究是以课题结题的方式进行评估的，预研制和物理设计取得了较好成果，该项目获得了中国科学院 1981 年重大科技成果一等奖。这种模式是在立项前进行了部分的预制研究，在工程立项后及建设过程中仍有一定比例的预制研究。

因而，对预制研究并不能得出一个简单的结论。大科学工程预制研究因工程的历史阶段和历史背景不同，研究的范围、阶段及资金安排都会有所差异。对大科学工程预制研究的内容、模式及特点还在不断研究中，预制研究的范围与具体研究项目相结合会有区别。但可以肯定的是，预制研究作为大科学工程建设的重要内容和必经阶段，一定是不可缺少的。国家对大科学工程预制研究的管理也将会越来越规范化。

二、大科学工程预制研究的必要性

尽管不同的大科学工程项目对预制研究的内容和要求不完全相同，但预制研究在大科学工程建设中的作用是不言而喻的。中国科学院大科学装置发展战略研究组在《我国大科学装置发展战略研究和政策建议》中建议国家应该重视大科学工程的预制研究，将其明确纳入基本建设程序。大科学工程有了严格规范的预制研究，相当于为大科学工程建设吃了“定心丸”，大科学工程建设的顺利进行就有了切实的保障。

（一）大科学工程本身的特点决定了预制研究的必要性

预制研究的过程不仅仅是对将要实施的大科学工程的技术演习，更是一个培养和造就队伍、积累和总结管理经验的过程。大科学工程不同于一般基本建设工程，它除了为进行科学研究而有明确的科学目标以外，工程本身就是一个科学、技术研究项目。因为大科学工程技术含量高，许多技术具有超前性、创新性和时效性，所以国际上称其为“不确定工程”，即认定其有风险。大科学工程本身要花费大量的资金和时间，失败的损失十分惨重，所以不能轻易开工建设。正因为如此，为确保大科学工程的成功，需要安排预制研究项目，对工程中的关键技术、关键材料、关键工艺先进行研究突破。预制研究项目完成后，必须聘请国内外专家严格评估，对方案进行修改完善并获通过后再决定是否进入正式立项程序。

（二）国内外大科学工程建设的实践经验决定预制研究的必要性

美国超导超级对撞机（SSC）下马的主要原因之一是经费的巨额上涨[6]。分析起来，这一原因与工程预制研究的不足直接相关。国内大科学工程缺乏预制研究导致项目建设进度受到影响的事例也不鲜见。

LAMOST 项目是 1997 年 4 月立项，预计在 2004 年完工并开始投入使用的大科学工程项目。但由于 LAMOST 并没有在建造之前开展深入的预制研究，同时根据国家发改委现行建安工程的管理办法，预制研究也没有在建造的过程当中加以安排。因为缺少充分的前期研究，LAMOST 在建造过程当中遇到了大量的技术问题需要攻关，不得不一边研究、一边建设。2000 年 11 月，中国科学院基础局在《中国科学院重大科学工程建设项目工艺与研制部分检查意见》中对 LAMOST 工程的评价是“LAMOST 方案创新性强，虽然已努力解决了许多关键技术问题，但仍存在一些不确定因素，需加强预研”[7]。其中，1997 年委托中国科技大学、长春光机所等单位开展的关键技术“光纤定位多单元中间试验系统”研究到 2003 年 10 月才取得突破性进展。直到 2004 年，LAMOST 工程指挥部才与中国科技大学达成了 LAMOST 焦面光纤定位系统工程研制的意向，这些都大大影响了 LAMOST 的进度[2]。

SSRF 扎实的预制研究成果减少了工程建设的风险。SSRF 从 2004 年 12 月开工建设至今，工程建设进展比较顺利。虽然 SSRF 的建设成果还需要时间的检验，有专家对 SSRF 预制研究包括的内容是否必要还有待商榷，但预制研究对工程建设的积极作用是明显的。通过预研，切实掌握了基本涵盖第三代同步辐射装置的重大关键技术；通过预研，基本完成了工程方案总体设计；通过预研，建立了较完备的工程管理和工程质量保证体系；通过预研，在加强国际交流合作的同时，为工程建设储备了人才队伍。

实践表明，进行预制研究是大科学工程建设的关键环节。预制研究的质量直接关系着工程建设的进度乃至成败。尽管预制研究是否应该成为大科学工程建设的独立阶段，预制研究与国家大科学工程总体规划的衔接关系及预制研究的经费来源和配置方式等都是需要进一步探讨的问题，但这丝毫不影响我们得出预制研究对大科学工程建设极为重要的结论。

三、大科学工程预制研究的主要内容

预制研究的内容因大科学工程的技术要求不同会有一定的侧重。归纳起来，预制研究的内容主要是对装置的关键技术、样机研制及非标加工设备等问题进行预先制造研究。一般包括以下几点：

1）对工程需要的新原理、新方法、新技术预先加以验证；

2）在国内技术水平、工业基础和经费条件下，如何使用国外的先进技术；

3）对大批量使用的部件的样机或大型部件的模型机的研制；

4）对子系统或部件不同的技术方案通过实验研究进行优选；

5）建立工程质量控制和最后验收所必需的特殊测试与检测技术和设备；

6）分析整体工程的关键系统、关键部件、高精尖技术和科研技术骨干队伍；

7）评价预选场址的外部条件；

8）对各阶段的建设目标、建设规模、建设周期、地质资料、建设方案、工艺方案、资金筹措、人员结构、配套条件、维护运行费等方面应进行综合研究，分析投入产出的效果。这些分析结果是决定大科学工程是否立项的重要依据。

下面以 SSRF 预制研究为例，进一步研究预制研究的主要内容。

SSRF 预制研究的具体内容包括研制关键技术、工作进度、人员编制、经费分配及用款计划几个部分[8]。

（一）研制关键技术和部分非标设备

根据国际上建设第三代同步辐射装置的经验，结合前期可行性研究的成果，SSRF 预制研究共包括 45 项关键非标设备，基本涵盖了第三代同步辐射装置的重大关键技术。

根据 SSRF 的总体设计目标，工程指挥部于 1999 年 4 月以任务书的形式下达了 SSRF 预制研究 47 项项目的内容和技术指标，并于 1999 年 9 月 29 日正式上报中国科学院关于 SSRF 预制研究的计划。通过任务书的方式确定研制内容和关键非标设备。经过专家评审后，SSRF 指挥部根据专家意见对预制研究内容进行适当的调整。调整后的 SSRF 预制研究包含 45 项关键非标设备，几乎涵盖了第三代同步辐射装置重大关键技术和 SSRF 所有系统批量大、技术难度高的关键非标设备。SSRF 预制研究中，26 项设备的技术指标达到同类设备国际先进水平。

（二）SSRF 预制研究的工作进程

SSRF 预制研究的进程包括自行设计、委托加工、过程监控和总成调试四个阶段。在严格的质量保证体系管理运行下，SSRF 预制研究工作于 2000 年年底基本完成，实际预制研究周期仅为一年半。各预制研究项目的主要性能及技术指标经多次自测均达到或超过预制研究设计目标。

（三）人员编制和合作关系

大科学工程对科技人员的质和量都有严格的要求。队伍建设在大科学工程建设的各个环节都是至关重要的。SSRF 从前期研究到立项，直至工程建设的每一个环节，都体现了人才队伍建设的重要性。

科学院的总体协调和宏观指导是队伍建设的政策保障。在前期研究阶段，为保障光源前期研究的顺利进行，科学院下发了〔1995〕0308 号文件，要求中国科学院高能物理研究所和中国科学院上海原子核研究所两个单位及其科技人员密切合作。中国科学院高能物理研究所和中国科学院上海原子核研究所签订了《上海同步辐射装置可行性研究报告两所合作意向书》，同时通过签订委托协议的方式稳定科研队伍。

（四）经费分配和用款计划

预制研究经费和总规划费用的比例多少为宜？对此问题，国内外没有统一的规定。北京正负电子对撞机工程预制研究经费 4000 万元，工程总投资 2.8 亿元（含 4000 万元预制研究），预研经费约占工程总投资的 14.3%。上海光源工程预制研究经费8000万元人民币，工程计划总投资为12亿元人民币（含8000万元预研经费）。预制研究经费约占工程总投资的6.7%。可见，工程研究项目技术的成熟度，以及不同历史时期的要求等直接影响预研经费的比例。对预制研究经费支持的合理比例尚需进一步研究。

四、对我国大科学工程预制研究的几点思考

（一）预制研究阶段应该成为大科学工程建设中的独立阶段

学界对预制研究应否为工程项目立项前的独立阶段有不同的看法。

有专家认为，预制研究是否成为大科学工程建设中的独立阶段取决于工程建设的前期研究成熟程度。在我国现阶段的预算体制下，在国家科研单位没有较多积累的情况下，预制研究应该由国家通过专门拨款独立立项的方式完成。预制研究工作主要是判断关键技术可行性、工程经费预算、工程进度和工期控制。批准独立的预制研究是国家大科学工程科学决策的表现。

也有专家认为，项目既然还需要进行研究就意味着技术不成熟，技术不成熟当然不存在立项的问题。

还有专家认为既然大科学工程利用的是相对成熟的技术，预制研究就该列入大科学工程项目的建设程序，纳入管理规范，研究经费纳入工程总投资之内。预制研究目标、内容和经费列入可行性研究报告和初步设计报告的内容加以审查批准。作为开工准备的内容之一，预制研究应与技术设计交叉进行，直至完成项目初步设计报告；对预制研究计划的执行情况与初步设计报告应一并进行审查，如果需要，对指标、预算和工程进度进行调整，经批准，成为工程的最终计划。

尽管预制研究对大科学工程的建设至关重要，但不是所有的大科学工程申请单位都坚持预制研究独立立项。这与我国大科学工程立项的程序有关。最近，我国有关主管部门正在探讨在大科学工程立项建设后再进行部分预制研究。相信不久的将来，大科学工程预制研究的独立立项和独立的经费支持会有望实现。

笔者认为，预制研究应该与我国大科学工程的立项衔接起来并赋予其独

立的地位。当然，要真正实现预制研究的作用，需要国家有关部门和领导正确认识和引导，在制度上需要明确。从而把预制研究作为制定决策的必要条件加以考察，对预制研究的独立立项给予重视。

（二）预制研究的立项应该同国家大科学工程的总体规划相辅相成

大科学工程的基础规划包括两部分：总体规划和项目规划。任何大科学工程项目都是在总体规划的基础上形成的，并及时转入项目规划工作，从概念研究到资料收集，逐步形成比较完备的项目建议书草案[9]。

总体规划是站在国家层面上考虑大科学工程项目的轻重缓急和合理布局的。预制研究与总体规划的关系取决于国家对大科学工程的宏观导向和筛选范围的宽窄，与大科学工程的选题程序密切相关，与国家大科学工程总体规划的考虑要素相关。笔者认为，根据国家对大科学工程的“十年规划，滚动管理”指导原则，结合国内外大科学工程的建设经验，预制研究立项的项目首先应该是列入国家大科学工程总体规划的项目。预制研究的结果应该作为大科学工程“滚动考察”的重要依据。

（三）预制研究的经费来源和经费配置方式需要进一步明确

大科学工程虽然与工业工程或其他行业工程的性质不同，但同样要权衡投入产出的比例关系，并且资金预算会成为影响大科学工程的重要因素。一方面，要重视技术上的可行性预制研究以确保工程建设的顺利进行；另一方面，也不能忽略我国的基本国情，提出与工程建设的经济能力相适应的方案。在各个方面需本着量力而行的原则。

大科学工程项目的产出，主要在于它的科学意义和社会效益，注重揭示自然奥秘、寻求自然规律可能提供的广阔前景，以及推动生产力的作用。因此，产出问题就是投入的有效性问题，在项目前期论证中必须弄清，这是主管部门关心的焦点。

预制研究阶段国家应该有专门的经费支持。我国在大科学工程的立项程序上沿用了一般工程的审批程序，没有预制研究项目的安排，因而得不到正常渠道的经费支持。如果在立项后才开始进行预制研究工作和关键技术试验，研究工作过于仓促，一定程度上会影响项目设计的深度[7]。

（四）预制研究中需要处理项目的不确定性和队伍稳定性之间的矛盾

虽然大科学工程使用的技术基本上是成熟的技术，但进行研究和试验需要一批队伍的支持。由于预制研究是正式立项前的准备，预制研究完成的质量取决于人力、物力和财力的支持，特别是队伍建设的程度。由于预制研究完成后该项目能否最终立项并不确定，所以对预制研究队伍的去留成为难题。如果将预制研究过程视为是项目管理，项目完成后人员就解散，这样项目法人单位操作起来自然容易；但是，立项成功后由承建单位再组建队伍的做法不但在人力资源建设上重复工作，造成巨大浪费，而且也会耽误大科学工程的建设进度。然而，如果保留预研队伍，预制研究完成后，在项目立项没有预期的情况下，大量的科研人员的工作很难妥善安排。除了工资待遇等经济开支需要落实外，缺乏目标性和挑战性的任务，也很难留住优秀的人才。这样就出现了项目的不确定性和队伍稳定性的矛盾。SSRF 预制研究结束后建设立项审批前出现了上述的问题，给工程的管理带来了一定的难度。因此在预制研究中需要妥善处理项目的不确定性和队伍稳定性之间的矛盾。这一矛盾的解决一定程度上还是取决于国家对大科学工程的立项规划的缜密程度和前后衔接。

参考文献

[1] 张厚英．大科学工程管理亟待规范和改革．中国科学院院刊，2001，(3)：205-207.

[2] 戴国庆．我国大科学工程财务管理的现状以及对国际合作的影响分析．中国科技论坛，2005，(1)：24-28.

[3] 高能物理所档案室．高能加速器预制研究和建造工程（原八七工程预制研究工程）调整计划任务书.

[4] 合肥国家同步辐射实验室档案．8348 工程-YW1-1-1 中科院文件（78）科发二字 0534 号文件.

[5] 上海应用物理所档案．SSRF 预制研究经验总结及上海光源工程项目的预制研究

工作.

［6］张九庆．从超导超级对撞机（SSC）看大科学工程研究的实施．http：//nst. pku. edu. cn/article［2007-09-02］.

［7］中科院基础局档案．中科院基础局在“中国科学院重大科学工程建设项目工艺与研制部分检查意见”.

［8］陈森玉．SSRF预制研究经验总结//上海应用物理所档案资料．上海同步辐射装置工程领导小组第四次会议文件1——SSRF工程指挥部.

［9］邢淑英．中国科学院大科学工程的管理．中国科学院院刊，2000，(1)：33-36.

国家目标对大科学装置发展的影响
——以美国康奈尔同步辐射光源为例*

科技是推动美国国力增强与社会进步的重要动力，是实现国家利益和目标的关键投资。为了巩固其优势地位，适应国内、国际形势的需求，美国科技政策的制定具有鲜明的时代特点，每一时期都有不同的战略重点和主要的发展对象。大科学装置，这一在基础学科研究中有突出贡献的公共实验平台，在一定程度上也是由国家目标引导并对目标的实现起到推动作用的。大科学装置是现代科学研究的基础设施，是科技创新的平台，也是国家实现国家目标、增强国家综合实力的强大武器。因此，国家对大科学装置的建造、运行、管理及升级等环节给予大力的支持和投入，这其中有政策和资金两个方面。本文介绍的康奈尔同步辐射光源（Cornell high energy synchrotron source，CHESS）就是大科学装置的典型代表之一。它属于第一代同步辐射光源，在生物学、生命科学、医学、材料科学等学科都得到了广泛的应用。本文希望通过对美国各个时期的国家目标和科技政策制定与康奈尔同步辐射光源的建造和运行过程的结合分析，试探美国国家目标对大科学工程发展所带来的深刻影响和促进作用。

---

* 本文作者为尚智丛、陈晨，原载《自然辩证法研究》，2010年第26卷第12期，第54～61页。

一、第二次世界大战前美国政府与美国的科技

第二次世界大战前是美国科技发展和科技政策制定的孕育时期。这一时期美国的科学研究注重应用研究，并带动着美国工农业的发展。一些公司形式的实验室在技术应用动力的影响下相继建立，如贝尔实验室、通用汽车实验室、美国海军研究实验室等。在教育和人才方面，美国已经建立了完善的高等院校科学研究系统。早在 17 世纪美国就建立了哈佛学院、波士顿哲学会、医学院等科学组织。在英国皇家学会的影响下，出现了一批集科学家、政治家、企业家于一身的杰出人物，如本杰明·富兰克林（Benjamin Franklin)、托马斯·杰斐逊（Thomas Jefferson)、约翰·温斯罗普（John Winthrop)、拉什（Rush）等。据统计，1936 年美国的工业研究实验室已经超过了 1600 家，有将近 5 万名的应用科学家在这一时期投身于美国科技和工业的发展。特别是美国的研究型大学，更成为美国科技、经济、教育发展过程中强大的后备力量。联邦政府为了提高第一次世界大战的科技含量，也第一次邀请大学参与了政府和产业的合作，确立了大学在基础研究中的重要地位。

二、第二次世界大战期间——美国科技政策制定的分水岭

（一）美国对科学的管理——从无序到有序

虽然美国政府对科学的重视程度日益加深，却没有对科学形成系统的管理和指导作用。科研活动基本上是分散的，研究经费也主要靠民间募集。在第二次世界大战之前，大多数人都认为科学属于经济范畴，应该由市场和经济规律进行调节。而当美国卷入第二次世界大战之后，这种特征的科研活动根本无法满足战时的需求。此时，政府对科技的态度发生了明显的变化。为了赢得这场战争的胜利，就需要进行新型的、大规模武器的研制任务。这就

必须把全国的科技力量动员起来，作为一个整体发挥作用。为此，美国政府在战时制定了一系列对结束战争及对战后有着深远影响的科技政策。1940年，罗斯福（Franklin Delano Roosevelt）总统成立了国防研究委员会，并邀请万尼瓦尔·布什（Vannevar Bush）担任委员会的主席。之后，罗斯福又要求建立科学研究与开发办公室，该研究室创立了研发原子弹和雷达的洛斯阿拉莫斯实验室（Los Alamos Labs），布什担任办公室主任。为了尽快结束战争，美国在 1941 年制订了“曼哈顿计划”（Manhattan Project）。当时的美国经济已经转向了军工业，布什强调应该把全部的研制和生产管理移交给军队。曼哈顿计划拥有（除德国外）当时西方最优秀的科学家，历时 3 年，耗资 20 亿美元，于 1945 年 7 月 16 日成功地进行了世界上第一次核爆炸，为第二次世界大战的胜利奠定了坚实的基础。这项军事工程的成功不仅赢得了战争的胜利，也促进了第二次世界大战后美国大科学工程和装置的发展。曼哈顿工程为美国留下了一个拥有 9000 人的洛斯阿拉莫斯核试验室、价值 9 亿美元的橡树岭铀生产工厂和实验室，以及分布在芝加哥和伯克利等地的实验室。

（二）美国科技政策的典范——《科学——永无止境的前沿》

在第二次世界大战即将胜利之时，罗斯福总统要求布什根据国家在战时制定科技政策的经验，为美国在战后保持国家的稳定及科技的发展提供一套科学、严谨的实施方案。随后，《科学——永无止境的前沿》（*Science—The Endless Frontier*）这一贯彻总统指示并统领美国科技的报告浮出水面。报告全面论述了美国战后科技发展的政策，提出了以基础研究为起点的创新发展过程，即基础研究→应用研究→试验开发→技术创新，强调了政府要大力支持研究开发，积极促进产生新知识的基础研究和培养科学人才，并建议建立国家科学基金会等。美国政府还建立了数百个新的研发办公室，以适应国家战略的需要。战后，美国的科技管理和政策制定发生了明显变化，由战前松散的状态转变为在政府指导下的统一管理状态，政府介入了科学技术的基础研究，投入在基础研究的经费也不断增多。政府还积极推动企业与大学研发相结合的模式。第二次世界大战的结束标志着科技新时代的开始，也标志着政府在科技中的作用大大提高。战时制定的一系列科技政策是美国在战争中取胜并获得可观利益的关键之一，这使得政府和公众深刻体会到科学技术在国家发展中的重大作用。

（三）大科学装置的广泛使用和康奈尔物理实验室的科研基础

20世纪上半叶，科学技术以物理学的发展为核心，特别是二战对核物理科学研究有迫切需要。1942年，美国建成了第一个原子能核反应堆；1945年美国制造了第一颗原子弹；1952年美国进行了第一次氢弹实验。一系列对核能源的开发和研究带动了美国大型综合性科研基地的发展。这些大型综合性科研基地具有科研力量集中、国家投资集中、学科多样性和交叉性强、突破重大新技术能力强、科学技术成果显著等特点，对美国科技水平的提升具有举足轻重的作用。例如，美国劳伦斯伯克利国家实验室（LBNL）、美国橡树岭实验室（ORNL）、美国阿贡实验室（ANL）等。而大科学装置更是这些实验基地进行科学研究和技术开发的强大后盾。战争的需要成为政府加强对大科学装置利用和重视程度的导火索，而科技政策也发挥了应有的作用。在《科学——永无止境的前沿》报告中强调了对基础科学的研究，“基础研究产生新知识。而知识提供科学资本……新产品和新工艺永无止境，新产品新工艺是建立在新的原理和概念基础上的，这些原理和概念，是在科学王国中通过艰苦的研究探索获得的”[1]。基础科学的探索和日益深入离不开大科学装置的使用，尤其是核科学及由核科学发展出的高能物理学科对大科学装置的依赖性极强。高能物理学研究物质结构的基本层次，对人类认识物质结构、宇宙的诞生和演化等基本问题有重要意义。大科学装置可以使人类对宇宙的起源和演化有更深层次的了解，也能让人类洞悉物质最细微层次的组织和结构。因此，大科学装置也就成为发展现代科技和基础研究发展的重要工具，也是国家发展经济，实现社会稳定发展的关键载体之一。

康奈尔基本粒子物理实验室（LEPP）是目前世界上八大高能物理实验室研究基地之一，主要从事实验物理、理论物理和加速器物理的研究。早在20世纪30年代，LEPP就开始利用加速器进行粒子物理的实验工作。在之后的几十年的不断研究和创新后，又建造了同步加速器并不断提高峰值能量。

1947 年，几位在二战时为曼哈顿计划服务的科学家回到了康奈尔大学，其中包括实验科学家罗伯特·巴彻（Robert Bacher）、博伊斯·麦克丹尼尔（Boyce McDaniel）、戴尔·科森（Dale Corson）等，还包括物理理论学家汉斯·贝蒂（Hans Bethe）。这些科学家在二战后成立了康奈尔核物理实验室。此后，随着研究项目的增多，康奈尔纽曼实验室（Newman Labs）和威尔逊实验室（Wilson Labs）也相继建立。

三、国防、空间竞赛激励康奈尔核实验室的发展

二战结束后紧接的几年中，美国政府采取的科技战略继续延续了《科学——永无止境的前沿》报告中的发展方向：一方面大力支持基础科学研究，另一方面加强国家国防技术的开发。1950 年，国家科学基金会（NSF）正式成立，标志着美国现代科技政策的形成和确立。

（一）国防、空间竞赛加速美国科研的进程

二战的阴霾刚刚散去，美苏之间的冷战又接踵而至。美苏双方通过多种方式与对方展开竞争，尤其令人恐惧的就是美苏开始大量研制核武器，并开展一系列的军备竞赛。双方不仅在地面展开竞争，还把范围扩大到了太空。1957 年苏联人造卫星的发射就给美国政府带来了不小的刺激。美国政府根据此时国家发展总目标的需要，采取政府干预手段，组织实施了国防、能源和空间研究领域的大项目，并着力于大科学装置的建设，加强了对科学研究的统一规划和领导。1958 年，美国将以前的航空咨询委员会及其研究所合并，成立了国家航空航天局（NASA）。1962 年全美科学院增设了政府关系委员会，一年后改名为科学与政府政策委员会，该政府部门主要负责对重大科研活动进行评估。为了加强技术应用的发展，1964 年美国成立了美国工程院，致力于调研全国重大的工程技术问题和制定科技政策。随着国家科技部门的相继成立，美国开展了一系列的科学工程的建设。20 世纪 50 年代美国制订了“氢弹研制计划”，20 世纪 60 年代制订了“阿波罗登月计划”（Apollo Project）。1969 年 7 月阿波罗 11 号飞船载人实现了人类首次登陆月球的愿

景。与此同时，阿波罗登月的成功也带动了一系列科技的发展，如核技术、太空生物医学、系统工程学、计算机模拟技术等学科和技术，使美国的科技出现了一片繁荣景象，人们把这一时期称为美国科技史上的“黄金时代”。

（二）储存环的兴起和康奈尔储存环（CESR）的立项

这一时期，美国联邦政府的主要精力都放在国防和空间竞赛上，也为美国整个科学技术领域的蓬勃发展带来了动力。科学和技术上的创新不断涌现，特别是大科学装置的发展更为迅速。随着军事和太空竞赛的展开，美国政府认识到，大科学装置既可以为学术界、国家实验室和工业所拥有的众多学科进行探索，并创造有价值的物质，也可以在空间、时间及能量中探索物质，来解答出现在科学领域中的难题，以便了解自然世界本质的特点。因此，对大科学装置的建造和更新升级日益引起政府科技部门的关注，特别是加速器装置的建造。通过加速带电粒子，可以产生实验中所需的各种能量的电子、质子、中子、介子等。人类可以对微观物质世界进行更深层次的了解。同时，加速器技术的不断发展，也会为工农业生产、医疗、国防等领域的进步发挥自身的作用。几十年来，人们研制了多种加速器，到了 20 世纪 50 年代，一种可以把电子能量加速的更高的加速器——储存环在理论和实践的结合下应运而生了。储存环是一种用于储存高速电子束流的设备，电子可以在储存环中长时间地做回旋运动，并可以把电子加速到更高的能量[2]。LEPP 一直是使用直线加速器来储存同步辐射的。当了解到正负电子储存环可以加速高流强粒子束流，也能使粒子束流在高能轨道中运行数小时时，LEPP 决定在同步加速器所在的隧道内建造一台 4～8 吉电子伏的储存环。这样一来，既可以提高实验室的研究效率和水平，又可以极大限度地节约经费。

LEPP 在高能物理和加速器领域中有着深厚的基础和丰富的经验，特别是对加速器物理学和技术这一物理学分支极其关注，对这一学科的深入研究有利于加速器物理领域的创新。同时，首位提出在康奈尔大学建造正负电子对撞机的科学家莫瑞 · 泰格（Maury Tigner）教授提出的粒子运动场理论很好地解决了建造储存环中存在的一些困难。泰格的运动场理论就是在粒子运动场中加速同步辐射和储存环中的多条光束，之后再聚集起这些光束，这一方法可以更加高效地储存并且利用光束。在自身条件逐步完善时，外部的激励也起到了一定的影响作用。1974 年 11 月，斯坦福直线加速器中心（SLAC）和布鲁克海文国家实验室（BNL）在实验中发现了 J/psi 粒子。这使得 LEPP 发现了自身的实验条件与其他实验室的差距，需要建造技术水平更高的装置来提高实验水平。同时，b 夸克和反 b 夸克的束缚状态——upsilon 粒子的发现成为建造储存环的另一个原因。upsilion 粒子在 9.4 吉电子伏和 10.4 吉电子伏的能量级之间产生的影响能够维持储存环几十年的实验能力，为储存环之后的运行工作提供了保障。

作为引导大科学装置发展并对其进行大力资助的政府此时也发挥了巨大的作用。NSF 是美国政府负责资助大科学装置建造、运行、维护等环节的部门之一，它决定了联邦政府资助研究型大学和科研机构的经费额度。NSF 与美国 2000 多所大学和其他教育组织通过许可、合同和合作协议的形式，在项目、研究、教育等方面为其提供资助[3]。LEPP 作为高能物理和加速器物理的研究中心就是 NSF 主要的资助对象之一。LEPP 的新一届领导人博伊斯·麦克丹尼尔（Boyce McDaniel）向 NSF 介绍了建造储存环对实验室的发展及在科研中的重要性，并很快得到了 NSF 的支持。1977 年年末美国科学委员会（NSB）向康奈尔实验室资助了 2060 万美元，用于 CESR 和 CLEO 的建设。

四、20 世纪 70～80 年代美国国家目标与光源的建设

（一）加强基础科学和高新技术的投入，振兴美国经济

20 世纪 60 年代的阿波罗登月成功虽然提高了美国的国家竞争力，但美国也正是在这一时期过分强调国防和空间领域的研究，把此时的科技战略目标全部放在与苏联进行空间霸主地位的争夺战中，并把大量的科研经费投入到其中。仅阿波罗登月计划就耗资 300 亿美元，严重削弱了民间工业的发展，美国经济在 70 年代就开始走下坡路了。与此同时，欧洲和日本迅速崛

起，世界格局开始演变成美国、欧洲、日本三足鼎立的态势。特别是欧洲和日本在自身优势的积累下，技术开发能力日趋明显，一些主要技术已经被欧洲和日本所垄断。面对国内外的严峻形势，美国政府和科学家们开始对自身的科技政策进行反思。制定科技政策的政府官员们对基础研究与公众需要、工农业发展及国家目标相结合的重要性又重新有所认识。

这一时期的科技政策主要有以下几点。首先，要加强科技政策的系统研究。科技进步的成果不单是某项发明和技术的创造，经济和社会效应也是重要的考虑因素，因此，应该对科技的研究和发展进行全面的管理。1972 年尼克松政府首次成立了技术评估局，并制定了《科技评估法》，对重大的科技项目展开评估，并优先对国家重点领域和项目进行拨款资助。其次，积极促进科技成果的转化和技术的商业化过程，建立一个科学技术转移同经济增长密切相关的竞争性战略。重点加强政府、公司和研究型大学的合作，使大学的科学研究成果更多、更快地转化为有形资产，促进经济的发展。到了 20 世纪 80 年代，里根政府又对上述政策进行了调整，很多科技政策都以法律的形式被确立下来，加速了技术由实验室向市场的转移。再次，政府尤为突出地强调了科学研究要为国家目标服务，优先资助既有学术价值又有潜在经济价值的基础学科的研究。最后，美国政府又把目光放在了发展高技术产业上。从 70 年代末到 80 年代初，美国正是由于优先发展了高技术产业，其经济结构和工业生产才发生了根本性变化，特别是里根总统于 1983 年提出的“星球大战计划”（SDI），在世界范围内引起了强烈的反响。由于苏联拥有比美国更加强大的核武器和导弹破防能力，美国想借“星球大战计划”建立反导弹系统，来确保其核能力的威慑力。同时，美国也想凭借其经济实力拖垮苏联的经济。

（二）良好的政策环境实现了康奈尔储存环的建造

20 世纪 70～80 年代的科技政策更加趋于成熟和专业，并向着一体化、综合性的方向发展。康奈尔储存环正是在这一利好政策的指引下向着成功迈进。LEPP 在泰格教授正确的指引下，经过众多的实验科学家的努力，并依靠 NSF 物理部门的资助，历时两年完成了储存环的建造，并在 1979 年调试了质心能量为 10.6 吉电子伏的正负电子对撞机——康奈尔电子储存环（CESR）和康奈尔高能物理探测器（CLEO）。

在不到两年的时间里，康奈尔大学花费了大约 2000 万美元建成了康奈尔储存环（CESR）。储存环建成之后，LEPP 根据泰格教授设计的光束聚集计划，在储存环中对光束进行了第一次对撞。CESR 周长为 768 米，位于康奈尔大学运动场地下 12 米处，包括直线加速器、同步加速器和储存环三个部分，产生的正负电子对撞能量为 9～12 吉电子伏。在进行第一次对撞后，实验室得到了第一条储存的电子光束，更多的电子光束在之后被逐渐地储存到储存环中。8 月中旬，LEPP 开始测量对撞光束的亮度。到了 10 月，光束亮度已经可以满足 CLEO 探测器的试验。进而，在物理学家拉斐尔·立陶尔（Raphael Littauer）和罗伯特·梅勒（Robert Mailer）教授的不断改进下，增加了储存环轨道中的光束并提高了发光度。在 CESR 的平稳运行下，LEPP 在世界上的 b 夸克物理学领域始终占据着主要的地位。

（三）康奈尔同步辐射光源（CHESS）的建造

LEPP 在 CESR 建造之时就成立了一个单独的实验室——康奈尔高能同步辐射光源实验室。CHESS 实验室的成立主要是为了建造三条光线，从三条高弯转磁铁中抽出同步辐射，并利用同步辐射光源的技术在未来发挥作用。同步辐射这个储存环的副产品作为实验工具来说颇有价值，它的束流比正常实验室 X 射线源的束流亮度要高数千倍，准直得更好。正是由于这些优势，同步辐射逐渐被高能物理学家所认可，并于 20 世纪 60 年代作为高能物理研究的副产品开始了应用研究。1961 年，意大利弗拉斯卡提核物理研究所（Frascati Nuclear Research Center）启动了第一个利用同步辐射的研究计划。两年后，美国国家标准局（ANSI）和日本东京大学的同步加速器也开展了类似的实验工作，从此同步辐射正式成为人类认识自然的一种新工具[4]。

1978 年的夏天，LEPP 开始了为期三年的 CHESS 的建造，并于 1981 年竣工。在 CHESS 竣工之前的三年时间里，储存环中已经储存了 3 条 X 射线 A、B、C。同时建设的还有大范围的防护区域，以及 5 个用于单色辐射实验的实验站和相关的硬件，以及多种用于最初康奈尔同步辐射光源实验项目的单色器[5]。CHESS 寄生于 CESR，能够接收来自半径为 32 米、位于高能物理的互动区域的高弯转磁铁中的同步辐射。光源西竣工之后对外开放了所有的三条光束线，当时有将近 40 个独立性实验使用了 CHESS 装置。为了保持 CHESS 与其他光源的竞争力，CHESS 建造了光源东来扩大 X 射线光束的数量，同时增加了用于消除生物危害水平 BL-3 的实验站，以及 2 条光束线 D 和 F 及其他 3 个实验站。工程建造阶段，包括研究、建造人员和发射三条光束线的大约四个实验站中仪器的安装所需要的投入也都得到了 NSF 的支持。

五、20 世纪 90 年代美国国家目标的提升与光源的升级

（一）克林顿政府对科技的大力支持

进入 20 世纪 90 年代，美国为了继续保持优势和领先地位，不断地扩大研究，加大开发经费的投入。1990 年，美国用于研发的费用比 1989 年增加了大约 1500 亿美元。布什（George H. W. Bush）总统在其任职的最后一年，再一次体现了政府对科技的高度重视及国家目标的指向作用，提出了五个科技领域的国家目标，即生物技术研究计划、数学与科学教育计划、新材料技术研究计划、高性能计算与通信研究计划及全球变化研究计划。

克林顿（Bill Clinton）政府上台后对美国科技，特别是美国的高技术和民用技术的飞速进步给予了高度关注。克林顿的科技政策主要集中在以下几点：①投资建设 21 世纪的基础设施，其中包括信息网络系统的数字化宽带通信系统；②加大资助美国小企业的技术投资计划；③增加国家的研发投资；④为私营企业投资和创新创造一个良好的环境；⑤为高技术工人建立教育、培训计划；⑥增加公众的科学意识等。作为现任总统，克林顿大力消减了“星球大战计划”的预算，把节省下的资金用于建立支持民用技术开发的机构，支持美国工业关键技术的开发，如生物技术、半导体、新材料及计算机技术等。克林顿政府经济增长战略的一个关键组成部分是技术政策。就如同当时的美国副总统戈尔把技术生动地比做成经济增长的发动机，并且认为只有科学才能为技术这一发动机加油，表明了美国政府对科技促进经济发展

的确立和认可。

在加强民用工业的同时，克林顿政府也加强了对基础研究的投入。1994年，克林顿政府发表了题为“国家利益中的科学”的科学政策报告。在报告中，克林顿政府为服务于国家目标的科学制定了五大目标：①保持在所有科学知识最前沿的领先；②加强基础研究与国家目标之间的联系；③激励那些对基础研究和工程投资，以及对自然、人力和财政资源进行有效利用的合作伙伴关系；④为21世纪培养最优秀的科学家和工程师；⑤提高全美国人的科技知识[6]。联邦政府认为应将与科技有关的时间和经费大部分用于基础研究，并将基础研究部分的预算提高4%左右。围绕这一宏观目标，美国国家科学技术委员会基础科学分委员会在1995年制定了基础科学的战略规划文件，确立了基础科学的研究范围和优先计划的框架，主要有以下几个方面：①支持基础科学研究，要保持联邦对基础科学研究的近期支持；②支持教育和人力资源开发；③支持基础设施建设，保证研究人员和教育工作者在适当的范围内有效地使用学术机构和国家实验室的先进仪器和设备。

（二）CHESS的运行和科研成就

在政府大力支持科技发展的大环境下，1993年，NSF和NIH批准了CHESS和Mac CHESS（CHESS作为美国国家卫生院NIH的特殊实验装置）提交的5年资助申请。这次资助使CHESS装置有了更加系统、全面的改造，得到了能量更高的电子束流及更加稳定的电子光束，为装置的稳定运行提供了保障。由康奈尔大学和NSF提供经费，CHESS又增加了可以提供高强度X射线的G光束线和3个实验站。G光束线的使用途径中，80%用于康奈尔大学自身的高能物理实验，20%用于CHESS的用户。

CHESS建成后很快就作为同步辐射的用户装置投入使用。每年，CHESS要接待近千位科学家和研究人员来进行实验，获得数据，每天发表关于CHESS电子束实验的论文1～2篇。在通常情况下，CHESS每年运行三次，每次持续5～7周的时间。实验室的工作人员24小时对实验装置进行监管，并对实验用户进行指导，协助他们使用装置并采集数据。同时，康奈尔实验室也在进行与X射线科学相关的项目研究，并与用户保持着良好的协助和合作关系。CHESS的用户范围广泛，其中还有很多来自高校的各类专业的学生，在每个学科发展中平均有80篇博士论文与CHESS相关。CHESS从建成到投入使用取得了一系列的科研成果，不仅在国际高能物理领域方面作出了突出的贡献，并且在众多学科领域发挥着显著的作用，攻克了众多高尖端领域的难题。CHESS创造了一系列的创举，催生了蛋白质结晶体领域的重大变革，成功解决了世界上1/5的蛋白质研究上的难题，并且对普通的冷病毒的结构、1/11秒的衍射及X射线持续波等方面的研究也在不断深入。此外，CHESS还用于材料科学、化学、环境科学等学科领域并获得显著成果。20世纪90年代，在《物理评论》(*Physical Review*)杂志中，每7篇就有一篇对康奈尔威尔逊实验室的成果进行报道的文章。

六、21世纪创新型国家的建设和CHESS的提升

在经济全球化及新兴技术兴起的驱动下，21世纪的科技发展趋势会向着更有利于科学的深入研究、技术的高精尖性开发及满足日益增长的人民生活需求的方向发展。1997年，白宫向国会提交了一份综合性的科技报告《塑造21世纪的科学与技术》。克林顿在报告中指出美国在世界上的领先地位取决于国家对科技研发、创新和教育等方面的投入。报告提出了面向21世纪的美国科技发展战略目标，包括：①促进科学研究；②投资技术创新；③保障国家安全；④改善人民健康水平；⑤大力培养人才[7]。

(一) 21世纪提出更高要求的国家目标和科技政策

为了保持美国的领导地位及在科技领域的竞争能力，2004年7月，美国科学技术政策办公室发布了《为了21世纪的科学》的报告，表明了布什政府对科学研究和技术开发方面的全力支持。与克林顿政府相同，布什政府也极力支持基础研究，并强调基础研究与国家利益的关系，认为要把科技资源分配给国家最需要的领域，建立优秀的国家实验室和大型科学装置，加速将科学成果转化为各种知识并应用到实践中去。能源部、商务部及国家科学基金委都对国家实验室，以及为实验室提供技术支持的基础设施给予政策和资

金的支持。能源部和国家科学基金委是负责监督美国大科学装置各个环节的两个关键的国家部门。在2005年，国家科学基金委制定了《对主要研究仪器和装置建设账目的指导方针》。这一文件作为对主要的科学和工程基础设施建设的立项及建造等环节提供资金的依据，对科学装置的建造和管理有了更加科学、系统的指导。能源部的科学办公室监管国家重大科研装置的建造和运行工作。部门的科研人员致力于装置建设项目的管理，装置运行过程中所需资金的管理，以及对效能的评估等工作。同时，能源部也支持提升已有装置的研究活动，为未来新型装置的开发奠定基础。

（二）康奈尔储存环和光源的提升

在更高的国家目标及大科学装置管理体系的日益完善下，2003年，CESR进入了改造阶段。CESR在安装6块超导扭摆磁铁之后，质心能量降到了3.76吉电子伏，成为世界上第一个由扭摆磁铁主导的储存环。2004年3～5月研究人员为CESR又安装了另外6块磁铁，把束流能量从原来的5.6吉电子伏降到了1.55～2.5吉电子伏[8]。当CESR-c（CESR改造后的形式）质心能量到达2吉电子伏时达到了储存环改造的目标，其亮度超过了BEPC，主要的设计指标也超过了BEPC的性能。1998年，CLEO探测器也由CLEOⅠ升级为CLEOⅡ。CLEOⅡ是一台多用途的高能物理探测器，具有出色的探测和测量带电及中性粒子的能力。2000年，康奈尔威尔逊实验室在CLEOⅡ的基础上做了大量改造，又安装了CLEOⅢ[9]。

光源的每一次进展与两大推动力都是分不开的。第一个是用户的需求。随着科学的不断发展及学科交叉的不断复杂化，用户对实验方法和数据的精确程度的要求在不断提升。第二个动力是技术的进步。随着实验研究范围的不断扩大和需求的不断增多，同步辐射光源在21世纪又有了新的突破。新型的同步辐射光源——能量恢复直线加速器（energy recovery linac，ERL）具有高耀度、极化束和光束线多等优点。ERL产生的强亮度可以测定细胞和生物分子的结构，并且对制药行业来说意义也是相当重大的。ERL同样可以对新型的纳米范围内的高级物质进行研究，能够制造出质量更好的物质和合成材料，使光电子学效率更高，以及使药物运输系统更加完善等。

ERL发出的X射线光束比CHESS发出的射线要亮1000倍、快1000倍。如果康奈尔物理实验室建造ERL的话，对CHESS来说将是一个极大的提升，对生物医学、材料科学和纳米技术的研究具有很大的价值。为了给其他研究机构和个人提供更加先进的公共实验资源，康奈尔大学明智地对这一新型加速器进行投资建造。不仅如此，政府对这样一项新技术也充满兴趣并鼎力支持。2005年NSF资助了康奈尔ERL大约1800万美元。2006年，纽约州州政府资助了1200万美元。在对康奈尔物理实验室进行访问时，纽约州州长乔治·帕塔基说："康奈尔大学的技术成就在美国乃至全世界都处于领先地位，康奈尔其他研究所的教育体系也是全国最优秀的。康奈尔对国家的高技术经济的形成起着重要的作用。我很高兴为这台最新的装置（ERL）提供经济支持，同时我期待政府和康奈尔大学及其他大学的合作可以有长远的发展。"[10]康奈尔大学也在建设过程中投入了1000万美元。ERL在建成后会为当地带来1000多万美元的联邦基金，用于建筑物、设备和装置、运行支持及相关的研究项目。2008年，康奈尔完成了ERL的雏形建造和测试环节，并筹集资金开展ERL仪器的全面建设。

七、总　　结

从对美国历史的追溯及科技政策的不断调整中可以看出，美国在自身的发展过程中一直把科技当做国家和民族兴旺的源泉。特别强调基础研究及基础设施建设的投入能够为美国科技的创新、综合国力的提升及人民的生活水平的提高作出非常大的贡献。大科学装置取得的诸多成就可以满足国家对科技发展、经济增长、社会安定、综合实力增强等方面的需求。因此，建造大科学装置也就成为国家之间进行国力竞争的重要标志之一。我国目前在科研基地建设方面也在不断取得突破，建设了一批国家重点实验室。然而与西方国家相比还缺少能够相匹敌的大规模、国际化、综合性的大科学装置基地，科学装置的作用还未充分发挥出来。从CHESS的历史发展与成就中，我们可以借鉴一些有益的经验。

（一）集中科研力量

康奈尔物理实验室在高能物理和加速器物理领域取得的显著成就与其自身深厚的科研力量的积累是分不开的。实验室拥有一批经验丰富、具有创新精神的科学家和研究人员，实验室的几位开创者还曾经参与过世界上第一颗原子弹的研制工作，他们为康奈尔大科学装置的建造和改造提供了理论和技术上的支持。而康奈尔物理实验室在高能物理装置建造方面的自身的研究传统也对新装置的立项、建造和改造等过程起到了辅助和支撑的作用。在这些科研基础上，科学家们能够不断涌现出理论和技术上的创新，能够不断地完善储存环和光源的建造，保证了装置运行的稳定。

（二）突出学科交叉，实现重大技术的突破

CHESS 可以为生物、化学、高能物理、材料科学、医学等学科提供实验平台和数字依据，其渗透到的学科领域之广对科学的发展、技术的创新及社会的进步发挥着举足轻重的作用。由于实验室不断地改进技术，提高光源的亮度及光束稳定性，吸引了大量的科学家及研究人员前来进行实验。CHESS 的多学科交叉的特点解决了众多的学科上的难题，同时也增强了光源的性能和实验价值。

（三）集中国家投资

美国政府对基础研究依赖的大科学装置的投入与日俱增。从最初的加速器到第四代光源的建造，可以看出政府对康奈尔实验室在经济和政策上的几十年的投入和支持。对大科学装置的资助是美国政府为实现增强美国科技实力、促进经济发展、维护社会稳定等国家目标的一项关键投资。为了发掘科学装置的潜能和作用，美国联邦政府每年对科学研究的投入约为 1000 亿美元，与大科学工程相关的主要部门能源部（DOE）和国家科学基金会（NSF）及国家卫生研究所（NIH）也对各类研究平台装置进行了投入。因此，政府对大科学装置的资金保障使得美国的科学装置无论在数量上还是影响上都处于世界领先水平。

现代科学技术飞速发展，科技的研究手段和方式日新月异，科学技术成果对社会生活等方面的作用日益加强。在科技研究投入日益增多的今天，政府要积极投入人力、财力和物力，从宏观上引导科技服务国家利益。大科学装置的各个环节都离不开政府政策及资金上的资助。同样，一个国家也只有在科学和科学基础设施完善的情况下才能更快更好地发展经济。只要二者之间能达到平衡的关系，一个国家就能在世界的舞台上扮演重要的角色。

参考文献

[1] Bush V. Science——The Endless Frontier. Washington D C：United States Government Printing Office，1945.

[2] 金玉明．电子储存环物理．合肥：中国科学技术大学出版社，2001：1.

[3] 林风．美国科学技术——战略、政策、创新．福建：福建科学技术出版社，2005：65.

[4] 赵籍九，尹兆生．粒子加速器技术．北京：高等教育出版社，2006：18.

[5] Batterman B W. CHESS——the cornell high energy synchrotron source. Nuclear Instruments and Methods，1980，(172)：21-23.

[6] Clinton W J，Gore A J. Science in the National Interest. Washington D C：Executive Office of the President，Office of Science and Technology Policy，1994.

[7] Office of Science and Technology Policy. Science and Technology：Shaping the Twenty-First Century. Washington D C：Executive Office of the President，Office of Science and Technology Policy，1997.

[8] 高能所科研处．康奈尔电子储存环 CESR-c. 侯儒成译．http：//www. ihep. ac. cn/kejiyu andi/lab/050414-lepp/cesr-c. htmm [2010-01-22].

[9] 高能所科研处．探测器．侯儒成译．http：//www. ihep. ac. cn/kejiyuandi/lab/050414-lepp/cesr-cleo. htm [2010-01-22].

[10] Pataki G E. Governor announces ＄ 12 Million for new hightech project at cornell. http：//news. chess. cornell. edu/articles/2006/Pataki. html [2010-03-29].

美国超导超级对撞机案例研究*

在劳伦斯（Ernest Orlando Lawrence，1901～1958）建造了回旋加速器之后的半个世纪中，美国陆续建造了一系列能级越来越高的加速器，因而一直在这个领域保持了国际领先的水平。20世纪80年代中期建造的超导超级对撞机（superconducting super collider，SSC），是这些加速器中最大的一个，但SSC工程在经历了七年的实施、耗资20亿美元后，最终却以停建告终，其中的原因错综复杂，给世人留下了一个悬念。

SSC作为自然科学领域的重要工程和人类探索自然本源的重要工具，寄托了人类探索和发现自然本质的梦想。目前，国内外学者对SSC案例都投入了大量的人力和物力进行深入研究。古德温在《紧锣密鼓的超导超级对撞机项目的预算经费已超过82亿美元》一文中，把SSC工程与哈勃空间望远镜工程进行了对比，分析了SSC面临的财政预算困境；克罗斯在《美国希望日本在超导超级对撞机项目上发挥重大作用》一文中，分析了美国在SSC建设中请求国际援助的困局；余运佳在《美国超导超级对撞机概况》一文中，介绍了SSC工程政府和经济方面的背景；戴建平在《梦想与幻灭：超导超级对撞机的曲折命运》一文中，研究了SSC工程建设的曲折历程，指出了像SSC

* 本文作者为高原、王大明，原载《工程研究——跨学科视野中的工程》，2011年第3卷第1期，第41～49页。

这种大科学工程所面临的政治和经济难题；郭凯声在《超导超级对撞机：庞大宏伟的计划、变幻莫测的前景》一文，研究了美国政府内部对 SSC 存在的分歧及其原因。爱民在《超导超级对撞机又一次面临危机》一文中，介绍了美国政府放弃 SSC 项目建设的原因。这些文章主要探讨了 SSC 工程建设本身的问题及工程夭折的直接原因，对其背后深层次的复杂原因还缺乏系统性的统一阐述。

随着大科学工程建设的不断增多，以及技术复杂度的提升和工程规模的扩大，技术因素仅是决定项目成功与否的其中一个原因。本文参考若干原始资料，通过对 SSC 工程从立项到停建整个过程的研究，首次系统分析和阐述了导致 SSC 工程夭折背后的政治、科学、经济和管理等方面的深层次原因，试图为我国进一步开展大科学工程管理研究提供一些借鉴。随着人们对大科学工程管理问题的关注程度的提高，学者们的研究也会越来越集中于此。

一、SSC 盛 衰

（一）SSC 工程的由来

1956 年，科学家提出通过高能粒子束间的对撞来提高有效作用能的概念，导致了高能粒子对撞机的发展。通过应用高能粒子对撞机，人们发现了包括重子、介子、轻子和各种共振态粒子在内的几百种粒子，建立了粒子物理学。粒子物理学是研究组成物质和射线的基本粒子及它们之间的相互作用的物理学的一个分支，其中描述基本粒子的最成功的理论是标准模型理论。标准模型理论认为，物质由 24 种基本粒子组成，除此之外还预言了一种未被检测到的希格斯玻色子。随着粒子加速器的能级不断提高，从兆电子伏量级到十亿电子伏量级，科学家们对标准模型理论的研究取得了丰富的实验成果，但是标准模型理论中仍有很多谜团未被解开，如从未被探测到的希格斯玻色子。科学家们相信，只要粒子加速器的能级继续提高，一旦达到了标准模型理论的要求，不但希格斯玻色子会被发现，很多新的实验现象也会逐一地为人们解开标准模型理论中的谜团。而当时被誉为人类历史上规模最大的科学研究，同时也是规模最大的科技建造工程的 SSC 就这样被提上了议程。

（二）SSC 工程的背景

除了应用于标准模型理论研究外，SSC 工程的提出还具有其他几方面背景，以下分别从 SSC 工程的政治背景、军事背景、科技背景及经济背景四方面进行讨论。

20 世纪 80 年代，欧洲在高能物理研究方面较之美国处于领先地位，先后建立了核子研究中心和欧洲粒子物理研究中心。美国一方面想维持其超级大国地位，保持其在科技等各方面的领先优势，另一方面出于本国科学家科学研究的需要，在相关组织和科学家的建议和推动下，美国国会最终批准通过了 SSC 工程计划，这是提出 SSC 工程主要的政治背景。

此外，20 世纪 80 年代正是美苏争霸的关键时期，苏联强势扩张，美国则处于战略守势。这一时期，苏联缩小了与美国的实力差距，特别是在军事实力方面甚至有反超的趋势。而美国由于长期陷于越南战争，加上 1973 年的石油危机及资本主义阵营内部的分化，霸主地位被严重动摇，不得不采取相对保守的战略，响应苏联提出的缓和政策，试图通过外交手段遏止苏联扩张和维护自身地位。为了捍卫自己的军事霸主地位，鉴于粒子物理潜在的军事用途，美国急需通过粒子科学方面的成就来证明自己的实力，这是军事方面对 SSC 工程的诉求。

科技方面，美国政府自第二次世界大战以后，确立了其在世界范围内的霸主地位。由于其自身具备的政治、经济和人才优势，美国的科研水平也一直走在世界前列。在 SSC 工程之前，美国政府一直支持在高能物理学界的研究，先后投资建立了多家加速器实验室，高能物理研究的水平已经上升到一定的高度。基本粒子相互作用的能量级别已成为科学家们进一步研究的障碍和瓶颈。在此背景下，高能粒子加速器、对撞机的设计和建造被提上议事日程。

最后，由于美国在 1973 年遭遇了严重的经济危机冲击，国内经济环境十分恶劣，为复苏经济，美国政府先后采取了一系列的举措来扩大内需，拉动经济发展。而大工程建设正是推动经济发展的有力措施，经美国能源部估算，SSC 工程的建设可以给美国提供上千的就业机会，并带动相关领域的发展，在建成后还可以在科研、教育和医疗等相关民用领域起到不可估量的作用。基于 SSC 工程建设可能带来的巨大效益，虽然 SSC 工程的预算很高，美国政府和国会还是批准通过了项目计划。

（三）SSC 工程的提出过程

在 1978～1979 年召开的一系列国际加速器发展的会议上，科学家们开始讨论质能达到 20 太电子伏的质子对撞机。1982 年，以美国费米实验室的主管威尔逊（R. R. Wilson）为首的一批高能物理学家，倡议提出“立即开始太电子伏量级、高亮度的质子对撞机计划，力争尽早进行物理实验”的建议，建议建造的装置就是 SSC。

1983 年秋天，美国能源部批准了由威尔逊提出的 SSC 的初始预制研究。同年 12 月，威尔逊带领科学家们开始研究对撞机的技术与经济可行性。经过 150 位加速器物理学家和工程师的努力。1984 年 4 月，威尔逊及其研究团队形成了基于不同类型的超导磁体的三种不同的技术可行性方案，并给出了三种方案的经费预算。1985 年，超导磁体的选型最终确定。

1986 年，由约 250 位科学家与工程师参与的中心设计组完成了 SSC 概念核心设计报告。1987 年 1 月，经总统同意，SSC 工程正式实施，选址工作开始。1988 年，从 43 个地址申请中，由美国国家科学院组织专家筛选出 7 个地址，交给美国能源部裁决[1]。

（四）SSC 工程的决策过程

1988 年 10 月，美国国会预算管理办公室对 SSC 进行了研究，发表了“建造 SSC 的潜在风险与利益”的评估报告。报告中提到，根据美国能源部的预计，在国会已经为 SSC 提供了 2.05 亿美元资金后（其中，1 亿美元主要用于 SSC 的研发费用），SSC 工程及相关设备的建造还需要高达 53 亿美元的资金支持，工程的工期大概为 8 年。在以往建造加速器都大幅超支的背景下，美国能源部认为他们这次预算的偏差将会控制在 10% 以内。SSC 的支持者们也认为，由于 SSC 的大部分技术难题已经在研发阶段解决了，所以 SSC 工程建造的预算超支不大可能发生。但是，报告也指出，SSC 工程的规模要比以往的工程大得多，拥有更多的设备与部件，所以 SSC 工程在预算超支方面仍然具有高风险。在资金来源方面，美国能源部认为，将有 18 亿美元左右的非政府资金支持 SSC 的建造，其中主要包括 SSC 所在地的地方政府和其他感兴趣的国际团体，但是这种想法即使在 SSC 的拥护者看来也是过于乐观了。

另外，国会在最终选择建造哪种类型对撞机的问题上还存在犹豫。从性能上看，SSC 的科学能力大大超过大型强子对撞机（Large Hadron Collider）和正负电子对撞机（Electron Positron Collider）。SSC 可以提供 3 兆～4 兆电子伏能级，而大型强子对撞机和正负电子对撞机都只能提供 1 兆左右的电子伏能级，并且 SSC 拥有前期研发费用的大量投入，其设计风险也相对更小，但是 SSC 的建造费用却远远大于另外两种对撞机。国会需要权衡的问题在于，如果最终选择建造 SSC 工程，那么在增加的科学研究能力和低设计风险上多投入的 30 亿～40 亿美元是否值得。

最后报告还指出，国会在当年已经推迟了建造 SSC 的工程计划，并且很可能会继续推迟。推迟 SSC 工程建造可能会有以下几方面优势：一是基于短期的预算利益；二是可以等待技术发展，尤其是有关磁铁技术的更大的确定性；三是可以用节省出来的资金继续支持其他两个类型对撞机的研究工作；四是推迟工程建造的费用开销很小；五是高能物理学家们并不会因为工程推迟建造而无所事事，他们仍然有大量的工作要做[2]。

（五）SSC 工程的建造过程

1988 年 11 月，SSC 选址确定，得克萨斯州埃利斯县被确定为最合适的地点。1989 年 1 月，里根政府将 SSC 计划提交国会审查，SSC 实验室建立。实验室早期的任务之一是针对选址的方案设计，该方案设计于 1990 年 7 月完成，针对该方案设计的环境影响报告也相继完成。SSC 的第一批成员于 1989 年 3 月在达拉斯地区开始了工作，到年底工作人员已达 300 多人。1991 年，第一批主体工程在 15 号工地（磁体研发与测试实验室）动工兴建。

但是，同年 1 月，根据美国能源部公布的 SSC 估计造价已经攀升到了 82.5 亿美元，并且 SSC 工程的工期也将从原计划的 1998 年完工推迟到 1999

年。当年在美国众议院讨论 SSC 的年度预算方案时，反对者就提出了停止建造 SSC 的提案，但最终被否决。到了 1992 年，由于大环境的变化，国家严重的赤字问题使得议会中很多原来 SSC 的支持者倒戈，最后众议院以 232 票∶181 票否决了继续建造 SSC 工程的计划，此时为 SSC 工作的人数已有 2400 多人。虽然在布什总统及参议院的强力支持下，SSC 工程得以继续建造，但是随着 1993 年新总统克林顿打着缩减财政赤字的旗号上台，以及众议院又一次以更大的票差否决了 SSC 工程，1993 年年底，美国国会最终决定停止建造 SSC 工程。

二、SSC 工程停建的损失

当我们回顾 SSC 工程的盛衰史时，不得不说 SSC 工程的停建既是经济损失，也是人类科学事业的一大损失。

SSC 工程停建的经济损失不仅仅是已经投入了的 20 多亿美元。为了妥善处理工程下马后的善后事宜，国会又再次批准了 6.4 亿美元，这其中包括：支付因此而失业的人员的工资赔付和合同违约金，支付填平为 SSC 工程修建的总长度超过 54 英里的隧道所需费用，支付拆除并清理为 SSC 生产超导磁铁的多座工厂而发生的费用，以及支付因工程建设而征用私人土地和拆除数百座民房的补偿费用。最后预计的善后费用将达到惊人的 15 亿美元，虽然工程停建后收回了部分未使用的资金，并对 SSC 的设备进行了拍卖，但是与当初的投入和善后费用相比还是微不足道。SSC 工程的停建不仅使大量纳税人的钱打了水漂，而且在因 SSC 而停滞和未被批准的其他研究项目上的投入也作出了牺牲，可以说美国政府此举从经济上看是得不偿失。

更为重要的是，SSC 工程的停建打击了科学家们追求梦想、探索未知世界的信心。一直以来，粒子物理学家探索物质基本构成和性质的方法都是利用加速器加速粒子束，使其获得极高的速度和能量，通过观察粒子束撞击原子核或其他基本粒子产生的碎片进行研究，而这些研究正在改变我们对时间和空间的认知。近些年来，新发现的暗物质和暗能量彻底颠覆了人类对宇宙的认识，科学家们发现，我们知道的物质只占全部宇宙物质的不到 10%，越来越多的新问题被提了出来，这些问题的解决都会极大地引导人类科技的发展与进步。但是随着研究的逐步深入，对撞机所需要的能级提高了几个数量级，科学家们对高能级加速器的需求越来越强烈，而这正是建设 SSC 的重大科学意义，SSC 的建造对人类知识积累具有极其重要的价值。谁都无法否认现代社会之所以能够发展到今天，以及人类历史上的每一次飞跃，无不与重大的科学突破相联系。在人们变得更加浮躁和功利，越来越重视应用而忽视理论的时候，SSC 工程的出现无疑扭转了不利局面。可以说 SSC 工程的过早夭折不只是科学家们的损失，更是全人类的损失，我们可能会因此而失去又一次实现重大科学飞跃的机会。

三、SSC 工程停建原因分析

SSC 工程建设从提出到最后停工的十年间一直伴随着争议，在已经耗费了巨大的财力物力之后仍然被美国政府强制停建。之所以结局如此，是政治、经济、科学、社会、管理等多方面复杂原因交织在一起形成的最终结果。导致 SSC 工程停建的主要原因可以归纳为以下几个方面。

（一）政治集团的利益博弈

SSC 工程停建背后的政治因素既包括国际间的政治集团利益博弈，也包括美国国内的政治集团利益博弈。

提出 SSC 工程的原因之一是国际竞争方面的考虑，当时美国在高能物理方面的研究落后于欧洲，欧洲先后建成了核子研究中心和欧洲粒子物理研究中心，领先于美国；而美国的一贯理念是，只有科技领先才能称霸世界，自然在高能物理的研究领域中也绝不甘心落后于他人。同时这段时间正处于美苏争霸的关键时期，1981 年里根出任美国总统以后，开始对苏联采取强硬态度，遏制苏联在全球的扩张势力。在核战略和核军备方面，美国提出了建造 SSC 工程和“星球大战”计划，企图通过以高技术为核心的新一轮军备竞赛，拖垮经济力量相对落后的苏联。随着 20 世纪 90 年代初苏联的解体，以及欧洲在高能物理领域一直没有重大进展，SSC 工程逐渐失去了在政治上的战略意义和筹码。美苏冷战结束后，美国政府的政策方针从军备竞赛转向了经济建设，对工程项目的投资也转向了周期短、见效快的类型。国际竞争需要的消失，是 SSC 工程下马的重要原因之一。

国内利益集团之间的博弈是 SSC 工程下马的另一重要原因。美国作为联邦制国家，其政体分为联邦、州和地方三级政府。虽然联邦宪法明确规定联邦政府的地位高于州政府，但同时也规定了联邦政府和州政府实行分权治理，各州政府相对联邦政府拥有一定的独立性。美国在建国之初，盛行“主权在州”，权力主要集中在州和地方，联邦政府只拥有国防、外交、铸造货币、建立邮政和处理各州之间的纠纷等权力，除此之外各州保持其“主权、自由和独立”，联邦政府不得干涉。20 世纪 30 年代的大萧条之后，面对社会、经济、政治发展的新形势，尤其是经济一体化发展，以及越来越多的问题，州政府难以单独处理而需要联邦政府进行协调，于是联邦政府承担的权责有所增加，而州的权力相对削弱，在很多事务的处理上需要中央和地方之间相互协作。在组织形式和政府管理体制上，为了更好地调节和协调联邦中央和州、地方之间的关系，特别是为了争取更多的中央拨款援助，各级州政府都在首都华盛顿设有院外活动集团，以便在国会、联邦行政部门和其他机构里表达城市、县和州的利益。所以相对于作为一个整体政治利益集团的中央集权制国家来说，美国各州之间的关系则是更加分散和独立的多个政治利益集团之间的博弈。

1987 年春天，在里根政府批准了 SSC 工程的建造计划之后，美国能源部通过竞标的形式正式开始了 SSC 工程的选址工作。由于 SSC 工程的建造将带来几十亿美元的投资，创造数以千计的就业机会，并能吸引到高科技工业投资和优秀的科技人才，带动当地的经济发展。所以在 SSC 工程选址工作正式开始之后，得克萨斯、伊利诺伊、科罗拉多等州就都表现出极大的兴趣，美国能源部一共收到了 43 份申请，其中有 35 份申请通过了基本条件审核，经过两轮筛选之后，美国科学院公布了 8 处地址进入最后的角逐，最终得克萨斯州胜出。其他落选的各州纷纷表示了强烈的不满，认为竞标的过程并没有做到公正透明，选址的结果受到了政治操纵，选择得克萨斯州是为了讨好新上任的总统布什。SSC 工程选址所带来的地方政治利益集团之间的博弈为日后工程停建埋下了伏笔。随着 20 世纪 90 年代初克林顿总统上台，SSC 工程失去了出于家乡情感而对之加以保护的布什总统的支持。在议员的反对声和缩减财政赤字政策的压力下，新总统支持 SSC 工程的立场不再坚定，那些在议会上决定是否继续为 SSC 工程拨款投反对票的其他州议员们，心里也多少都带着嫉妒的因素而对 SSC 工程投反对票[3]。博弈的结果是 SSC 工程建设的终结。

（二）对 SSC 科学研究价值的争议

科学研究的方法论一般分为两类：一类是通过对大量表面现象的研究，归纳推测事物运行的基本规律，即通过现象看本质；一类是基于还原论的思想直接研究事物的本质，进而还原出对各种表面现象的解释。物理学研究领域中的粒子物理学与凝聚态物理学两个学派代表了上述两种研究思路。粒子物理学主要研究物理的基本规律与物质的基本构成，而凝聚态物理学则主要研究物质的宏观状态，即大量基本规律的组合表现出来的不同现象。与粒子物理学相对，凝聚态物理学通常与生产实践密切联系，其研究成果可以迅速转化为生产力。

由于科学研究方法论的差别及相互间的利益博弈，两派物理学家在很多问题上存在着冲突和不一致的看法。对仅仅服务于粒子物理学家研究而实施建造的 SSC 工程，凝聚态物理学家认为政府的投入过大，并超过了其可能实现的价值。凝聚态物理学的代言人菲利普 P. W. 安德森曾于 20 世纪 90 年代初出席国会听证会，极力反对美国政府继续支持建造 SSC 工程[4]。

本质上讲两个学派的研究方法是互补的，其各自的研究成果和理论在理想状态下应该是统一的。引起争议的根本原因还在于相互间的利益博弈，两派科学家都想要引起社会和政府更多的重视与投入，而反对 SSC 工程的其他领域科学家更是想要将政府对 SSC 的投资引入各自的研究领域。关键问题在于证明建造 SSC 工程的价值能够与政府的巨额投入相匹配。其实，在 SSC 作为探索宇宙基本运行规律和物质最终构成的科学研究价值上，科学家们已经取得一致意见，粒子物理学领域的基础理论突破将会带来几乎所有学科理论的革命性进展，那些持有不同意见的科学家都会直接或间接从 SSC 未来的研究成果中获益。人类物理学发展史上的一些重大人物如牛顿、麦克斯韦及爱因斯坦的思想，也与支撑 SSC 工程的理论和目标一脉相承，即 SSC 工程的建造无论在当前还是未来都将是物理学研究发展和人类科技进步的必经之路。

“风物长宜放眼量”，科学研究的目的是为人类的未来生存提供依据。科学研究的选题规划不应短视，应当具有前瞻性，像超级对撞机这样的项目即属于此类前瞻性的科学研究，不应因看不到暂时利益而匆忙决定下马[5]。

（三）对SSC经济可行性方面的争议

政府投资作为一种有效的经济刺激手段，其主要职能包括以下三方面：一是在经济低迷期通过政府投资的乘数效应，扩大社会需求，刺激经济增长；二是利用政府投资调节社会经济结构，对阶段性重点产业，社会效应大而经济效益不显著的产业给予扶持，并带动相关社会投资；三是通过政府投资完善公用设施与社会基础设施，为经济发展和民间投资创造良好的环境。

根据美国能源部统计，SSC工程自筹建以来一共签署了约45 000份合同，惠及了48个州，其中大部分合同并不是与得克萨斯州签订的，SSC工程至少创造了7000个工作岗位，并带动了大量相关国防产业的发展。但是SSC工程的反对者认为，将SSC创造的经济效益与美国政府的投资数额相比，结果是令人失望的。首先，SSC工程通过乘数效应刺激经济的效果不明显，SSC工程仅仅创造了7000个工作岗位，而由美国航空航天局主持的另一个大科学工程“自由号空间站”却创造了约75 000个工作岗位，因此通过建造SSC工程只增加了很少一部分人的工作收入，无法有效地带动国内消费需求；其次，SSC的技术溢出效应不足，SSC作为一项基础科学研究，在失去了政治与军事上的战略地位后，又无法提供丰厚的经济回报，SSC工程对社会提供的正外部性已经远远低于政府投资，使得人们认为继续建造SSC工程扭曲了社会资源的有效配置；最后，SSC不是一件公用设施或社会基础设施，人们无法预期它能够改善社会与经济的投资环境。

然而，单单诟病SSC低下的经济刺激效应并不公平，科学基础研究作为一件公共事业，其具有的非排他性与非竞争性，保证了所有人都能从它的研究成果中受益。因为政府提供的各种类型的公共产品之间是有差别的，将SSC与社会基础设施比较并不合适，而将SSC与国防类公共产品归为一类则更加恰当。只是政府每年的财政预算有限，投入科学基础研究的经费只是一块已经切好的蛋糕，SSC 注定要与其他科学基础研究项目竞争资源。SSC 自身的预算膨胀，使得 SSC 的性价比不断下降，受到的其他科学基础研究项目的竞争压力也越来越大，最终导致了反对者们的指责。但是他们都忘记了 SSC 工程建设的初衷，根据美国国会预算管理办公室的“建造 SSC 的潜在风险与利益”报告，SSC 工程是不以短期经济利益为目标而建设实施的。

（四）SSC 工程管理方面的缺陷

从项目管理的角度来说，大科学工程项目不同于一般项目，它具有规模大、周期长、费用高、复杂度高、综合性强和涉及的利益相关方多等特点，要想管理好一个大科学工程项目，需要组建一个由优秀的科技人员、管理人员、财务人员、法律人员和公关人员等多种人才组成的综合型项目管理团队。但是，作为 SSC 工程的总承包商——美国大学联合会却只是由一些科学家所组成的，他们多精通于科学研究，对项目管理知之甚少，经验不足。SSC 工程项目总体采用了合同管理的模式，由于合同数量众多，资源有限，对项目管理的精细程度要求非常高。项目管理团队要清楚地知道每个合同的轻重缓急，以及合同之间的先后执行顺序，并把资源分配给当前最紧急和最重要的合同上面。最后的事实说明 SSC 的合同管理模式是失败的，甚至被称为最差合同管理的典范，其不断超支的预算和难以预估的项目进度和未来成本就是最好的证明。

此外，SSC 工程与同期具有竞争关系的由欧洲核子研究组织（CERN）主持的科研项目——大型强子对撞机工程相比显得既不经济也不开放。SSC 工程引入了大量的工业合同，由于工业企业在项目的建造过程中是以利润最大化为最终目的的，所以由大量工业企业参与的 SSC 工程就比大型强子对撞机工程的耗费高得多。本来通过引入工业企业的市场化竞争手段对项目建设来说是一件好事，但是由于参与 SSC 工程的企业多为垄断性的大型企业和军工企业，如斯威尔德鲁普（Sverdrup）与美国阿美特克有限公司（EG&G）等，其任人唯亲和利益至上的管理方式造成了 SSC 工程项目资源的无故流失。Sverdurp 与 EG&G 公司从接手 SSC 工程项目开始就跳过正常的工作人员考核程序，录用了上百个关系户人员，并挤走了很多优秀的科学家和项目管理人员，造成了SSC工程项目管理团队人才的严重流失。SSC工程项目管理方面的缺陷不仅导致了工程的最终停建，更使得神圣的科学研究变成了部分人牟利的工具[6]。

SSC工程财务策划方面的缺陷是造成其停建的直接原因之一。工程预算的不断超支使得反对者指责SSC工程的计划管理混乱，经费预算失控。但是，SSC工程项目的管理者则反驳说，大部分超支的原因都是政府的拨付资金不能及时到位造成的，SSC工程本身并不存在管理问题。事实上，对SSC工程停建的最终结果，两方面因素都起了作用。一方面，由于美国政府审批资金的流程较多，手续复杂，的确存在审批周期长、资金不能及时到位的情况；部分美国政府官员出于技术保护及独享科技成果的目的，抵制国际合作，从而导致了SSC无法得到更多的国际援助资金以缓解压力。另一方面，SSC的项目管理尤其是对资金链的风险管理也存在很大问题。SSC的项目管理者没有充分认识到资金短缺的风险，未为此类风险做好应对方案[7]。

四、对我国大科学工程管理的启示

美国SSC工程虽然最终没有成功，但是人类探索科学世界未知领域不应该因此而放慢脚步。SSC工程立项的出发点是好的，只不过由于工程规模庞大，周期漫长，又牵扯了众多的利益相关方，如果不慎重规划，细致管理，就会产生极大的风险，后来的事实也的确证明了这一点。对SSC工程整个停建过程及原因的研究将对我国开展大科学工程项目管理产生一定的借鉴意义。

当前，我国正处于经济高速发展时期，通过出口贸易已经积累了大量外汇资本，目前正是将之用于逐步扩大科研投入，提升科技生产力，转变为高技术含量、高附加值、低能源消耗、环境友好型工业的时机。将资金用于大科学工程以提高我国的科技实力，为经济的长远发展注入动力是一个很好的选择。国家在扩大科研投入，增加开展诸如大科学工程项目研究的同时，有必要从美国SSC工程项目的停建中汲取经验与教训，并结合我国的实际情况提高我国大科学工程管理与实施的能力。

（一）大科学工程要协调好多方关系

大科学工程作为一项系统工程，涉及大量的利益相关方，从政府到科学研究机构，再到社会上的企业与广大公众。各方的关注焦点各不相同，政府一般主要关注科学研究成果对国家在军事与经济上的战略意义，科学研究机构主要关注在实施大科学工程中对自身科研能力和科研地位的提升，而企业与广大公众则主要关注大科学工程对于自身所产生的利益和影响。相比于美国的政治制度，我国实行社会主义制度，可以集中力量办大事。政治决策的高效性与权威性基本确保了不会出现地方政治集团的利益纷争，但同样有必要协调好多方关系，确保所有参与方能够拥有一致的目标。其中最重要的是科学研究机构要向政府决策者及社会公众普及项目的相关知识，并时刻发布项目的最新进展和研究成果；而政府也可以适当地引导大众了解政府的政策及实施该项大科学工程对国家战略的重大意义，从而有效地调动所有参与者的积极性，减少工程实施的阻力成本。

（二）大科学工程要加强国家意志的控制

大科学工程投资巨大，需要调动多方力量才能完成。而且，大科学工程的效益并非立竿见影，而是有较长的投资回收期，从资本运作的角度来看，这种投入实属风险投资。这种风险是一般资本拥有者不愿承担的。鉴于大科学工程的高投入及大风险，一旦终止将会造成极大的损失与浪费。所有这些，都决定了大科学工程的出资方往往是一国政府，而非私人能力所能承担。如此，国家意志对大科学工程就具有了重要的意义，将会提高工程建设的执行力与生存力。我国研制“两弹一星”工程的经历即是明证。20 世纪 60 年代，我国在经济基础和技术基础都非常薄弱的条件下，自力更生，完全依靠自己的力量在较短的时间内突破了原子弹、导弹和人造卫星技术瓶颈。相比于 SSC 工程，当一些政客抱怨 SSC 的经济性时，中国人民勒紧裤腰带砸锅卖铁取得了这项举世闻名的成就，而“两弹一星”工程也给当时的中国带来了国家安全与国际地位。大科学工程的投入与回报巨大且难以衡量，而国家意志作为顶层的意识形态，可以集中资源与力量于主要目标，并达到最终目的。所以，在管理诸如此类大科学工程项目时，需要国家意志的强力支持，统一思想，强化信念，才能使得工程在漫长的工期中不会偏离最初的方向。

（三）大科学工程需要专业高效的项目管理团队

大科学工程比一般工程具有更高的风险性和难以掌控的项目进度，这些特点决定了大科学工程需要更加专业高效的项目管理团队。在组建大科学工程项目管理团队的过程中，应由该领域最权威的科学家作为项目的主要负责人，由于大部分科学家一般缺乏财务和法律等项目管理的相关知识，所以团队还要配备财务主管、人力主管和行政主管等专业人才。此外，从项目的预先研究开始就要建立一整套规范的策划、监控及评价的体系和制度，以确保大科学工程的顺利执行。我国目前的科研管理水平与美国相比还比较落后，应该多引进西方先进的项目管理思想与理念，并结合我国的特点建立一个由政府官员、相关领域科学家及企业管理者等多方参与的项目管理委员会，共同管理与监督我国大科学工程项目的立项与实施。在项目最重要的资金管理方面，大科学工程的项目管理团队应该做好风险管理，充分准备好各种应对资金短缺风险的手段与措施；而政府方面可以考虑建立大科学工程基金，以便为资金短缺的工程项目临时融资，缩短大科学工程项目的资金周期。

最后，在科学技术高速发展的今天，科学研究越来越多地呈现出大型化、系统化和社会化等特性。作为当代科学家，要想实现自己的科学理想，不仅需要扎实的专业功底，还需要宽阔的视野和团队协作的精神。作为能够承担一项大科学工程的科研团体，更需要在不断攻克科研难题的同时，具有高超的政治手段，妥善地处理好利益集团之间的纷争与博弈，并通过完善的管理手段成功实现大科学工程项目的最终目标。

参考文献

［1］Anbari F T. Superconducting Super Collider Project. Washington DC：The George Washington University，2002：2，3.

［2］Congress of the United States，Congerssional Budget Office. Risks and benefits of building the superconducting super collider. http：//www. cbo. gov/doc. cfm? index = 5546&type=0 [2011-01-10].

[3] 董丽丽，刘兵．科研立项中的利益冲突//江晓原，刘兵．阳光下的民科：我们的科学文化系列丛书之二．上海：华东师范大学出版社，2008：25-27.

[4] 王英才．美国为建造超导超级对撞机而努力．全球科技经济瞭望，1988，(9)：6.

[5] 克罗斯 M，波碧．美国希望日本在超导超级对撞机项目上发挥重大作用．科技与经济，2005，18 (1)：54.

[6] 戴建平，古荒．梦想与幻灭：超导超级对撞机的曲折命运．科技与经济，2005，(3)：61-63.

[7] 文雨．美能源部 1994 年财政年度预算终止超导超级对撞机计划．国外核新闻，1994，(1)：6-7.

主题索引

作者简介*

陈　晨，中国科学院研究生院哲学硕士，天津科技大学教师，研究方向为科技政策与管理。

高　原，中国科学院研究生院哲学硕士，研究方向为科技政策与管理。

胡新和，中国社会科学院研究生院哲学博士，中国科学院大学人文学院教授，博士生导师，研究方向为科学哲学、科技与社会。

胡志刚，中国科学院研究生院哲学硕士，研究方向为科学计量学、科技政策与管理。

胡志强，中国社会科学院研究生院哲学博士，中国科学院大学人文学院教授，博士生导师，研究方向为科学哲学、科技政策、认识论。

柯遵科，北京大学哲学博士，中国科学院大学人文学院讲师，研究方向为英国科学史。

李大光，中国科学院大学人文学院教授，硕士生导师，研究方向为科学传播。

---

* 以姓氏拼音为序。

李鹏程，中国科学院研究生院哲学硕士，中国科学院大学教师，研究方向为科技哲学。

李志红，中国人民大学哲学博士，中国科学院大学人文学院副教授、硕士生导师，研究方向为科技哲学、科技政策与管理。

刘　红，中国科学院大学人文学院副教授，硕士生导师，研究方向为高等教育与管理、学术规范与学术期刊研究。

陆群峰，中国科学院研究生院哲学博士，南京农业大学讲师，研究方向为科学哲学、科技政策与管理。

邱　慧，浙江大学哲学博士，中国科学院大学人文学院副教授，硕士生导师，研究方向为科学哲学、科学的社会研究。

尚智丛，北京大学哲学博士，中国科学院大学人文学院教授，博士生导师，研究方向为科学的社会研究、科技政策与管理。

申丹娜，中国科学院研究生院哲学博士，中国气象局发展研究中心助理研究员，研究方向为科技政策与管理。

孙　玲，中国科学院研究生院哲学博士，北京新闻出版局助理研究员，研究方向为科技政策与管理。

唐素琴，中国科学院研究生院哲学博士，中国科学院大学人文学院副教授，硕士生导师，研究方向为知识产权、科技法。

王大明，中国科学技术大学理学硕士，中国科学院大学人文学院教授，博士生导师，研究方向为科学技术哲学、科学技术史、科技传播。

王　嵩，中国科学院研究生院哲学博士，中国科学院办公厅干部，研究方向为科学社会学、科技政策。

肖显静，中国人民大学哲学博士，中国科学院大学人文学院教授，博士生导师，研究方向为科学哲学、科学技术论、生态哲学。

徐　立，中国科学院研究生院哲学博士，中国科学院大学博士后，研究方向为技术创新与工程管理。

杨　辉，中国科学院大学科技哲学专业博士生，研究方向为科学的社会研究、科技政策与管理。

张世专，中国科学院研究生院哲学硕士，中国科学院国际合作局副编审，研究方向为科学技术与国际关系、国际科技合作理论、创新生态学理论。

张伟娜，中国科学院研究生院管理学硕士，华联集团人力资源部专员，研究方向为科技政策与管理。

张真芳，中国科学院研究生院哲学硕士，北京市顺义区委宣传部干部，研究方向为科技政策与管理。

赵　凯，中国科学院研究生院管理学硕士，北京正略钧策管理咨询公司咨询师，研究方向为科技政策与管理。

邹　聪，中国科学院研究生院哲学硕士，科学出版社编辑，研究方向为科技哲学。